用閱讀搭起您與上帝的天梯

天路企劃．天恩出版 Grace Publishing House

從內做起

頂尖領導大師淬鍊25年的10堂課

Developing the

LEADER

Within

YOU 2.0

約翰・麥斯威爾 —— 著

JOHN C. MAXWELL

天恩編譯小組 —— 譯

・本書所引用聖經經文，
除特別標示外，均取自聖經公會
《新標點和合本》。

親愛的：

☆

你能成長多少，

就決定了你能領導多少。

成長是事關緊要的。

顧好今日與每一日，就會在某一天，

你的「現在」（**now**）

變成令人驚訝的「哇」（**wow**）！

敬上

謹以此書獻給

我公司的執行長馬克柯爾（Mark Cole）。

☆

他對我的服務最佳。

他對我的幫助最大。

他清楚明白我的願景。

他前後一貫地引導我的使命。

他誠正經營我的事業。

他是如此的珍愛我！

特別感謝

☆

撰稿者，查理・懷索（Charlie Wetzel）

初稿編輯，史蒂芬妮・懷索（Stephanie Wetzel）

手稿繕打，凱若琳・柯琴達（Carolyn Kokinda）

執行助理，琳達・伊格斯（Linda Eggers）

CONTENTS 目錄

聯合推薦

干文元——中華化工董事長

約翰．麥斯威爾在領導與課程的成功是眾所皆知的，而他自己本身就如這本書《從內做起》，雖然是牧師，但努力不懈於屬靈與專業結合的職場事奉，將聖經信望愛的真理融入領導的領域，能啟發激勵人心，這是他的領導觀能如此受歡迎的原因，並成為全球在領導專業領域有成就及影響力的人物，發揮了職場事奉的轉化與影響力。

領導力不是理論性的教導可以達到的，而是要有許多實際運作的磨練、失敗的經驗累積而成。更重要的是領袖的品格特質，基督教教育學者Howard Hendricks說：一個社會的品質決定於領袖的特質。領袖需要的不是別人的掌聲，而是來自內在的安全感與自信。真正的領導內涵是由心發出的，若源頭是有一個敬畏神、愛人的心，就會發展出有包容關懷同理心的領導品格，公義與慈愛兼具的僕人領導。約翰．麥斯威爾在二十多年後再版《從內做起》，帶給讀者檢討與省思，非常值得一讀。

孔雷漢卿（Elaine Kung）——AT&T 前總監、Called To Work職場使命創辦人、工作神學項目—中文董事會主席、Lausanne洛桑職場事工董事、基督使者協會董事

過往數十載的歲月裡，作為在「領導力」領域求知若渴的學生、終身的實踐家和經常受邀到世界各地的講員，我拜讀過約翰．麥斯威爾大部分的著作，包括原版的《Developing the Leader Within You》。在美國企業工作三十三年的職涯經驗當中，我實踐自己從書中所領悟並歸納而得關於領導力的定義：為著共同的願景和更多人的福祉，影響他人成就其最佳狀態——帶領團隊成功創造出高價值成果，並且培育造就出更多領導者。作為一位美籍亞裔女性高管，實踐這份信念的領導力經驗成為我在職場上的獨到之處。這本書，同時也是我在世界各地，向成千上萬的聽眾傳講關於僕人式領導的靈感和智慧來源。特別是關於「職場使命」，雙職事奉的演講中，這本書的內容有助於裝備我的聽眾，讓他們知道如何在工作中與神同行，並應用聖經的原則成為一位高效能僕人領袖。這個新版本把關於領導力的教導，帶到更高的層次。如果你憧憬成為影響他人成就其最佳狀態並且共創更大福祉的領導者，這本書，不容錯過！

林豐樑——基督使者協會董事（英國）、Payless Car Rental System Inc. 前董事長兼CEO

一九八九年，我在美國創業，要帶領許多美國同事，因為種族和文化差異，使我在領導上碰到許多困難。我到處去找書讀，也參加了一些有關領導力的課程。John Maxwell和我年齡相近，信仰相同，他的教導對我幫助極大。我幾乎讀完了他所有出版的書，他教導的「僕人式領導」對我影響很大，多年來不斷學習和身體力行之後，證明對自己和別人都裨益良多。

我發現他這本《從內做起》和初版比較，不僅內容大幅修訂，也加入不少實例來印證領導原則的有效運用，真是他二十多年來的經驗和生命見證。他強調：「領袖要不斷地自我成長，才能幫助別人成長；領袖在增加別人的價值時，就會找到自己的價值，也會增加自己的價值。」我深有同感。

自古以來，「萬兵易得，一將難求」。當領導真不容易，只有虛心學習，不斷自我成長，才能助人成長。我從聖經詩篇七十八篇72節領會到：領袖必須要有「冷靜的腦，溫暖的心，巧妙的手」。領袖要有僕人的心志，有不斷追求成長的恆心和毅力，才能贏得跟隨者的信任、尊敬，才能勝任愉快。願共勉之。

黃健庭——前台東縣縣長

《從內做起》是一本領導力實踐指南，我最有感的是「僕人領袖」概念。對照聖經中耶穌教導門徒：「誰願為首，就必作眾人的僕人。」和自己九年縣長「愛與信任」的領導風格，都完全吻合。愛與信任的具體表現是尊重及授權，做到極致就是服事人，幫助同仁激發潛力、建立價值、轉為積極，結果造就台東徹底翻轉，人民生活改善，幸福感大幅提升，而我也因此連續五年得到《遠見》五星縣長的榮譽。正符合作者的論點：「把服務他人放在第一，個人的利益通常會自動跟著來。」一書中多處提到領導力的基礎是品格，領導者必須不停反求諸己，不斷成長，而這正是我對自己的要求。從重視學習、嚴守財政紀律，到以同理心溝通，我向來以身作則。期許更多領袖從內做起、效法耶穌，以崇高的品格來服務他人，產生更深更遠的影響力。

鄭炤仁博士——美國Telcordia通訊公司前台灣總經理

領導學大師約翰．麥斯威爾的書，是我自己很喜愛一讀再讀的書籍。我們家孩子小學的時候，我們也特別鼓勵他們研讀這位大師所寫的《領袖的21個特質》。約翰．麥斯威爾在《從內做起》中談的是「領導」而非「管理」的議題，許多時候管理看重的是方法、組織架構或績效的衡量，然而約翰．麥斯威爾談的是領導，而領導看重的是領袖需要擁有的觀念、理念或領袖需要具備的特質與人格。管理的方法會隨時間環境的改變需要做出調整，然而領導的中心信念與價值，卻會隨著時間的驗證，越發地顯出它的寶貴與價值。

《從內做起——頂尖領導大師淬鍊25年的10堂課》這本書一方面讓我們檢視自己在領導的功課上學了多少，有哪些領域是我們停滯不前、需要成長的地方；另一方面作者約翰．麥斯威爾這次新增的兩章全新內容——僕人心志與自我成長，也和現在快速變化的產業需要終身學習、以及在網際網路運用分散式的領導不謀而合，相信忠實的讀者可以溫故知新，而新的讀者也可以從這本書中，得到豐富而寶貴的領導學資源。

劉彤——美國矽谷生命河靈糧堂主任牧師

越是在動蕩的世代，我們越需要有偉大的領袖。而一位偉大的領袖的產生，絕對不是因為他有與生俱來的天分，反而是因為他在走過人生歷練中所培養出來的領導力。本書的作者正是一位擁有這樣領導力的人。他不但自己滿有領導的實戰經驗，而且他也能為正在學習領導的人開展出一條實際可行的道路。

《從內做起》是每個在領導地位上的人必讀的一本書。因為它能幫助我們除去過去對領導所有的迷思，而能腳踏實地在每天生活中操練成長。它也能幫助我們看重別人的成長，進而發展出團隊的成功。它更能擴張我們的夢想，讓我們得以看見更遠大的境界而活出卓越！

在此我強力推薦！

劉效宏博士——美國矽谷公益電視「優視頻道」執行主席、國際全福會北加州分會會長

《從內做起》的確是一本令人興奮、極為難得的經典之作——親愛的讀者朋友，你真是大大地有福了！

因為本書的出版，本身就是一位領袖在幫助別人的人生下半場，影響世代的見證。一九九三年，約翰．麥斯威爾還是牧會的牧師時，就將他在自我成長當中所學習的領導力，出版了《Developing the Leader Within You》這本開發領導力的入門書籍，不但成為暢銷超過兩百萬本的巨作，並且為作者影響全世界領袖的精采未來，打開了嶄新的機會之門！當約翰．麥斯威爾牧師兩年後成為專職培養領袖的教練和作家後，在他往後的歲月中，上帝越發擴展他在美國及世界各地培育領袖的影響力。

二十五年後，已經晉身領導大師的約翰．麥斯威爾，作育英才，桃李滿天下（超過八十個國家的領袖人才），再次將他的生命故事、智慧、信仰融入本書，大幅修訂成2.0版，並且增加「領導力的心態：服務他人」和「領導力的擴展：自我成長」兩章。我們能不急著拜讀嗎？

願約翰．麥斯威爾大師的生命見證，也成為你的精采經歷：幫助別人贏，比自己贏，更加有趣；增加別人的價值時，就找到自己很大的價值。願上帝祝福你！

序1

讓你的內在「領袖」更上一層樓

錢大柱——Cooper and Chyan Technology共同創辦人
美國豐收神學院董事、美國神州傳播協會董事

在本書最後一章，作者提到一位聽眾對他說：「真希望我二十年前就聽到你的演講。」

作者回答：「不，你不會這樣希望。」這位聽眾很納悶，為什麼？因為作者說：「二十年前，我不可能教你今天我講的這些，那時我還沒學到呢。」那位聽眾的表情從沮喪轉為理解，他笑了，大家都一起笑了。

這個故事讓我看到三件事：

1. 人要**不斷地進步**，這也是這本書不斷強調的重點。作者本人就是個不斷進步的人。

2. 這本書融入了作者過去二十五年**進步的精華**，與第一版相比，作者自己覺得不可同日而語。而第一版就已經是銷售超過兩百萬冊的暢銷書。

3.你現在正在讀這本書，就是一個新的**進步的開始**，恭喜你。

這本書的書名是《Developing the **Leader** Within You》。請注意，不是《Developing the **Leadership** Within You》是要培養在你裡面的「領袖」（Leader），而不是開發你裡面的「領導力」（Leadership）。這讓我想起，我們在教導人際關係的時候，常常會說，每個人裡面都有個小小孩，這個小孩總是在問：「我可愛嗎？我有用嗎？」同樣地，每個人裡面也都有一個潛在的「領袖」。因為不管你願不願意，在某些關係裡我們都已經被賦予了「領導者」的責任，比如父母對於孩子。但是如何把這個天賦的領導者培養成一個有效的、發揮作用的領導者，就在於每個人願不願意投資去學習、努力、進步。《從內做起》就是一本很好的幫助你入門的書。在作者眾多的著作中，他也總是推薦這一本作為學習領導力的入門書。

我自己在第1章裡就受到很好的啟發。因為大部分的人都把領導力與職位（Position, Right）連在一起。但是作者強調，職位只是領導力最初階的層次。第二階的認可（Permission），或者說關係（Relationship），才是比較有意義的領導。也就是說，你要藉著建立與人的關係（Relationship）來贏得別人的認可而願意被你領導，否則常常會遇到屬下陽奉陰違的情形。我以前沒有刻意地注意這件事，讀了這本書，對我自己是一個觀念上的突破。我發現即使現在在教會裡面的服事，這個觀念也是同樣的可以應用。

基本上，本書的每一章，作者是以Why、What、Who、How的方式組織的。作者先解決Why的問題，解釋為什麼這個領導力的特質是重要的，然後解釋他對這個特質的內容（What）的看法。Why與What這兩部分常常佔最大的篇幅，並有很多舉例與名人quote。如果你的時間有限，又已經同意作者的觀點，不需要再被更多的說服，那麼這部分其實可以很快地看過去。作者特別強調Who（誰），要常常自問，「誰是在這方面可以幫助我的人」、「誰是在這方面我應該培養的人」。每一章最後都有一段How（如何）。每一章最後的英文標題都是〈Developing the XXX Within You〉，XXX就是每一章描述的應該成為的人。比如第1章〈Developing the INFLUENCER Within You〉，就是有「影響力」的人。每一章的這一個總結的部分，作者也都會提供一些具體可行的方法來幫助你。

希望這本書成為你一個新的起點，讓你裡面天賦的「領導者」更上一層樓。願上帝賜福給你。

序2

「內建」在你裡面的「超能力」

夏昊霈——標竿教育基金會執行長
中華基督教福音協進會創新拓展處處長
寧法神學院教務主任

請你現在就對自己說：「我是領袖！」請再說一次，這次說得更認真一點。這不是自我催眠，因為你真的是天生的領袖！

如果你以為領袖，就是站在人前，擁有高人一等的職位、權力、資源的「那些人」，而其他跟你我一樣普通又一般的「這些人」，只能聽命行事、任其宰割。那麼現實是，「那些人」永遠只會是社會中的少數，你也很有可能真的不是「那些人」。但事實是，你把「領導職位」與「領袖」搞混了！

位高權重的人，如果回頭看，卻發現沒人在跟著他，那他根本就不是領袖。換句話說，即便販夫走卒也可以是領袖，**關鍵是「有沒有人會跟著他」**。歷史上每次改朝換代，都見證了「真領袖」未必位居高位，卻是那些真正有影響力的人。

無論在家裡、職場，或走在路上，每個人對這個世界都有程度不同的「影響力」，換句話說，每個人都是領袖！但你有運用並發揮你的影響力嗎？你有把你的影響力用在對的地方嗎？還是不知不覺間，你早已放棄了這個上帝「內建」在你裡面的「超能力」呢？

著作等身的世界級領導學大師約翰．麥斯威爾，一九九三年出版了他最受歡迎的著作《Developing the Leader Within You》。二十五年後，他在國際知名的年度領導學論壇「全球領袖高峰會」（Global Leadership Summit）中公開表示（當時我有幸現場躬逢其盛），當出版商希望為本書出個二十五週年紀念版，並問他要不要略做修改時，他發現最後竟有89％的篇幅，被他徹底翻修了。

如果二十五年前，那本徹底改變全球領導學發展觀點的暢銷書，是杯香氣四溢的美式咖啡，那這本淬鍊二十五年後的2.0版——《從內做起》，就是杯濃醇的義式。而當你拿起這本書讀到此處，就代表時候到了！你重新啟動、徹底翻修，甚至持續淬鍊這個早已「內建」在你裡面的「超能力」的時候到了！

你是領袖！而且可以成為一杯光用聞的，就足以讓身邊的人，紛紛醉倒的濃醇義式！開始淬鍊吧！

序3

為自己裝備成就事情的力量

陳鳳馨——News 98《財經起床號》
TVBS《國民大會》主持人

我曾經以為，如果只想扮演好小螺絲釘的角色，領導力的相關書籍應該與我無關，約翰．麥斯威爾讓我了解，**真正的領導是帶領自己與他人共同成就一件事情**。人的一生，不論扮演何種角色，要能為自己設定目標，完成使命，才能得到內心富足的生命，從這個角度出發，領導力就是每個人都應了解且不斷自我裝備的功課。

約翰．麥斯威爾是不斷自我淬鍊成長的傳奇性大師。

麥斯威爾十七歲決心獻身傳道，從二十二歲開始擔任牧師帶領教會，二十五年牧會的時間，教會成長且培育更多傳道領袖，成績斐然而引起出版界的注意，麥斯威爾應邀完成這本書的前身《從內做起》（Developing the leader within you），奠定領導力大師的地位。

閱讀這本書將了解麥斯威爾成功的主因，他重視的是領導力而非管理。

一九九〇年代，企業、組織重視的是管理，效率是管理的核心。可是麥斯威爾讓大家知道，能取得眾人認可並且跟隨你前進的力量，才是最強大的力量。

這本書讓麥斯威爾演講邀約不斷，他中年轉業，以寫作、演講，培養領導力為主業，共寫了六十多本書，銷售量超過兩千萬本，美國「國際領導力大師」組織曾票選全球影響力大師，麥斯威爾名列第一。

再過了二十五年，麥斯威爾重新出版這本書，但經過二十五年，麥斯威爾發現必須大幅修正內容，因為「回到起初開始的地方，才發現自己已經走了好遠」。這就是今天這本《從內做起》2.0版，呈現的是麥斯威爾研究領導力五十年的精華。

我認為，**每個人在不同階段，都可能在這十門課裡找到不同的啟發，但第一步是相信自己內在的潛力，不論你的職銜或身分，只要你願意，都可以成為一位比現今的你更好的領導者。**

2.0版前言

難以相信，距離寫《Developing the Leader Within You》一書，至今已過了二十五年。剛開始寫作時，我以為我只是在寫一本關於領導力的書籍。當我四十五歲時，我已經有了許多關於領導的歷練。但一九六九年，當我在印第安納州（Indiana）的鄉村開始專職的牧會生涯時，對於領導力並沒有什麼概念，我只是努力地工作。直到一九七〇年代初期，開始在第二間教會牧會之後，我才發現任何事情的興衰成敗都與領導力有關。從那時起，我就刻意鎖定領導力，作為自我成長的目標之一。在俄亥俄州（Ohio）牧養第二間教會的期間，我開始教導領導力的課程。一九八〇年代初期，我接下了領導聖地牙哥（San Diego）一間教會的責任。這間教會後來被公認為全美十大最具影響力的教會之一。在那段期間，我寫了《Developing the Leader Within You》這本書。接著，各地的演講邀約開始如雪片般飛來。於是，我成立了一家公司，專門培養領導者和出版訓練教材。由於國內外各種培養領導者的機會越來越多，因此在一九九五年，我不得不放下牧會的工作，全心投入寫作、演講和領導者的養成，直到今日。

但回顧寫本書的第一版時，在預備寫作的過程中，我深思著領導那三間教會帶給我的重大發現：領導力是可以開發的。我已開發出自己內在的領導力。而我最大的渴望就是，與人分享我個人的領導經歷，並將我所學到的功課教導人，使人人都能開發自己內在的領導力。

原本以為，前二十五年的領導生涯中，我有很多可以分享的東西。但現在回頭看，我非常驚訝地發現，後二十五年的生涯中，我學習到的更多。其實我不應感到驚訝，因為後來我又寫了許多關於領導力的書籍。**但有時你必須回到起初開始的地方，才會發現自己到底走了多遠**。好像是，回到二十五年前從小長大的地方，才發現它比你記憶中的家小很多！

難以形容我的興奮，可以與你分享從寫下第一版到如今，我所學習到的功課。由於想要分享的內容實在太豐富了，很難在短短的十章篇幅中完成。

這本書已經過我大幅度的修改，因此我稱之為2.0版。內容還是包括成為好領導者的基本課程。我建議各位在開始培養自己的領導力時，仍將本書列為第一本入門書籍，也建議各位領導者能使用本書來培養其他的領導者。但我耗費許多心血來加強本書的深度，特別更多著重於領導者的需要。例如，在第一版中，只有關於誠信和態度的一般教導，但在2.0版中，則是更多著重於這些特質如何使人成為更好的領導者。

此外，我也拿掉兩章關於培訓員工的內容（我在其他的著作中有詳盡的探討），另外加上兩章對於培養領導者非常重要的課題：僕人心志（領導者的心態）和自我成長（領導力的擴展）。**我很納悶：當初怎麼會漏掉這麼重要的兩章呢？**

如果你曾讀過本書的第一版（一九九三年出版），在慶祝本書出版二十五週年的2.0版中，讀者對於我新加入的內容和見解，一定會有更多的驚喜，因為這是我對於本書所能想像的最佳調整。

如果你是本書的新讀者，包君滿意，因為你將獲得一切必要的資訊，使你在領導的歷程中往前跨出一大步。**如果你能按著每章最後的應用單元去實踐，你會非常驚訝地發現，在短時間內你的「影響力」和「效率」都將大幅度的提升**。現在就開始，打開本書，開發你內在的領導力吧！

第 1 章

領導力的定義：影響力

The Definition of Leadership :

INFLUENCE

這個主題人人都會談，但真正了解的卻不多。關於它，大部分的人都渴望培養出卓越的能力，但真能辦到的也不多。從我個人的檔案中，輕易就能找出超過五十個定義和解釋。如果上網搜尋，你可以找到超過七億六千萬筆資料。我在談的是什麼呢？就是**「領導力」**。

當我在一九九二年寫本書的第一版時，想要在商業或其他組織中獲得成功的人士，幾乎都將所有的焦點放在管理上。那時，每一年都會流行另一種新的管理模式，卻沒有什麼人會注意到領導力。當時，領導力並未受到眾人的青睞。

我曾獲得學士、碩士和博士三個學位。但在一九九三年出版《**Developing the Leader Within You**》（簡體中文版：《中層領導力：自我修行篇》，北京時代華文書局）一書之前，我從未修過任何一門關於領導力的課程。為什麼呢？因為我所就讀的大學都沒有提供任何關於這方面的課程。

然而，領導力當今已經蔚為風潮，各大專院校都熱烈擁抱它。如果你願意，你可以在超過一百所大學取得關於領導力的進階學位。我曾就讀的那三所大學現在都已提供關於領導力的課程。

領導力為何變得如此重要呢？因為大家逐漸察覺，成為一位更好的領導者可以改變生命。任何事情的興衰成敗都與領導力有關。當人們成為更好的領導者，這世界就成為一個更美好的地方。有件事可改變你的一切，就是開發自己成為領導者的潛力，它會增加你的效率，減少你的弱點，削除你的工作量，倍增你的影響力。

☆

為何很多人無法發展成為領導者？

領導力的價值越來越受到人們的肯定，但卻沒有很多人願意努力成為更好的領導者。為什麼會如此呢？儘管關於領導力的書籍和課程已經越來越普及，許多人卻認為領導力與自己無關。或許，那是因為他們有以下這些先入為主的觀念：

我不是「天生的領導者」，所以我無法領導

領導者不是天生的。好吧，他們算是「出生」的，因為我從未遇見過一位未出生的領導者（我也不想遇到）。我的意思是，領導能力不是與生俱來的。雖然有些

人天生就有比較多的才幹，這的確可以幫助他們承擔更高層次的領導，但其實每一個人都有成為領導者的潛力。任何人只要願意努力，他的領導力都可以獲得開發和提升。

頭銜和資歷自動會使我成為領導者

我相信在我和我父母這一代，這種想法比較普遍，但現今這種想法仍舊存在。人們以為被任命一個領導的職位才能成為領導者，但事實是，成為好的領導者需要有渴望和一些基本的方法。你可能擁有頭銜和資歷，卻領導無方。你也可能沒有任何頭銜或資歷，卻是一位好的領導者。

工作經歷自動會使我成為領導者

領導力和成熟很像，它不會隨著年紀自動產生，有時只是馬齒徒長。工作的任期不會創造出領導能力。事實上，它只會產生權利，而不是領導能力。

等到我身居要職，再開始發展自己的領導力

身為領導學的教師，最後這種觀念最令我感到挫折。我剛開始主辦領導力研習會時，很多人會說：「如果有一天我成為領袖」，亦即如果有一天他們被任命一個領導的職位，「或許我就會來參加你的研討會。」問題出在哪裡呢？加州大學洛杉磯分校籃球隊（UCLA）的傳奇教練約翰伍登（John Wooden）曾說：「當機會來臨時才準備，就來不及了。」如果你現在就開始學習領導力，不僅你的機會會增加，更重要的是，當機會來臨時，你才能把握得住。

☆

如何開發你內在的領導力？

基本上，如果你從未開發過自己的領導力，現在就可以開始。如果你已經開始了自己的領導歷程，藉著刻意發展內在的領導力，你絕對可以成為一位比現今的你更好的領導者。

需要付出什麼代價呢？這就是本書的主題。本書的十章內容，包含了我認為能開發你內在領導力的十項**基本要素**。你也可以從MaxwellLeader.com這個網站，取得我提供的一些免費教材。其中有一份評量表可以幫助你評估自己目前的領導能力。在你繼續往下閱讀之前，我鼓勵你先完成那份評量表。

我們要從這十項基本要素中，最重要的一個觀念開始，那就是**影響力**。根據過去五十多年來觀察世界各國的領袖，以及我個人長年發展自己領導潛能的經驗，我得到了這個結論：**領導力就是影響力**。不多不少，就是這樣。因此，我最喜歡一句有關領導力的格言是：「凡自以為是領袖，卻無人跟隨，只是紙上談兵而已。」你要成為領導者，就必須先有跟隨者。我非常欣賞PAR集團的創辦人暨董事長詹姆喬治（James C. Georges）多年前在一次訪問中說過的話：「領導力」是什麼呢？暫時先撇開道德問題不談，只有一個定義：「領導力就是博取人來跟隨你的能力。」[1]

> 領導力就是博取人來跟隨你的能力。
> ——詹姆喬治

任何人，無論好壞，只要有人跟隨，他就是一位領導者。這表示，希特勒

（Hitler）是一位領導者。（你知道嗎？一九三八年《時代雜誌》（Time）的年度風雲人物就是希特勒，因為他是當時世界上最有影響力的人物。）賓拉登（Osama bin Laden）是一位領導者。拿撒勒人耶穌是一位領導者。聖女貞德（Joan of Arc）、林肯（Abraham Lincoln）、邱吉爾（Winston Churchill）、金恩博士（Martin Luther King Jr.）和甘迺迪（John F. Kennedy）也都是領導者。雖然他們的價值體系、能力和目標截然不同，但每一位都吸引了眾多的跟隨者。他們都擁有影響力。

影響力是真實領導力的開端。如果你誤以為領導力是爭取要職的能力，而不是吸引跟隨者的能力，你就會不斷去追求身分、地位或頭銜，以為這樣就可以成為領導者。但這種想法會導致兩個常見的問題。首先，如果你獲得領導的地位，卻遭遇無人跟隨的挫折，你要怎麼辦呢？其次，如果你永遠無法得到「適當」的頭銜呢？你要繼續等到有了適當的頭銜後，才能對世界產生正面的影響嗎？

我寫本書的目的是要幫助你，明白影響力的運作方式，並且開始學習如何更有效的領導。每章的內容都是要幫助你，獲得開發自己的領導技巧和能力。當你學到這些技巧之後，你會如虎添翼，成為更好的領導者。

☆

關於影響力的洞見

在深入探討影響力的運作方式，以及如何開發影響力之前，我們先來看看幾個有關影響力的重要洞見：

1. 每個人都能影響某個人

我的朋友提姆．艾爾摩（Tim Elmore）是「領袖培養協會」（Growing Leaders）的創辦人。他曾告訴我，據社會學家估計，即使是一個最內向的人，在他的一生中，也會影響上萬個人。這不是很令人驚訝嗎？你每一天都在「影響其他人」，也在「被其他人影響」。這表示，每個人都是領導者，也是跟隨者，無一例外。

在任何人群中，在各種環境裡，影響力總是不斷地在運作。舉例來說，對於一個準備去上學的孩子而言，他的母親通常有最主要的影響力。她可以替他選擇，要吃什麼，要穿什麼。當他到了學校之後，他可能也成為朋友中的影響者。上課時，他的老師成為最主要的影響者。放學後，當這個男孩出去玩，隔壁的惡霸可能擁有最大的影響力。晚餐時，爸爸和媽媽則在餐桌上有最大的影響力。

如果你仔細觀察，你就會發現每個群體的主要領導者。頭銜和職位不是最重要的因素，只要觀察一群人的聚集，當他們在解決問題或做決定時，誰的意見最有分量？討論問題時，大家的注意力都集中在誰的身上？誰的意見最快得到大家的接納？誰是大家聽從和跟隨的對象？這些問題的答案會讓你很快找出，一個特定群體的真正領導者是誰。

你對這個世界是有影響力的，但**明白自己有成為領導者的潛力**則是你的責任。如果你努力開發自己的領導力，你就可能影響更多的人，並且能以更有效的方式來發揮自己的影響力。

2. 我們不一定知道自己能對人產生多大的影響

明白影響力所產生的力量，最好的方法之一就是：回想在你的生命中，曾被某人或某事感動的時刻。重大事件都會在我們的生命和記憶中留下痕跡。舉例來說，若問在一九三〇年以前出生的人，一九四一年十二月七日那天聽到珍珠港被偷襲時，他們在做什麼。他們會詳細地告訴你，在聽到這個可怕的消息時，他們內心的感受和周圍所發生的事情。若問在一九五五年以前出生的人，一九六三年十一月二十二日那天聽到約翰·甘迺迪遇刺的消息時，他們在做什麼，你也會聽到他們許多的回憶。每一個世代都有令人畢生難忘的事件：挑戰者號太空梭的爆炸、911恐怖攻擊的悲劇，不勝枚舉。令你印象深刻的事件是什麼呢？那個事件又如何持續地影響著你的思考和行為呢？

現在，請你想一想那些深深影響你的人，或那些對你而言意義重大的小事。我還記得青少年時期曾參加的一個營會對我的影響，以及它如何幫助我決定自己未來的職業。我七年級的萊德武（Glen Leatherwood）老師，在我裡面激起的一個使命感，伴隨著至今已七十多歲的我。當我母親買來裝飾聖誕樹的小燈泡時，她絕對不知道，那些小燈泡每年都會喚醒我對聖誕節的感覺。大學時期一位教授寫給我的肯定話語，幫助我在懷疑自己的時候，還能繼續向前進。我的生命中有許多類似這樣的事情，相信在你的生命中也是如此。

我們每一天都受到許多人的影響，有時甚至一些小事也會留下深刻的印象。那些影響塑造出今日的我們，並且常常在我們不經意的時候，我們也在塑造別人。身兼作家及教育家的米勒（J. R. Miller）說得好：「有時一個短暫的相遇也能讓我們留下永難忘懷的印象。沒有人可以參透影響力的奧祕……然而，我們每一個人都不斷地散發出影響力，不是醫治、祝福、美化，就是傷害、荼毒或污染別人的生命。」[2]

3. 對明天最好的投資就是在今天培養你的影響力

你對未來最好的投資是什麼呢？股市？房地產？更高的教育？這些都有其價值。但我認為，你對自己最好的投資之一，就是培養你的影響力。為什麼呢？因為如果你渴望要完成某件事情，而其他人也願意幫助你，那麼你成功的機會就比較大。

在《領導者：成功謀略》（Leaders，中文暫譯）這本書中，作者本尼斯（Warren G. Bennis）和耐納斯（Burt Nanus）說：「真相是，領導機會到處可見，而且多數人觸手可及。」[3] 在商業界、義工機構和社會團體中，確實都是如此。如果你是企業家，這種機會更是多不勝數。問題是，當機會來臨時，你預備好了嗎？為了好好把握住這些機會，你必須現在就預備成為領導者，學習如何培養影響力，並且積極地使用它帶來改變。

狄倫史奈德集團（Dilenschneider Group）的創辦人兼社長狄倫史奈德（Robert Dilenschneider），也是偉達公共關係顧問公司（Hill and Knowlton Strategies）的前執行長，多年來都是全美著名的影響力經紀人之一。在《能力與影響力》（Power and Influence，中文暫譯）一書中，他提出了「能力三角形」的觀念，來助人提高領導效率。這個三角形的三要素就是：**溝通、認同、影響**。狄倫史奈德說：「如果你的溝通方式是有效的，你想影響的聽眾就會有肯定的認同。亦即，他們會認為，你是用對的方法在做對的事情。當你得到肯定的認同，你的影響力就會提升。別人會認為你能幹、務實、值得尊敬——**很給力**。能力的來源是記得運用溝通、認同和影響之間的三角關係。」[4]

年輕時，我遵循這個途徑邁向成功的領導之路，因為溝通是我的恩賜之一。當我成為一個好的溝通者，我確實也得到別人的認同。不久，我便受邀去教導關於領導力的課程。然而，我也發現領導力其實頗為複雜，不是只有溝通、認同和影響而已。我開始思考如何發展出一套模式，來幫助人們了解影響力的運作，更重要的是，幫助人們培養自己的影響力。我知道，如果我幫助人們開發自己的影響力，無論在何處，他們都能對自己的環境產生正面的影響。

☆

領導力的五個層次

我開始更仔細地研究影響力。從我個人的領導經驗，以及對我所欣賞敬重的領袖之觀察，我發現影響力的發展可以分為五個階段。我把這些階段轉變成一套工具，稱之為領導力的五個層次。這套影響力的發展模式可以幫助你了解領導力的運作，也提供你一幅影響力的開發藍圖。我已經教導這套領導力發展模式三十多年了，它幫助過無數的人，我希望它也能幫助你。

現在讓我們仔細查看每一個層次，你很快就會明白它們是如何運作的。

第一個層次：職位（Position）

領導力的最粗淺的層次是職位。它為什麼是最低的層次呢？因為職位使一個領導者，在對所帶領的人有任何實質影響力**之前**，即居於領導地位。在過去的世代中，人們會因為領導者所擁有的頭銜或職位而跟隨他。但在現今的美國文化中，這

領導力的五個層次

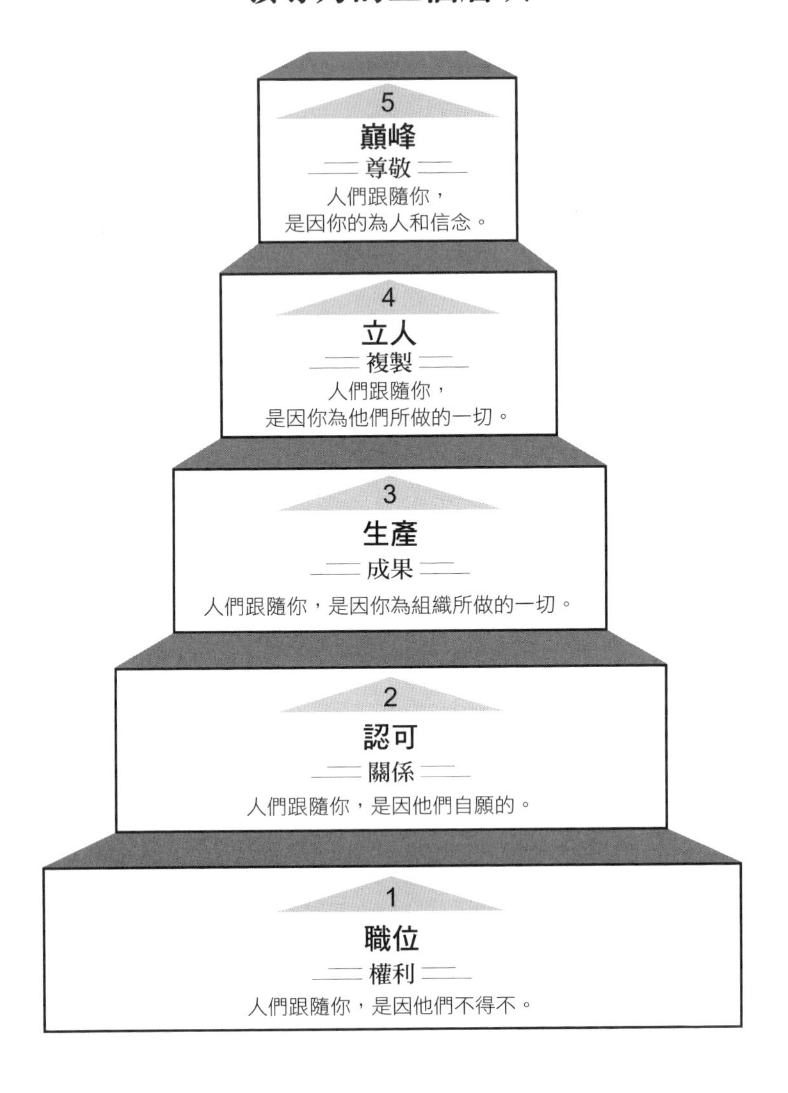
5
巔峰
尊敬
人們跟隨你，
是因你的為人和信念。
4
立人
複製
人們跟隨你，
是因你為他們所做的一切。
3
生產
成果
人們跟隨你，是因你為組織所做的一切。
2
認可
關係
人們跟隨你，是因他們自願的。
1
職位
權利
人們跟隨你，是因他們不得不。

種情況已不常見。一般人只有在**不得不**的時候，才會去跟隨職位型的領導者。

一九六九年，當我首度在工作上擔任領導者時，人們都很仁慈，也都尊重我，但我沒有實質的影響力。我那時才二十二歲。他們看得出我懂得不多，但我自己卻看不到。當我第一次主持董事會時，我才知道自己的影響力有多小。我本想根據自己手上的議程開始進行會議，結果柯老德（Claude）開始發言，雖然他只是個老農夫，但在場的每位都以他馬首是瞻，他的說話最有分量。柯老德不是強勢或傲慢無禮的人，他也沒有要給人下馬威，因為他不需要這樣做。他已經大權在握了，他只是想把事情做好。

現在我清楚知道，在第一份工作上，我只是第一個層次的領導者。起初，我所擁有的只是一個職位，加上良好的工作倫理，以及想要帶來改變的渴望。在早期擔任領導者的幾年裡，我在第一個層次學到最多的功課。但我很快就發現，頭銜和職位不會使你的領導力有太大的發揮。

擁有職位的人或許擁有權柄，但他們的權柄不會超過他們的工作職責。職位型的領導者擁有一定的**權利（Rights）**。他們有執行規則的權利，或叫員工盡職的權利。他們可以自由運用他們在職位上被賦予的任何權利。

然而，真正的領導者不是只擁有權柄而已。真正的領導者是一個讓他人有信心且樂意跟隨的人。真正的領導者知道，職位和影響力之間的差別。

當老闆和擔任領袖是不一樣的：

老闆會驅使員工；領袖則會指導他們。

老闆是倚靠權柄；領袖則是倚靠善意。

老闆會激發畏懼；領袖則會激發熱情。

老闆會說「我」；領袖則會說「我們」。

老闆解決責任歸屬的問題；領袖解決問題。

老闆知道如何把事情做好；領袖則示範如何把事情做好。

老闆會說：「你去」；領袖則會說：「我們一起去！」

> 職位
> 是培養領導力的
> 一個好起點，
> 但一直停留在這裡
> 就不好了。

職位是培養領導力的一個好起點，但一直停留在這裡就不好了。任何憑藉職位的領導者，他所倚靠的是：職務上的權利、協定、傳統和組織表。這些東西本身並非不好，除非它們已成為了權柄的根基。它們是拙劣領導技巧的替代品。

如果你已經在領導的職位上有一段時間，要如何知道自己的領導是否太過倚靠自己的職位呢？以下是職位型領導者的三個常見特徵：

職位型領導者的安全感是基於頭銜，而不是自身的才幹

第一次世界大戰期間，有一位士兵在戰地的壕溝中看見了火光，便大喊說：「把火柴熄滅！」不料，他發現犯規的是潘興「黑傑克」將軍（General "Black Jack" Pershing）。士兵害怕受到嚴厲的懲罰，結結巴巴地向他道歉，但潘興將軍拍拍他的肩膀，說：「孩子，沒關係，你要慶幸我不是一個少尉。」

一個人的能力和影響力越大，他的安全感和自信心也會越強。一個菜鳥少尉可能會仗著自己的軍階，把它當作武器，但大將軍不需要如此。

職位型領導者倚靠的是上級的影響力，而不是自身的影響力

晉升棒球名人堂的萊奧．杜羅赫（Leo Durocher）曾於一九四八至一九五五年執掌過巨人隊。早期，他在美國西點軍校的一場表演賽中擔任一壘位置的教練。但在比賽的過程中，有一個吵雜的軍校生不斷地向杜羅赫喊叫，試圖要激怒他。

那人喊著說：「嘿，杜羅赫，你這個小屁孩是怎麼進入大聯盟的呢？」

杜羅赫則回嗆他說：「是國會議員任命我的！」[5]

人們不會只因被任命於一個具有權柄的職位，就自動發展出他們的影響力。因為有些職位型的領導者沒有自己的權柄或影響力，他們所倚靠的是老闆或上司的權柄。每當他們擔心團隊成員不願跟隨自己的時候，他們很快就會說：「我們必須如此做，因為這是老闆吩咐的。」這種借來的權柄過一段時間會越來越薄弱。

職位型領導者在自身的職務權柄以外，無法使人跟隨他們

對於職位型的領導者，跟隨者的共同反應就是，只做到基本的要求，其餘免談。如果你看到領導者要求部屬加班、額外付出或任勞任怨，卻只得到「那不是我的工作」的回應，這大概就是職位型領導的結果。領導力如果是奠基於職位，部屬就只會做到那職位「有權」要求的範圍。職位型領導者無法以異象或目標來帶領跟隨者。

如果你有以上所述的任何特徵，你可能就太過於倚賴自己的職位了。這表示，

你必須更努力開發自己的影響力。否則，你所領導的團隊會缺乏活力，你也會覺得每一項任務都是艱鉅的挑戰。為了改進現況，你必須開始專注於下一個層次的領導力。

第二個層次：認可（Permission）

和我亦師亦友的弗瑞德．史密斯（Fred Smith）說：「領導力就是使人自願為你效力。」[6] 這就是第二層次領導力的本質：認可。

領導者若停留在職位的層次，卻從不發展自己的影響力，通常會以恐嚇來領導。他們就像是挪威的心理學家埃貝（Thorleif Schjelderup-Ebbe）所提出的「啄序（pecking order）法則」的雞群。這個法則常常被用來形容各種群體。埃貝發現，在一群雞中，通常有一隻為首的雞。這隻為首的雞可以啄其他任何一隻雞，而不被報復。地位居次的雞則可以啄，除了為首的雞之外的任何一隻雞。依此類推，其他的雞也有這種階級制度。最後一隻雞最可憐，每一隻雞都可以啄牠，牠卻不能啄任何一隻雞。

相反地，認可的特徵就是良好的**關係（Relationships）**。這個層次的名言就是：「人們不在乎你知道多少，除非他們知道你有多在乎。」真正的影響力是從心開始的，而不是從頭開始的。它是從彼此的連結中開始成長的，而不是條例或規定。這個層次的議程不是啄序，而是彼此的連結。能在這個層次上成功的領導者，會花費他們的時間和精力在團隊成員的需要和期望上。他們會與團隊的成員彼此連結。

第二層次領導者的經典反例就是亨利．福特（**Henry Ford**）。在福特汽車公司早期，他要求員工都像機器一樣地工作。他甚至企圖以條例和規定，來掌控員工在工作之外的互動。他只關心他的T型汽車，並且認為它是最完美的汽車，一點都不需要改變。當人們開始要求其他顏色的汽車時，他最著名的回答就是：「你想要什麼顏色都可以，只要是黑色。」

人們若不願或無法建立穩固長久的關係，很快就會發現他們也無法維持長久有效的領導。無疑地，若不領導，你也可以關心；但若不關心，你絕對無法成為好的領導者。人們若無法與你相處，怎會與你同行呢？事情就是如此。

人們若不願或無法
建立穩固長久的關係，
很快就會發現
他們也無法維持
長久有效的領導。

在第二個層次，當我們與他人連結，與他人建立關係，獲得他人的信任，你就開始培養對他人真正的影響力。這會使你想要更多與他人一起工作；這會使你想要更多彼此合作；這會使工作的氛圍變得更積極正面；這也會使每個人的活力變得更充沛。人們會在公司待得更久，並且更努力地工作。

如果你被授予一個領導職位，你就已經獲得了老闆的認可去領導。如果你獲得第二層次的影響力，你就獲得了部屬的認可得以去領導他們。這是很有能力的。然而，我必須警告你，若停留在這個層次太久，而不進入第三個層次，將會使主動積極的人變得不得安寧。因此，現在讓我們來談談生產。

第三個層次：生產（Production）

幾乎任何人都能在領導力的前兩個層次取得成功。無須什麼天賦的領導能力，人們也可以獲得職位和認可。事實上，如果你關心人，並且願意學習如何與人一起工作，你就會開始獲得影響力。然而，那種影響力也僅止於此。若要更進一步，你必須進入生產的層次。

在第三個層次，人人都有成就，並且也能幫助團隊成員獲得成就。他們一起製造**成果（Results）**。組織機構裡的好事連連，生產力提高，目標達成，利潤增加，士氣提升。此外，人員的流動率會降低，團隊的向心力則會增強。

領導者若能在這前三個層次裡有效地帶領，組織機構將會變得非常成功。他們會進入我所謂「大動能」（the Big Momentum）的有利情勢，開始成長，更容易解決問題。獲勝會成為常態，領導會變為容易，跟隨會變得更為有趣，工作氛圍也會變得充滿活力。

請注意，大部分的人很自然會落入認可或生產層次其中一種的領導。這取決於他們是**關係型**的人，還是**成果型**的人。關係型的人喜歡聚在一起，但他們的唯一目的就是享受彼此相聚的時刻。如果你工作環境的氛圍是，開會輕鬆愉快，彼此相處和睦，但是卻常常一事無成，你就可能是在與第二層次，而非第三層次的領導者一起工作。如果開會很有效率，但彼此的關係卻很糟糕，你就可能是在與第三層次，而非第二層次的領導者一起工作。然而，身為領導者的你，如果能將「關係」加上「成果」，建立一個關係和睦又成果纍纍的團隊，你就創造了一個強而有力的最佳組合。

世界各地的組織機構都在尋找能製造成果的人，因為他們能夠產生影響力。我最喜歡一個菜鳥推銷員的故事，他的名字叫做古奇（Gooch）。他寫了他的第一份銷售報告寄回辦公室，使銷售部門的主管感到非常驚訝。古奇寫說：「**我看這套工**

貝对我們一点益虎都沒有，他們什麼也不買，我只賣出一些貨。現在我要去芝加可了。」

在這個菜鳥可能被銷售經理開除之前，他又從芝加哥捎來這個信息：「我來到這裡卖出一大推貨。」

開除會擔心，不開除又害怕，銷售經理不知該如何處理這個沒受過什麼教育的推銷員，只好把問題丟給董事長。

次日早晨，象牙塔裡的銷售部門員工很驚訝地看到，布告欄上貼著這個菜鳥推銷員所寫的兩封信，以及董事長的字條：

「我們花弗太多時間在拼字上，而不是在拼業積上。讓我們看看那些推消員。我要你們每位都瀆瀆古奇的信。他正在路上奔坡，為我們達到業積，你們都應該出去向他學羽。」

我非常喜歡這個故事，所以我把它護貝起來。當我出去演講時，我會把它和其他「要點」帶在身上。好吧，如果我們帶領的是推銷員，我們當然會偏愛既能寫又能賣的推銷員。但是，你抓到重點了嗎？對於我們的上司或部屬而言，成果勝於一切。

如果你所帶領的團隊既有生產力又有向心力，其他人就會想要跟隨你，和你一起工作。舉例來說，如果從我和雷霸龍・詹姆士（LeBron James）二擇一，你會挑選誰加入你的籃球隊呢？答案很清楚：當然是曾經贏得總冠軍的人，而不是五十多年前曾在高中打過籃球的人！你要的是既能自己生產，又能激勵隊友一起生產的人。

第四個層次：立人（People Development）

如果你對團隊的影響力達到前三個層次，你已經是很棒的領導者。你可以獲得許多的成就，成為一名成功的人士。但是，還有更高層次的領導力，因為偉大的領袖不是只把事情辦好而已。

無論男女，領導者都有許多不同的類型。他們的外表、身材、年齡、經驗、種族、國籍，以及聰明智慧都不一樣。那麼，優秀的領導者與好的領導者有什麼差別呢？

領導者之所以優秀，不是因為他們本身有能力，而是因為他們有培育他人的能力。成功者若後繼無人（Success without a successor），最終仍算失敗。為了永續經營，建立自我成長的團隊，以創造未來，領導者的主要責任就是立人。領導者應該助人開發個人潛力，助人更有效率地工作，並且助人也能夠成為領導者。這樣的立人過程就是**複製（Reproduction）**。

立人會達到倍增的效果。當領導者開始立人時，組織機構就會進入一個全新的層次。一個團隊若培育出足夠的領導者，就會創造出另一個團隊。一個部門或組織若培育出足夠的領導者，也會創造出另一個部門或組織。因為凡事的興衰成敗都在乎領導力，若有更多更好的領導者，就會有更好的組織機構。

立人的層次還有另一個正面的「副作用」：對領導者忠心。人們會對幫助改善他們生活的導師忠心。如果你仔細觀察不同層次的領導者，如何發展他們的影響力，你會發現他們與跟隨者之間關係的進展。在第一個層次，團隊成員**不得不跟隨**領導者。在第二個層次，團隊成員**志願跟隨**領導者。在第三個層次，團隊成員**感激敬佩**領導者為團隊所做的一切。在第四個層次，團隊成員**效忠**領導者，則是因為領導者

領導者之所以優秀，不是因為他們本身有能力，而是因為他們有培育他人的能力。

為他們個人所做的一切。助人成長可以使你贏得人心。

不是每一位好領袖都會努力開發第四個層次的影響力。事實上，大部分的領導者甚至不知道有第四層次的存在。他們太專注於個人和團隊的生產力，以至於忽略了立人的重要性。如果你也是如此，我願意幫助你。你可以問自己以下幾個有關立人的問題，建立你在第四層次得勝的根基：

1. 我是否熱衷於自我成長？

只有自我成長的人，才能有效地幫助他人成長。如果你的心中仍然有那份熱忱，在你周圍的人必然都能感受得到。我已經七十多歲了，但仍然熱衷於自我成長。

2. 我的成長歷程是否具有可信度？

當你想要幫助他人成長的時候，通常人們首先會問，「你有什麼可以幫助我的？」這個問題的答案在於你的可信度。詹姆士．庫塞基（James M. Kouzes）和貝瑞．波斯納（Barry Z. Posner）在他們的書《模範領導》（臉譜出版社）中闡

> 如果你不信任傳達者，你就不會相信他所傳達的信息。
> ——詹姆士．庫塞基和貝瑞．波斯納

述，領導的第一法則就是：如果你不信任傳達者，你就不會相信他所傳達的信息。他們認為，忠誠、委身、活力和生產力都和可信度息息相關。[7]

3. 人們是否被我的成長所吸引？

人們想要與不斷成長的領導者學習。有一年，我的非營利組織「領袖裝備中心」（EQUIP）在圓石灘舉辦領導盃的高爾夫球公開賽，許多人都察覺到我公司執行長馬克柯爾身上驚人的成長。那種戲劇化卻又謙卑的成長，是非常吸引人注意的。

4. 我自己是否在我想要助人的領域中很成功？

你無法給出你所沒有的東西。當我培育人才時，主要是在我獲得成功的領域裡幫助他們：演講、寫作和領導。你知道我從未指導過別人的領域是哪些嗎？是歌唱、科技和高爾夫。沒有人想要聽我談論這些主題，因為那會浪費他們和我自己的時間。

5. 我是否已經跨越消磨時間／投資時間的界線了？

大部分的人都會與別人消磨時間，卻很少人會投資時間在別人身上。如果你想要在第四個層次獲得成功，你必須成為投資在別人身上的人。這表示價值的提升，並且期望看見你投資的回報，但不是為了個人的利益，乃是為了產生影響力。你期待的回報是他人生命的成長，他人領導力的提升，他人工作的成效，他人對組織團隊的價值。當我四十歲的時候，雖然已經盡心盡力在工作了，但自己的時間實在有限，我才學到這個寶貴的功課。（我將在第2章更多談論這點。）唯一的解決辦法就是，投資在別人身上來複製自己。當他們越來越好，團隊也越來越好，我也會越來越好。

6. 我是否活到老學到老？

受教的人是最好的老師。為了培育他人，我自己也要有受教的心。這表示，要樂於學習，留意所學到的東西，渴望與人分享所學到的東西，並且知道要與誰分享。

7. 我是否願意成為弱勢的榜樣和教練？

投資在他人身上來培育他們，不表示你要假裝你有所有問題的解答。這表示，你要坦誠，承認你有懂的地方，也有不懂的地方，並且從你培育的對象身上盡量學習。學習是雙向的。當我培育他人，也不斷地培育自己時，帶給我極大的快樂。

8. 我所培育的人成功嗎？

培育他人的終極目標，就是幫助他們轉化自己的生命。教導只能**「改善」**他人的生命，但真正的培育可以**「改變」**他人的生命。你如何知道這種情況是否發生了呢？那就是，你所投資的人成功了。這不只是轉化的最大徵兆，也是對培育他人的領導者最大的獎勵。

關於立人，你做得如何呢？如果以上八個問題，你回答「是」越多，你對於立人就會做得越好。但如果你的「否」比「是」還多，也請不要灰心。你要設定成長的目標，未來仍可在第四層次獲得成功。你將不會後悔，因為長遠來看，你終會成功。你對於培育領導者的承諾，會確保你的團隊、你所領導的人，以及你的領導力，都能不斷地成長。你要盡其所能地達到並且停留在這個層次。

第五個層次：巔峰（Pinnacle）

領導力的最後一個層次是巔峰。如果你曾讀過本書的第一版，或許還記得我當時稱這個層次為**人格**（**Personhood**），但我認為**巔峰**形容得更為貼切。這個最高層次是基於**聲望**（**Reputation**），這裡的空氣非常稀薄，只有少數人能夠到達這個層次。那些到達這個層次的人領導得非常好，終身發揮其領導力，並且投資在其他的領導者身上，把他們提升到第四個層次。他們的影響力擴展到自己的組織機構之外。

巔峰層次的領導者不只聞名於自己的組織機構之外，更聞名於他們的領域和國家之外，甚至流傳萬世。舉例來說，威爾許（Jack Welch）是商業界的第五層次領導者。曼德拉（Nelson Mandela）是政治界的第五層次領導者。金恩（Martin Luther King Jr.）是社會運動界的第五層次領導者。達文西（Leonardo da Vinci）是藝術界和工程界的第五層次領導者。亞里斯多德（Aristotle）是教育界和哲學界的第五層次領導者。

每個人都能到達這個層次的領導力嗎？當然不。我們應該朝這個層次努力前進嗎？當然要。但我們不應該太執著於它，為什麼呢？因為我們無法「製造」他人對我們的尊敬，更無法「要求」他人對我們的尊敬。尊敬必須是他人自願給我們的，並不是我們所能掌控的。因此，我們應該致力於開發自己在第二、第三和第四層次的影響力，並且日復一日、月復一月、年復一年，努力保持住。如果能夠做到這裡，我們就已經盡力了。

☆

領導力五個層次的導航

我希望你能使用領導力的這五個層次，作為影響力運作方法的清晰提示。它是領導力的典範和途徑。你已經對此模式有了初步的了解，現在我要再提出一些洞見，幫助你航行於領導力開發的過程。

- 領導力的這五個層次可以運用在你生活中的任何領域，不管是私人領域或專業領域。
- 你與生活中的每一個人都處於不同的層次。
- 每當你與他人的關係提升一個層次，你的影響力也會跟著提升。

- 每當你往上提升一個層次，不表示你拋棄了前一個層次。這些層次是彼此堆積而上的，並不是彼此互相取代。
- 如果你為了加快這個過程而跳過某個層次，你還是必須得回到那個層次，才能建立持久的關係。
- 層次越高，所花的時間就越長。
- 每當你更換工作或加入新的團隊，你必須從最低層次開始，再重新建立。
- 你一旦到達某個層次，就必須努力維持住。沒有人「一開始」就是領導者，領導力也不是恆久不變的。
- 在某個層次，你的影響力可能會增加，也可能會減少。
- 跌落某個層次比抵達那個層次還要容易。

在我目前的人生中，領導力的這五個層次已經成為我的第二天性。每當我遇見人，我就開始建立關係。每當我們建立了關係，我就會嘗試和對方一起完成某事來增加生產力。我也會開始設法使人增值，在對方身上投資。我相信你也可以用同樣的方法，來開發自己的影響力。所需要的就是你的意願和企圖心。

我曾讀過一首詩，叫做〈我的影響力〉。我不知道它的作者是誰，但它的內容深深地影響著我：

在今日結束之前，
我的生命將觸摸許多的生命，
在傍晚日落之前，
無論好壞，都將留下無數的印記；
這是我永遠的期盼，
這是我永遠的祈求：
主啊，在人生的旅程中，
願我的生命能幫助其他的生命。[8]

如果你和我一樣，你也會有這些目標。你不會只想活出成功的人生，而是活出有意義的人生。你會希望你的領導力能帶來改變。你所能達到的層次，取決於你的影響力，更勝於其他任何因素，這也是為什麼影響力會如此地重要。你根本不知道自己將會觸摸到多少生命。你所能做的就是開發自己的影響力，當機會來臨時，你才能緊緊地把握住。千萬不要懷疑影響力所能帶來的力量。想想看亞里斯多德，他曾指導過亞歷山大大帝，而亞歷山大大帝後來征服了世界。

應用練習

發展你內在的「影響力」

Developing the
INFLUENCER
Within You

運用這五個層次的領導力會帶來一些挑戰。其中最大的挑戰之一就是，你必須一一贏得對每個人在各個層次的影響力。雖然你對於他人影響力的層次，每天都會提升或降低，但如果一開始你先刻意提升對於少數幾人的影響力，你會發現這對你有極大的幫助。

因此，我建議你先挑選生活中的兩個人，刻意建立你對他們的影響力。你可以從工作生活中挑選一位重要的人，例如：老闆、同事、員工，或客戶。另外，再從個人生活中挑選一位重要的人，例如：配偶、兒女、父母，或鄰居。（是的，對於配偶或兒女，你也有可能只落在職位的層次，因此你必須贏得或重新贏得更高層次的影響力。）如果你很有能力，又有活力和企圖心，你也可以挑選「三」個人。

首先，確認目前你對每個人的影響力位於哪一個層次。然後，使用下列的準則，開始贏得更高層次的影響力，並且強化較低層次的影響力。

第一個層次：職位——基於權利的影響力

- 把你的角色或職務範圍了解透徹。
- 持續地把你的工作做到最好。
- 做得比預期的更多。
- 承擔你自己和你領導的責任。
- 從每一個領導機會中學習。
- 要留意影響到人際互動的過往經驗。
- 不要倚賴你的職位或頭銜來領導。

第二個層次：認可——基於關係的影響力

- 珍惜對方。

• 學習以發問來看穿對方的雙眼。
• 關心對方勝於關心規則。
• 將你的焦點從**「我」**轉移到**「我們」**，來將對方加入你的旅程。
• 將對方的成功設定為你的目標。
• 操練僕人式的領導。

第三個層次：生產——基於成果的影響力

• 開始你個人的自我成長，並且為之負起責任。
• 從你自己開始，為成果負責。
• 以榜樣來領導，並且生產出成果。
• 幫助對方找到和付出他們的最佳貢獻。

第四個層次：立人——基於複製的影響力

• 人才是你最有價值的資產。
• 對你成長的歷程誠實敞開。

• 揭露對方成長和領導的機會。
• 將對方置於成功的最佳位置。

第五個層次：巔峰——基於尊敬的影響力

• 將你的領導力專注於百分之二十前景最看好的跟隨者身上。
• 教導和鼓勵他們去培育其他高層次的領導者。
• 發揮你的影響力使組織機構前進。
• 使用你的影響力在組織機構之外帶來改變。

關於領導力的開發過程，如果你想要獲得額外的協助，請上網站MaxwellLeader.com。在這個網站，你可以獲得一些我提供的免費教材。最後，請記得填寫領導力的自我評估表。

第 2 章

優先次序

領導力的關鍵：

The Key to
Leadership :

PRIORITIES

你每天都有充足的時間來處理想要且需要做的事情嗎？我想答案是否定的。我還沒遇過一位在時間上游刃有餘的領導者，他們總是忙碌地做著想要做的事情。在第一章，我提過當我四十歲時，我發覺自己在工作的努力和時間上都已經達到了極限，因此我開始投資在別人的身上。然而，我也發覺，我必須要改進我管理自己和時間的方式。

人們經常談論時間的管理，但事實是，你無法管理時間。管理某物表示，控制它和改變它。對於時間而言，你一點也無法管理。每個人一天都有二十四小時。我們無法使它變多或變少，也無法使它變快或變慢。時間就是如此。

身兼教練及演說家的傑米・康乃爾（Jamie Cornell）曾寫道：「時間目前無法被管理，將來也不會被管理。你無法使時間增加。問題的根源在於，你和他人所做的抉擇，以及你自己所做的抉擇。無論你相信與否，你每天無時無刻都在抉擇如何使用時間。」[1]

對於領導者而言，問題不是「我的行程滿了嗎？」，而是「何人與何事會填滿我的行程表？」當我覺得時間不夠時，我需要自我檢查一下：我的抉擇、我的行程和我的**優先次序**。這些才是我們所能夠控制的，而不是時間。我們需要決定如何使用每天的二十四小時。把事情的優先次序排好，才能善用時間以獲得更豐富的成果。對於領導者而言，更是如此，因為我們的行為會影響許許多多其他的人。

我曾在研習會上聽過一位講員說：「最難叫人做到的兩件事情就是：思考，以及依照重要性大小來做事。」其實，他所談的就是優先次序。好的領導者總是會預先思考，並且把任務的優先次序排好。也曾有人如此說：

- 務實者知道如何得到他們想要的東西。
- 思想家知道什麼是他們應該要的東西。
- 領導者知道如何得到他們應該要的東西。

這是為何我要幫助你找出領導者應該要的東西，然而不是依照我的優先次序，而是依照你的優先次序。我也要幫助你有效地依照那些優先次序，來提升你的生命，並且增進你的領導力。

☆

優先事項的壓力

沒有任何人能逃脫現代生活的壓力。因為我們每天都要面對許多的要求、期限和困難，有時我們也會對事情的優先次序感到困惑。以下是我發現的幾個事實：

大部分的人都高估了大部分事情的重要性

每天，你都能將你想要做、應該做和需要做的事情，列出一張長長的清單。然而，並非每一件事情都那麼重要。心理學家威廉・詹姆士（William James）曾說：「成為智者的技巧就是，知道什麼是可以忽略的事。」[2] 日常生活瑣事常常佔用了我們許多的時間。一不小心，我們就會為錯誤的事情而活。

成為智者的技巧
就是，知道什麼是
可以忽略的事。
——威廉・詹姆士

太多優先事項會使人無法行動

多年以來，獅子的表演一直是最流行的馬戲團節目之一。馴獸師會走進一個充滿危險獅子的鐵籠裡，使牠們做出想要的動作。我曾聽說，許多馴獸師都會帶一張凳子或椅子一起進去鐵籠裡。顯然地，如果馴獸師抓著椅背，將四隻椅腳朝向獅子，獅子會立刻試著將注意力同時集中於四隻椅腳。如此被分散的注意力會制住獅子，使獅子無法行動，並且降低其攻擊性。

同樣的事情也可能發生在我們的身上。我們幾乎都曾有過如此的經驗：待辦事項列不完、待批公文看不完、手機電話響不停、來訪客人應接不暇。如果你像大部分的人一樣，這種種的需求可能會使你凍結無法前進。

幾年前，有一位高生產力的員工雪瑞兒（Sheryl）來找我。她看起來非常的疲憊。交談之後，我發現她被一大堆的任務壓得快喘不過氣了。我教她把所有的工作都列出來，並且和她一起檢視這份清單，把事情的優先次序排好。效果簡直是立竿見影，就好像一塊大石頭從她的身上被挪開了。我依然記得她臉上如釋重負的表情，當她發覺自己可以將其他的事情先暫時放下來，專心處理最重要的任務。

當小需求太被關注，大問題就會產生

我們常會被生活上的小事絆倒。一九七一年十二月二十九日晚上，發生在東方航空401班機的事故就是一個悲劇的例子。這架載著一百六十三名乘客和十三名機組員的飛機，從紐約起飛，快抵達邁阿密的目的地時，發生了問題。起落架正常放下的指示燈沒有亮。機長便使飛機進入等待航線，其他的機員則去檢查起落架是否已經放下了。

當飛機在溼地的沼澤上空盤旋時，駕駛艙的機員忙著檢查是否起落架真的沒有放下，或只是指示燈故障不亮。他們更換指示燈泡，卻仍然無法確定起落架有放下。機長只好派另一位機員去駕駛艙底下，確定前輪是否已經放下。

當三位經驗豐富的機員試圖解決問題的時候，他們卻忽略了更重要的飛行高度。當自動駕駛的飛機在上空盤旋時，飛機逐漸失去了應有的高度。當他們察覺到這個問題後十秒鐘，飛機就衝進了溼地。不幸地，有上百人因此罹難。結果，調查人員發現，問題只是燈泡故障不亮而已。

羅伯·麥肯（**Robert J. McKain**）曾觀察到：「大部分的主要目標沒有達成的原因，其實是因為我們常常花費時間先做次要的事。」[3]或更次要的事，甚至不重要的事。任何時候，若讓小需求或不重要的事情取代了重要的任務，我們就可能會遇到麻煩。

每件事情都優先，等於沒有事情優先

有一家人受夠了城市的吵雜和壅塞，存了一筆錢打算實現自己的夢想。他們賣掉了窄小的公寓，往西部搬遷，買了一座牧場。他們渴望搬到鄉村，在寬廣的土地上放牧牛群，享受人生。

一個月後，有幾個朋友從城市來拜訪他們，問他們把牧場取做什麼名字。

「嗯，」這位牧場的新主人回答說：「我想要叫它『飛翔天地』，但我太太想要叫它『舒適家園』，我們的大兒子則認為應該叫做『歡樂牧場』，而小兒子則希望我們取做『休閒農莊』，所以我們想出一個折衷的方案，把它叫作『飛翔舒適歡樂休閒天地家園牧場農莊』。」

「哇，」其中一位朋友問：「我可以看看你的牛群嗎？」

「我們沒剩半隻牛，」牧場主人回答說：「每一隻都在烙印牧場的名字時死了！」

好啦，我要承認這實在是一個老掉牙的笑話。但我很喜歡這個笑話，因為它生動地描繪出一個事實：當你說，**每一**

當你說，每一件事
都高度優先，
就等於沒有一件事
高度優先。

件事都高度優先，就等於沒有一件事高度優先。這只是表示，你不願做決定或無法做決定，結果就是**「一事無成」**。

有時緊急情況才能迫使人決定出優先事項

對某些人而言，只有危機才能使他們重新思考自己的優先次序。有一個例子發生在一九一二年四月十四日的晚上，當巨大的鐵達尼號郵輪撞到大西洋的冰山時。在這場災難中，發生了許多難以理解的故事。其中之一是，有一位婦人原本已經登上了一艘救生艇。在最後一刻，她詢問是否還可以回房間拿東西。她被告知，她只有三分鐘的時間。當她匆忙回房時，在走道上，她踩過被人遺落的金錢和其他貴重的物品。當她回到自己的特等艙時，她沒有拿珠寶首飾，反而拿了三顆橘子，然後很快地回到自己的救生艇。

幾個小時前，她絕不會用自己貴重的小首飾，換一大箱的橘子。然而，環境改變了她的優先次序。同樣地，環境也可能會改變我們的優先次序。

☆

優先次序法則

曾經有人如此說：「人緊握雙拳而生，卻張開雙手而死。人生自有撬開我們所執著事物的方法。」如果你想要開發你內在的影響力，不要等到悲劇發生才調整自己的優先次序。要有積極主動的心態，今天就開始吧！以下我們來看看幾項基本的原則：

1.「聰明工作」比「努力工作」有更高的回報

小說家法蘭茲．卡夫卡（Franz Kafka）曾說：「生產力就是做到從前做不到的事。」如何才辦得到呢？光靠努力是不夠的。據說，愛因斯坦（Albert Einstein）曾說：「重複做一樣的事情，卻期待不一樣的結果，實在是愚不可及。」

因此，我們該如何獲得更好的成果呢？你必須**重新思考**做事情的方法。你必須「聰明工作」。這表示，要找出更好的工作方式，並且善於利用時間。行銷專家丹．肯尼迪（Dan Kennedy）說：「善用一般人會浪費掉的時間，能使你得著優勢。」[4]有哪一位領導者不想要如此呢？

2. 你不能「全部都要」

當我兒子約珥還小的時候，每當我們走進商店，我都必須告誡他：「你不能全部都要。」如同許多人一樣，他很難縮減他的採購清單。但我相信，成就某事的百分之九十五取決於知道自己想要什麼。對於領導者而言，這一點更是特別重要。

多年前，我曾讀過一篇關於登山的故事。有一支登山隊正預備要攻頂法國阿爾卑斯山的白朗峰。前一天晚上，他們的法國嚮導提醒大家說：「成功攻頂的一項重要前提就是，只攜帶登山必備的基本物品。你必須放下其餘的東西，因為這將是一趟非常艱辛的路程。」

但有一位英國的年輕人不聽專家的勸告。隔天早晨，除了登山的基本裝備之外，又帶了一大堆東西，包括：一條艷麗的毛毯、幾大條乳酪、一瓶葡萄酒、一對照相機、好幾個鏡頭，以及一些巧克力棒。

「帶這些東西，你是絕對爬不上去的，」嚮導說：「你只能夠帶最基本的物品攻頂。」

然而，這位英國人既年輕又固執。他仍兀自走在隊伍的前面，想要證明自己辦得到。

其餘的隊員都遵照嚮導的指示，只攜帶最基本的裝備。在攻頂白朗峰的過程中，他們開始發現沿路丟棄的物品：首先是一條艷麗的毛毯，接著是一瓶葡萄酒和幾條乳酪，然後是照相的器材，最後是一些巧克力棒。

當他們抵達峰頂的時候，看到了這位英國人。他很明智地沿路丟棄掉一切不需要的東西，最後得以成功攻頂。

許多年前，我曾讀過威廉・辛森（William H. Hinson）所寫的一首詩。這首詩充分地傳達出關於優先次序的重要概念：

一心一意追求一件事，
有生之年必有所成；
三心二意追求每件事，
終其一生一事無成，
空留滿腹的遺憾。

無論你是否是一位領導者，如果想要擁有成功的人生，你都必須有所抉擇。你必須決定事情的優先次序。你不能「全部都要」，沒有任何人能夠。

3.「好」永遠是「最好」的敵人

大部分的人都能夠在好與壞，或對與錯，之間做出選擇。然而，當他們面對兩個都很不錯的選擇時，真正的挑戰這時才出現。他們應該選擇哪一個呢？

有一個寓言故事是這點絕佳的例證。在電燈發明之前，有一位燈塔看守員在海岸線延伸出來的岩石上工作。每個月，他都會收到油料的補給，使燈塔能持續發光。

因為距離城鎮不遠，所以時常會有訪客來訪。有一天晚上，一位年老的村婦來要一些油，為了使她的家保持溫暖。燈塔看守員很同情她，因此給了她一些油。接著，有一位父親也來要一些油，為了點燈去尋找他失蹤的兒子。後來，又有一位老闆也來要一些油，為了使機械設備正常運作，讓員工能繼續工作。每一個請求都很好，理由也很正當，所以燈塔看守員都給了他們一些油。

將近月底的時候，他察覺油料已經所剩不多了。最後一天晚上，油料用盡，燈塔熄滅了。結果在暴風雨中，有一艘船觸礁了，喪失了許多的生命。

這位燈塔看守員在接受調查時，懊悔不已。然而，他只得到一句回覆：「油料補給的唯一目的，就是使那座燈塔保持明亮！」

當你越來越成功，越來越忙時，你必須學習在兩個好的選項中權衡輕重。你不可能永遠兩者兼顧。你該如何選擇呢？請記得，為了「最好」的選項，有時必須犧牲掉「好」的選項。

4.「積極主動」勝於「消極被動」

關於制定計畫，每一個人不是主動發起者，就是被動參與者。我個人覺得，你或者做選擇，或者接受虧損。「積極主動」表示選擇，「消極被動」則表示虧損。問題不應該是「我是否有事情做」，而是「我所做的事情是否有果效」。為了成為有果效的領導者，你必須要「積極主動」。請看一下主動發起者和被動參與者之間的差異：

主動發起者	被動參與者
做準備	做補救
事先規劃	活在當下
打電話聯絡	等電話鈴響
預料問題的發生	回應問題的發生
掌握時機	等待時機
行事曆是自己的優先事項	行事曆是別人的要求事項
在別人身上投資時間	在別人身上花費時間

關於主動發起和被動參與對於生產力的影響，如果還有任何疑惑的話，你只需想想渡假的前一週。那或許是你最有效率和生產力的工作時間。為什麼呢？因為你有清楚的優先次序，以及明確的最後期限。在離開辦公室前往渡假之前，我們必須做好決策、完成計畫、清理公文、回覆電話，以及知會同事等等。

我們為何無法一直保持這種工作的方式呢？事實上，是可以的，但我們必須先改變自己的心態。不要專注於「效率」（efficiency），那是一種求生存的心態。我們必須先考慮「效果」（effectiveness），那是一種成功的心態。不要專注於「正確地做事」，我們必須專注於「只做正確的事」。我們必須一直保持「積極主動」的熱情。

5.「重要的事」必須優先於「急迫的事」

身為領導者，你名片上的責任越多，你手上的工作也越多。每一位成功的領導者都必須學習，能夠同時掌握多件高度優先計畫的進行。隨著工作清單的增加，若不規劃組織，就是自討苦吃。千萬別自討苦吃啊！

為了幫助你隨時都能迅速將工作的優先次序排好，以下是一個簡單又有效的分類方法。我們的目標是，先決定一項工作的「重要性」和「急迫性」。沒有果效的領導者會不加思考，就開始做急迫的工作。有果效的領導者則會先衡量這兩個因素，然後再採取適當的行動。你可以如此做：

- **高重要性／高急迫性：**優先處理這些工作。
- **高重要性／低急迫性：**設定完成工作的最後期限，再將這些工作排入每天的行事曆。
- **低重要性／高急迫性：**投入最少的時間，找出迅速又有效率的方法把這些工作完成。可以的話，委託給別人處理。
- **低重要性／低急迫性：**這些工作能刪除就刪除吧！否則就盡量找人代

勞。如果仍然無法避免，就每週安排一小時來處理這些工作，但絕對不要佔用你主要的時間。

每天早晨，以「重要性」／「急迫性」的準則來檢視你的工作清單，將不會花費你太多的功夫和時間。這個方法能夠有效地幫助你，迅速地排好工作的優先次序，以展開你每日的行程。

這是一個非常有價值的策略。畢竟，凡事都行的人生，最後可能會成為一事無成的人生。身為領導者，如果沒有一套決定事情優先次序的方法，你仍然是太消極被動了。因此，我要再給你一些方法，以更宏觀的視野來看優先次序的問題。

☆

積極主動的優先次序決定法1：帕累托法則

有一位對於做決定有多年經驗的行家，曾告訴我這個簡潔的建議：決定出該做的事，就去做；決定出不該做的事，就不要做。我很喜愛這個建議，但要評估事情的優先次序卻常常不是那麼簡單。該不該做時常不是黑白分明，而是有許多的灰色地帶。

多年以前，當我在修商學課程時，我曾學過帕累托法則。這個法則是以義大利的經濟學家維弗雷多．帕累托（Vilfredo Pareto）命名的，又通稱為80／20法則。我很快地看見了這個觀念的價值，並且開始把它運用在自己的日常生活中。四十五年之後，我發現它仍然是決定優先事項的一個非常有用的工具。無論對我個人，或對我所指導過的人，或對任何的組織機構而言，都是如此。所謂帕累托法則，當運用在商業上，是如此說的：

倘若你將自己的時間、精力、金錢和員工使用在前百分之二十的優先事項，這百分之二十的優先事項將為你帶來百分之八十的產量。

以下幾個例子是帕累托法則在日常生活中的運用，雖然看似幽默，但卻都是真實無誤的：

時間：我們百分之二十的時間生產出百分之八十的成果。
輔導：百分之二十的人佔用我們百分之八十的時間。
產品：百分之二十的產品帶來了百分之八十的收益。
書籍：百分之二十的篇幅包含了百分之八十的內容。
工作：百分之二十的工作帶來了百分之八十的滿足。
演講：百分之二十的演講產生了百分之八十的影響。
捐贈：百分之二十的捐贈者捐出百分之八十的捐款。
稅收：百分之二十的人民繳交出百分之八十的稅收。
領導：百分之二十的人做出百分之八十的決定。
野餐：百分之二十的人吃掉百分之八十的食物。

幾乎在任何的情況之下，你都能發現80／20法則的蹤影。為什麼呢？我不知道，它就是如此。

身為領導者，你必須了解這項法則，因為它扮演了一個非常重要的角色。如果你有十個優先事項，80／20法則可以被視覺化如下圖：

帕累托法則

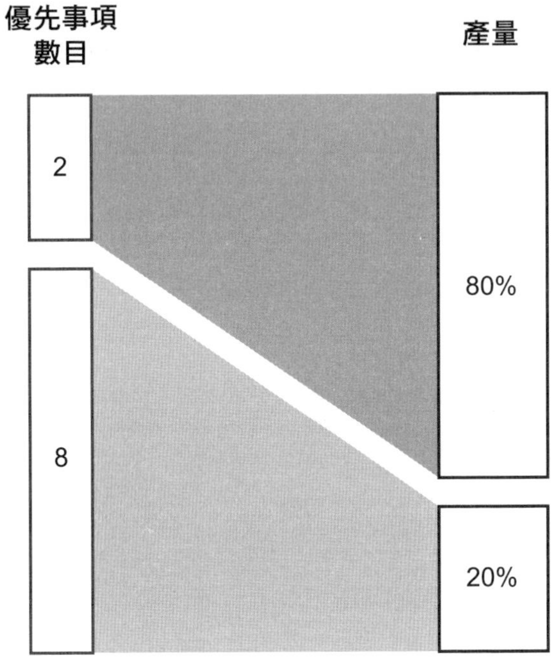

上圖標示出兩個最優先事項。若把你的時間、精力、金錢和員工等等，使用在這兩個最優先事項，將會在生產力上帶來四倍的回報。然而，其餘的八個事項只能帶來最小的回報。

結論是顯而易見的：因為工作清單上的前百分之二十的事項，能為你帶來百分之八十的回報，所以你應當專注在這百分之二十的事項。前百分之二十的員工會為你帶來百分之八十的回報，所以應當將你的時間和精力專注在他們的身上。前百分之二十的客戶會為你帶來百分之八十的回報，所以應當專注在他們的身上。前百分之二十的商品會為你帶來百分之八十的回報，所以也應當專心銷售它們。

這個法則影響領導者最深之處，就在於他們所領導的人。員工不會對一個組織機構造成同等的影響。前百分之二十的員工背負著最大的擔子，並且產生最大的影響。不幸地，最需要時間去關心照顧的人，往往都是後百分之二十的員工。相反地，前段的員工大部分都不太需要領導者的關心，因為他們是自動自發且自我導向的。然而，你應該花時間投資在誰的身上呢？當然是這前百分之二十。

以下是帕累托法則如何運用在你團隊成員的方法：

- 決定哪些人是生產力最高的前百分之二十。
- 將你百分之八十的人事時間使用在這百分之二十的人身上。
- 將你百分之八十的個人發展經費使用在這百分之二十的人身上。

• 協助這百分之二十的人找出他們前百分之二十最有回報的工作，並且允許他們將百分之八十的時間使用在這些工作上。

• 允許他們將其他百分之八十的工作委託給別人處理，使他們更有時間做自己最拿手的工作。

• 要求這前百分之二十的人為其次百分之二十的人做在職訓練。

你該如何決定自己團隊、部門或機構的這前百分之二十的員工呢？我在本章的末尾提供了一張表格來幫助你做決定。我強烈建議你花點時間使用這張表格，因為投資在你前百分之二十的員工是非常重要的。如果你的團隊有五個人，第一位就是你的前百分之二十。如果有十個人，第一位和第二位就是。如果有二十個人，前四位就是。明白了吧！你應該投資在這前百分之二十的員工身上，提供他們更多的資源和領導機會，因為他們是團隊成敗的關鍵。

☆

積極主動的優先次序決定法2：三R法則

如果你和我是來自同一個世代，你一定還記得老師常說的「三R」：閱讀（**reading**）、寫作（**writing**）和算數（**arithmetic**）。（我知道，其中兩個字其實不是以R開頭！）在此，我要提出不同的「三R」，來幫助你更積極主動地決定和實踐你的優先事項。為了達到這個目的，你必須以更宏觀的視野來看自己的人生，如同從三萬英尺的高空來看。這「三R」就是：要求（**requirement**）、效益（**return**）和報償（**reward**）（看吧，它們真的都是以R開頭）。你可以問自己這「三R」問題，來找出主要的優先事項：

對我有何要求？

每一個角色都有其無可商量的基本責任，也有一些無可推諉的基本要求。你知道它們是什麼嗎？當我成為聖地牙哥天際線教會（Skyline Church）的領導者時，我曾詢問過雇用我的董事會這一個問題：「什麼是我無可推諉的工作？」在我們徹底討論了幾個鐘頭之後，他們決定只有幾件是非我不可的工作，例如：成為週日的主要講道者、傳遞教會的異象和目標，以及保持個人誠正的品格。這些都是我無可商量和無可推諉的責任。

除了這些終極任務之外，領導者可以放棄其他的任何事務。如果你為老闆或董事會效力，他們可以幫助你回答這個基本要求的問題。如果你是為你自己效力，或擁有自己的事業，這個問題或許會變得較難回答，但卻仍然非常重要。否則，你最終可能會專注在錯誤的事情上，浪費了自己的時間、精力和才幹。

何者有最大的效益？

你最擅長的是什麼？最拿手的是什麼？這就是關於效益的核心問題。你將時間精力，投資在組織機構的哪方面，能帶來最大的效益？這也是我不斷地問我自己的問題。我知道，忙碌不等於成就，生產力才是。當我運用自己最佳的才能、天賦和經驗，從事演講、寫作和領導這三方面的工作時，我的生產力達到高峰。這些工作能帶給我自己和我的組織機構最大的效益。它們是我的最佳擊球點（sweet spot）。

我若做其他的工作，結果不是普普通通，就是更糟糕。

知道自己從事什麼活動，能得到最大的效益，是非常重要的。你做哪方面的事，人們會不斷地稱讚你？你的同事不斷地要你承擔什麼工作或任務？你做什麼工作，能產生最大的正面影響，或帶來最大的收益？這些都是幫助你回答效益問題的線索。

何者有最大的報償？

人生短暫，怎能不快樂過生活呢？當我們樂在其中時，才能將工作做到最好，並且在精神上、情感上或心靈上，都能得到極大的內在報償。為了幫助你回答這個報償的問題，你可以使用以下的標準來衡量：找出一份你最喜歡的工作，一份就算沒有任何酬勞你都甘之如飴的工作；然後，把這份工作做到最好，好到別人甘心樂意付你酬勞。有一個線索可以幫助你知道何者有最大的報償：當你做某件事的時候，心裡若有「我正是為此而生」的感覺，那就八九不離十了。

你生涯長期的目標應該是將自己的工作和這「三R」問題對齊。你應該做的、你做得好的，以及你喜歡做的，這三者如果是一致的，你生涯的優先事項就同步了，你也會有一個多產又滿足的人生。然而，這是需要花一段時間和下一番功夫的。在本章的末尾，我提供了一份表格來幫助你評估目前的「三R」狀況，以便開始使這三者逐漸趨於一致。

☆

積極主動的優先次序決定法3：保留餘裕

以往多年，我會在月底花數個小時來安排好下個月的工作行程。我真的將優先事項和工作要求都排進每天的工作時段。當時，我認為自己非常珍惜光陰，甚至為此作法感到驕傲。我誤以為，如果凡事都能按著行程趕快努力做好，便可以達到全心投入的地步，並為自己的生活開創更多的餘裕（margin）。

後來我發現，這樣的方法並沒有什麼效果，只是自欺而已。帕金森定律（Parkinson's Law）正確地指出：工作總會填滿它一切可用的時間。除非我刻意地去保留餘裕，否則我永遠也無法擁有它。

醫師作家理查德．斯文森（Richard Swenson）曾廣泛地探討餘裕的概念。在他的書《餘裕：為超載的人生恢復身心、財務和時間的儲量》（Margin: Restoring Emotional, Physical, Financial, and Time Reserves to Overloaded Lives，中文暫譯）中，他寫道：「餘裕就是界於『我們的負荷』和『我們的極限』之間的空間。它是基本需求以外的彈性空間，是為無法預測的意外事件或偶發事件所保留的。餘裕是游刃有餘與精疲力竭之間的差距，也是安息與窒息之間的差距。餘裕的反面就是超載。」[5]

我所需要做的，不是填滿行事曆的每一個空間，而是騰出一些空白的空間。如果我自己不這樣做，沒有任何人會幫我做。蠟燭兩頭燒的人絕對沒有他們自以為的明亮。我必須為自己的生活保留餘裕。

餘裕就是界於
『我們的負荷』
和『我們的極限』
之間的空間。
——理查德．斯文森

關於優先次序法則，我在《領導力21法則：領導贏家》（基石出版社）書中寫道：「領袖們必須明白忙碌不見得就會有成就。」[6] 雖然我曾寫下那個法則，但我必須承認，這二十多年來，實踐它一直都是我最大的挑戰。對於一個熱愛工作、追逐期限、渴望有所成就的人而言，保留餘裕真的不是一件容易的事。然而，我也察覺到，領導者的責任越大，就越需要為自己的生活保留餘裕。

雖然我無法完全遵守這個法則，但我的確持續地努力為自己的生活保留餘裕。領導者應當發揮自己的潛力，並且根據自己的優先次序來生活。如果你渴望成為這樣的領導者，你就必須學習如何保留餘裕。以下我要告訴你幾個為什麼必須如此的理由：

1. 餘裕可以增進自我察覺的能力

情緒智商（Emotional Intelligence）簡稱情商或EQ，是認知理解自己和他人情緒的能力，並且運用這種察覺來管理自己的行為和人際關係。對於領導力而言，沒有什麼是比情商更重要的能力。訓練諮詢機構TalentSmart曾測驗超過一百萬人的EQ，結果發現百分之九十的優秀執行者都有高EQ。[7]

令人振奮的好消息是，如同領導力一樣，EQ也是可以被開發的。EQ的一個基本特性就是自我察覺。在反思的過程中，特別是獨處時，這種認知理解自己情緒的能力就會被開發出來。但如果你負荷過重，從來沒有時間自我反思的話，這樣的能力就會被隱藏。餘裕則可以保留時間，讓你有機會來開發自己的EQ。

2. 餘裕可以給你思考的時間

大部分的領導者都十分偏愛於行動，我就是其中之一。但如果我將時間都花在行動上，而從未思考自己所做的一切，我就不可能成為一位非常有力的領導者。身為領導者，我有責任看得比別人更早和更遠。我也必須比我所領導的人想得更早和更多。美式連鎖速食餐廳Chick-fil-A的創辦人特魯特．凱西（Truett Cathy）曾告訴我：「要成為行銷的執行者之前，必須先成為會思考的領導者。」保留餘裕才能使我們有思考的時間。

的確，我們的思想帶領我們走到今天，而我們的思想也將帶領我們走向明天。這也是為何我會致力於反省式的思考，並且在我寫的許多書中都談到它。如果你想要成為一位優秀的思考者，你就必須在行事曆上保留空間，而非僅止於這裡幾分鐘，那裡幾秒鐘。你必須保留幾段完整的時間來思考。如果你每天不斷地從早忙到晚，你永遠無法成為一位優秀的思考者。

如果你每天不斷地
從早忙到晚，
你永遠無法成為
一位優秀的思考者。

3. 餘裕可以使你恢復精力

我們生活在一個忙碌的世界，通常領導者更是最忙碌的一群。人力訓練諮詢公司Energy Project的創辦人兼執行長東尼．史瓦茲（Tony Schwartz）曾廣泛地研究過能力與績效之間的關係。他在紐約時報（New York Times）的一篇文章中寫道：「越來越多人覺得無法負荷眾多的工作要求，也無法維持快速的生活步調。」他對此的解決辦法是什麼呢？他說：「看似矛盾地，想要有更多成果的話，最好的辦法或許是，少做一點事情。一項跨領域的創新研究顯示，策略性的恢復，包括：白天的健身、簡短的午休、更長的睡眠、更多的外出、更頻繁的休假，能夠提高生產力、工作績效，以及身體健康。」[8]

史瓦茲所提到的這些有益的事，都需要先有餘裕。他說，人類不是被設計為持續高耗能的動物，而是必須在消耗能力與恢復能力之間交替轉換。因此，如果你想要處於最佳的狀態，你必須想辦法充電。你可以為人際關係、運動、休閒、旅遊或音樂會等等保留時間，只要能讓你的人生充電都好。然而，為此你必須先保留餘裕。

☆

如何保留餘裕

如同我之前說過的，保留餘裕對我而言是一項挑戰。但我不斷努力嘗試，因為我知道，這將幫助我依照自己的優先次序而行，並且能夠成為一位更好的領導者。以下是我所做的兩件事，相信對你也會有幫助。

不斷評估與刪減

我時常想辦法簡化自己的生活。若不是我的最佳擊球點，我就盡量不花費時間在這些事務上。三R以外的事務，我不是拋棄，就是委託給他人去做。我也盡量使用80／20法則來精簡自己的工作和生活。你也可以如此行，請試著回答以下這幾個問題：

- 在我的擁有物中，對我最有價值的百分之二十是哪些？
- 在我的衣服中，最常穿的百分之二十是哪些？
- 在我的休閒活動中，最愉快的百分之二十是哪些？

• 在我的朋友中，相處最愉快的百分之二十是哪些？

你或許能輕而易舉地回答出這幾個問題，但你也可能從未以這種方式來看待這些人事物。請專注在這些最有收穫的百分之二十，其餘的部分則盡量保留餘裕。把衣服或財物捐贈出去，並且降低你生活的複雜度。

盡力保留行事曆的百分之二十為空白時段

我從前自動填滿行事曆的那些日子已經過去了。取而代之的是，我會在行事曆上安排空白的時段。根據帕累托法則，我的目標總是預留百分之二十的自由時間。我建議你也盡力如此做。

怎麼做呢？你可以每天保留餘裕。如果你平均一天醒著的時間有十六個小時，你可以有三個小時二十分鐘的空白時段。如果以一個星期來看，你可以有二十二個小時半的空白時段。如果以一個月來看，你可以有六天完全空白的日子。如果以一年來看，你可以有七十二天的空白日子。

你或許會覺得：「我做不到。我無法一天保留三小時，或一個月保留六天的時間。我一年的休假更不超過七十天！」我也有相同的感覺。這是為什麼保留餘裕會如此困難的原因。東尼．史瓦茲也認為：「多休假違反了我們大部分人的直覺。在大部分的公司裡，這種想法也與一般的工作倫理不一致。他們認為，休息或停工都是時間的浪費。例如，有超過三分之一的員工常常在自己的辦公桌上吃午餐。也有超過一半的人認為自己會在休假時工作。」[9]

然而，為了保留餘裕，基本的休假是必須的。我們都應該學習如何休假。如果你將自己的生活填得太滿太忙，你將無法持守你的優先次序。

如果你是高效能的執行者，你會很難停下腳步，檢視自己的行動，徹底思考自己的優先次序，並且重新評估自己的做法。然而，你必須如此做，不是一次，而是日復一日、年復一年。優先次序絕對不是固定不動的。如果你能學會掌握優先次序的法則，並且養成時常運用的習慣，你將發現自己工作和生活的效能都突飛猛進。沒有什麼能像良好的優先次序，可以為領導者帶來這麼大的回報。這也是為何我會稱之為領導力的關鍵。

優先次序
絕對不是固定
不動的。

應用練習

發展你內在的「排序力」

Developing the

PRIORITIZER

Within You

在一個期待忙碌且鼓勵超載的文化裡，想要掌管好優先次序實屬不易。因此，你可以按部就班地做以下本章的運用練習。

掌握優先次序法則

首先，判斷自己在哪些方面尚未具有良好的優先次序。思想一下可以如何改變自己日常的工作習慣。回答以下五個關於優先次序法則的問題：

1. 我在什麼方面需要「更聰明工作」，而非「更努力工作」？
2. 我在什麼方面需要改變，才能避免「全部都要」？

3. 我可以停止做哪些「好」的工作，為了做「最好」的工作？
4. 我必須怎麼做，才能更「積極主動」，而非「消極被動」？
5. 我該如何避免去做「急迫」但「不重要」的工作？

帕累托法則練習表

ABC	#	姓名

帕累托法則幾乎可運用在你生活和工作的任何一個領域。身為領導者，你最重要的運用就是在別人身上的投資。你必須找出自己所領導的前百分之二十的員工。

1.請在右頁表格中，寫出你團隊每一位員工的名字。

2.根據每一位員工對團隊的影響，在最左方的欄位填入以下A、B或C選項：

這位員工若離開團隊，或與我唱反調……

A.將會破壞整個團隊，並且大大地影響我們的績效。（我的好友比爾·海波斯〔Bill Hybels〕說，甚至光想到失去這位員工，你就覺得像生病一樣難受。）

B.只會對團隊產生負面的影響，但不至於破壞整個團隊。

C.不會對團隊產生負面的影響，甚至會增進團隊的績效。

現在，每一位員工的名字前面應該都有一個英文字母了。

3.然後，根據每一位A員工的重要性，最有影響力的填寫1，其次填寫2，依此類推。再來是對每一位B員工排序，最後是對每一位C員工排序。

4.在你前百分之二十的員工名字旁邊加上星號（*）。（如果你有五位員工，就劃一個星號，十位員工就劃兩個星號，依此類推）

5.在另一張紙上，列出二到五種你可以栽培這些有星號員工的方法。

6.查看一下所有的C員工。如果你有權柄，可以將他們轉換到其他團隊，使他們更能發揮所長。

三R練習表

請在以下的表格列出你所有的工作職責，然後一一評估它們。從「要求」欄位開始，根據其重要性，依次填寫3（高重要性）、2（中重要性）、或1（低重要性）。然後，對「效益」欄位和「報償」欄位都做相同的評估。每一項工作職責都做好評估之後，請將它的三項分數加總起來。最後，根據這些總和，從高到低，將你的工作職責排序編號填寫在最左方的欄位。

#	工作職責	要求	效益	報償	總和
					=
					=
					=
					=
					=
					=
					=
					=
					=
					=
					=
					=
					=
					=
					=
					=
					=
					=

工作職責	要求	效益	報償	總和
獲得新客戶	3	3	2	＝ 8
完成與客戶的交易	3	3	3	＝ 9
回覆電子郵件	1	1	1	＝ 3
督導員工	3	2	1	＝ 6
開發員工的領導力	1	3	3	＝ 7
監督計畫的執行	2	2	2	＝ 6
每月業績報告	3	1	1	＝ 5

當你完成後，你的表格看起來將會是上方這樣：

查看一下你那些最高總合的工作職責，然後評估自己每日的行程是否與它們對齊。請不要輕視這個問題，多花時間思考一下。如果你對於結果沒有把握，可以詢問願意對你誠實以告的朋友、家人或同事。一旦你完成了評估之後，請寫下將自己的生活與優先次序對齊的行動策略。

餘裕的呼喚

請檢查一下自己的行事曆，你保留了多少的空白時段呢？如果保留不到百分之二十的話，你必須開始做一些刪除。（如果你沒有使用行事曆的習慣，今天就開始使用吧！你有一個不一樣的問題有待解決。）你可以使用本章練習表的結果，做為刪除或保留的依據。

第 3 章

品格

領導力的根基：

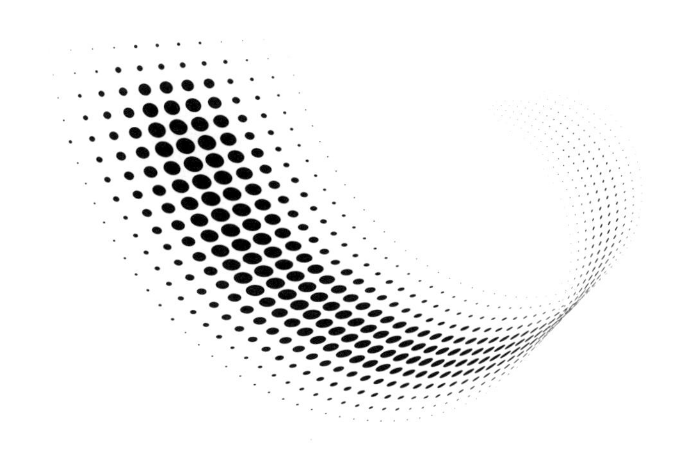

The Foundation of Leadership :

CHARACTER

在二〇一六年十月十二日，我很榮幸能與教宗方濟各（Pope Francis）有數分鐘的會面。多年來，我一直都很欣賞他，特別是他的謙卑和品格，在我心中留下了深刻的印象。傳統上，當一位樞機主教剛被選為教宗時，若被問到是否接受自己的當選，通常會回答「我接受（Accepto）」。但方濟各的回答卻是「我是一個大罪人，但我信靠我們主耶穌基督無窮的憐憫與耐心，我以贖罪的心態接受任命。」[1]

方濟各曾在教會的領袖中，引領提倡品格的塑造。他對於轉化的熱心，激動我請求他為約翰．麥斯威爾基金會禱告，期使我所創立的這間非營利機構，能促進諸如瓜地馬拉和巴拉圭這些國家的正向轉化。他的答應令我感到不配。

☆

領導者的品格

在會見教宗方濟各之前，我讀過許多關於他的報導。其中有一篇是蓋瑞．哈默爾（Gary Hamel）在哈佛商業評論（Harvard Business Review）所寫的文章。哈默爾是Strategos顧問公司的創辦人及管理顧問。他的文章提到，教宗方濟各曾在與教會領袖的聚會中，列舉出領導者固有的許多問題。他稱之為「病症」，總共有十五個，大部分都和品格有關：

1. **自以為長生不老、免疫不受影響，或完全無可取代**——這是謙卑服事的敵人。
2. **過度忙碌**——這會導致壓力和焦慮。
3. **精神和情緒的「石化」**——這會導致冷酷無情。
4. **過度計畫和功能主義**——這會導致缺乏彈性。
5. **協調不足**——這會導致獨立，缺乏合作。
6. **「領袖的阿茲海默症」**——領導者忘了誰曾培育指導過他們。
7. **爭鬥和虛榮**——頭銜和津貼成為領導者的關注焦點。
8. **生存的精神分裂症**——領導者過著虛偽的雙面生活。
9. **說閒話、發牢騷和背後中傷**——懦弱的領導者在他人的背後說壞話。
10. **偶像崇拜上級長官**——領導者奉承上級長官為了獲得關愛、青睞和晉升。

11. 對他人漠不關心——領導者只想到自己。

12. 俯視的目光——領導者對待「部屬」苛薄嚴厲。

13. 積聚錢財——包括囤積物資以求得安全感。

14. 封閉的圈子——領導者將自己的派系置於團隊合作之上。

15. 鋪張和自我展現——領導者尋求更大的權力和認可。[2]

我發現這份清單具有深刻的洞察力。顯然，教宗方濟各在漫長的服事生涯裡，曾經處理過各樣的領導者。這份清單催促我省察自己的品格。我很想知道：**我是一個健康的領導者嗎？**那篇文章包含了一份可以用來自我省察的問題清單。你可以問問自己：在何種程度上……。

我是否覺得自己比那些為我工作的人更優秀？

我是否在工作和生活的其他領域之間很不平衡？

我是否拘泥於形式並以此取代了真實的親密關係？

我是否太過於依賴既定的計畫，卻缺乏直覺和即興的創作？

我是否很少花時間打破隔閡並建立橋樑？

我是否沒有經常承認自己對導師和他人的虧欠？

我是否太滿足於自己的津貼和特權？

我是否將自己與顧客及第一線的雇員隔離？

我是否會詆毀他人的動機和成就？

我是否展現出或鼓勵過度的遵從和卑屈？

我是否將自己的成功置於他人的成功之上？

我是否沒有營造一個充滿樂趣且愉快的工作環境？

我是否吝於與他人分享報償和讚美？

我是否鼓勵狹隘的觀念，而非共同的觀念？

我是否對周圍的人表現出以自我為中心的態度？[3]

這些問題提醒我必須持續增進自己的品格，尤其是在領導的層面，因為領導者對於他人的影響是很深遠的，無論是正面的或負面的。事實上，領導自己是我們每一天都必須面

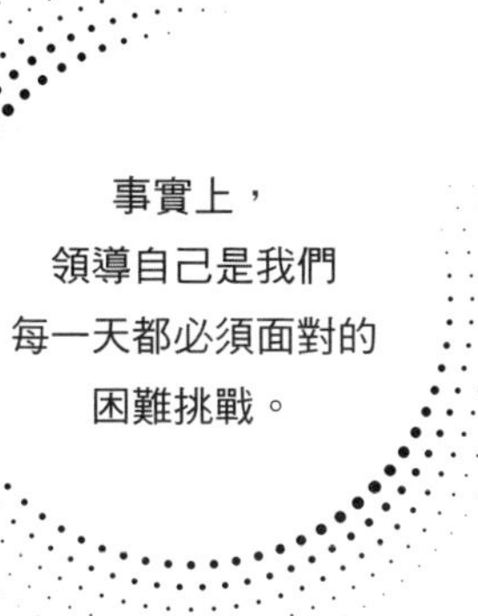

對的困難挑戰。告訴別人該怎麼做，比自己親自去做，時常是更為容易。我知道，至少對我而言確實是如此。

為了不脫離正軌，我必須不斷地提醒自己，為何品格是如此重要。因我是有信仰的人，我從聖經找到許多有關品格的智慧。大衛・卡達利（David Kadalie）在《領袖的資源工具箱》（Leader's Resource Kit，中文暫譯）書中列出了以下的聖經經文。如果你不認同這些觀念，或者覺得被冒犯，你可以隨意略過這個段落。

- 我們的心可能是詭詐的（耶利米書十七章9節；詩篇一三九篇23～24節）。
- 我們很容易因著錯誤的動機而尋求領導者的職位（馬太福音二十章17～28節）。
- 品格將會是面對最大攻擊的領域（羅馬書七章；加拉太書五章16～24節）。
- 品格是基督徒領袖的基本條件（提摩太前書三章1～13節；提多書一章6～9節）。

- 缺乏品格，我們將難以勝過伴隨著技能、才幹和恩賜而來的試探（羅馬書十二章3～8節）。
- 我們很容易陷入虛偽的生活，忘了有一天必須向神交帳（希伯來書四章13節）。
- 我們很容易忽略了這個部分，卻專注於其他領域的發展（提摩太前書四章7～8節）。
- 我們很快就會發現，品格的力量在困境中的重要性（哥林多後書四章16～17節）。[4]

在品格上下工夫，是永無止境的追求，而且努力絕對值得。聖雄甘地（Mahatma Gandhi）曾說：「有品格的人會使自己配得所賦予的任何職位。」我想要成為一位有價值的領導者，但我知道自己有時也有不足之處。我想要增進自己的品格，並且鼓勵你也增進自己的品格，不是因為這將使我得到我想要的，而是因為這將助我**「成為」**我想要的。我也發現，當我更加重視別人、操練自我領導，以及擁抱有益的價值觀時，我的品格也會變得更加強健。

☆

品格的價值宣言

擁有優秀的品格並不保證你的人生或領導就能成功，但是拙劣的品格最終一定會使你的生活和工作出軌。然而，好消息是：如果你不滿意自己的品格，你可以改變它。無論你的過去如何，從今天開始，你可以選擇一條更好的道路往前行。如同我很喜歡的一句諺語所說：「我的朋友啊，雖然你無法回頭創造一個嶄新的開始，但你可以從現在開始去創造一個嶄新的結局。」

在此，我要闡述為何優秀品格值得追求的三大理由：

1. 優秀的品格能夠建立堅定的信任

最近，我請一些主管們寫出他們最信任的三個人。結果，他們寫出的都是自己的家人或朋友。令人驚訝的是，沒有任何人認為自己的主管或同事是最可以信任的人。

接著，我請他們寫出與自己的幸福快樂最有關係的三個人。結果，每個人不是寫自己的老闆，就是自己的同事。

然後，我又問了一個問題：「如果我問**你的**部屬相同的問題，請他們列出自己『最信任』的人，他們會認為你是他們最信任的三個人之一嗎？」大家都竊竊私語，專心地思考著這個問題。「如果你是他們最信任的人之一，會有什麼不同呢？」

我們得到了一個共識：如果人們都能信任自己的主管和同事，工作的氛圍將會變得更積極，更有生產力，人員的流動率也會降低。這一點與我個人的觀察是一致的：人們往往是因為人的緣故而離職。在組織機構中，人員流動的最大因素就是缺乏信任。

史蒂芬．柯維（Stephen M. R. Covey）在其著作《信任的速度》（**The Speed of Trust**，中國青年出版社）中指出，低信任度如何造成時間和金錢的代價，並且使用了一個非常棒的例子來說明。在911恐怖攻擊之後，國家對於飛航安全的信任變低了。柯維說，在恐攻之前，他只要在班機起飛前三十分鐘到達家鄉的機場，就足以快速通過安檢了。然而，美國運輸安全管理局（TSA）將安檢變得更嚴格之後，搭乘國內班機必須提早兩個小時到達機場，搭乘國際班機則必須提早三個小時到達機場。他說：「當信任降低，速度也跟著降低，但成本卻提高了。」[5]

我們常常將信任視為單獨的事物在談論，其實不然。信任是信任者與被信任者之間的關係。正如同跳探戈舞需要兩個人，信任也需要兩個人。信任者的角色是冒信任的風險，而被信任者的角色則是值得信任。當兩者都扮演好自己的角色，信任的關係才能被建立起來。

信任也不是單向的，它是雙向的。兩者的角色可以互換，當被信任者成為信任者，信任者就成為被信任者。然而，如果某一方沒有盡到責任，信任就消失了。

作家詹姆斯．庫茲斯（James M. Kouzes）和貝瑞．波斯納（Barry Z. Posner）如此解釋領導者建立信任的重要性：

終究只有你能決定是否該冒險信任別人，以及這樣的冒險值不值得。這表示，要別人信任你，你必須先採取主動，不能只等待別人先跨出第一

信任
是一場冒險的遊戲，
領導者必須是
先下賭注的人。
——詹姆斯．庫茲斯
和貝瑞．波斯納

步。如同許多的領導者所說：「信任是一場冒險的遊戲，領導者必須是先下賭注的人。」領導者總是發現值得冒險下注的機會。在組織機構中，要先撒下信任的種子，才能開拓合作的田地，產生不凡的成果。[6]

多年來，我都教導領導者要在與他人的互動中，開設信任感的「帳戶」。在與人的每一個互動中，不是在那個帳戶存款，就是在那個帳戶提款。不斷塑造優秀的品格是持續定期存款的最佳方式。為什麼呢？因為領導者所做的，比領導者所說的，更能使人信服。我個人很贊同企業家及慈善家安德魯．卡內基（Andrew Carnegie）所表達的觀念，他曾說：「隨著年紀的增長，我較不關注人們所說的，我只看他們所做的。」說話可能很容易。新聞記者亞瑟．戈登（Arthur Gordon）說得對，他說：「沒有什麼比說話更容易，但要天天活出所說的話，卻是難上加難。你今天所做的承諾，都將在明天更新，並且重做決定。這種情況每日不斷在你面前延伸。」這也是為何，對於領導力而言，一品脫的榜樣勝過一加侖的建議。（編注：一

對於領導力而言，
一品脫的榜樣
勝過一加侖的建議。

品脫〔pint〕等於八分之一加侖〔gallon〕）

在一段關係的初期，通常言語會比行為更重要。因為人們還不認識你，他們會認為你的言語就代表你的為人，並且認為你是言行一致的人。然而，隨著關係的進展，你的行為會開始比你的言語更重要。人們會看見你的所作所為。當你言行不一致的時候，對領袖的困惑就會出現。如果這樣的不一致持續下去，你不只會困惑你的跟隨者，你也將會失去你的跟隨者。馬克・吐溫（Mark Twain）說得好，他說：「做對的事很好，教人做對的事更好，也更容易。」更容易？是的。更有效？決不。

在言行不一和信任破裂的另一端是道德權柄。這是領導力的最高層次。唯有持續展現優秀的品格，並且不斷在信任感的帳戶中存款，才能贏得道德權柄。個人魅力或許會使領導者在初期獲得一些跟隨者，但唯有信任感能促使人持續跟隨他們。當領導者具備真正的道德權柄時，他們所需要說的話就只是「跟隨我」，人們便會加入他們的行列。人們知道他們的言行是一致的，並且朝正確的方向前進。我們都能獲得領導者的道德權柄嗎？或許不能。但我們仍應努力建立優秀的品格，至少使自己成為獲得道德權柄的候選人。

我必須承認，這些年來，我對於品格和道德權柄的看法已經改變了。過去，我認為信任是黑白分明的。隨著年紀的增長，我對於信任的運作方式，以及品格在其中所扮演的角色，都有了更深刻的理解。我很樂意和你分享自己想法的一些改變。你可以看看是否同意我的觀點，或許同意，或許不同意，都沒有關係。年紀增長的另一項優點就是，當人們不都同意我的想法時，我仍然能處之泰然。

我曾以為信任是「有也不錯」

在我擔任領導者的初期，我並沒有注意到信任的重要性。我以為信任是有也不錯的。如果能選擇，誰不想要被信任呢？但現在，我明白了，對於領導者而言，信任是不可缺的。它不是你可以選擇要獲得或離棄的東西。如果你離棄了信任，你也將離棄領導者的身分。

信任對於領導的議題如跟隨者的參與、連結、贊同和效率之類，具有決定性的影響力。信任是領導力的根基，穩固的根基不是一種奢侈品。信任不只是「有也不錯的」，它是不可少的。

我曾以為信任是取決於他人

有一些領導者，特別是那些倚靠職位或頭銜，而非倚靠影響力的人，會採取這種姿態：他們本來就應該被部屬信任，或者，他們的部屬必須證明自己是值得信任的。他們將建立信任的所有重擔都擺在別人的身上，而不是自己的身上。然而，建立信任卻是領導者的責任。如果我想要成為一名優秀的領導者，這不是取決於我的跟隨者，而是取決於我自己。我必須先跨出第一步去信任我所領導的人，並且我也必須按部就班地贏得他們的信任。優秀的領導者願意承擔這兩方面的風險。如果我的部屬學會信任我，我將得到他們的注意力。但如果我先開始信任自己的部屬，我將得到他們的行動力。成功領導的本質就是把事情完成。

如果我的部屬
學會信任我，我將得到
他們的注意力。但如果我先
開始信任自己的部屬，
我將得到他們的
行動力。

我曾以為信任只能慢慢增長

雖然信任確實常常增長緩慢，但卻未必非如此不可。舉例來說，當你所信任的人向你保證他們所信任的某人，你很可能也會信任這個新人。為什麼呢？是因為你和你所信任的朋友之間的關係。你轉移了你的信任感——至少在你發覺你有理由撤銷那份信任感之前。

當某人展現出無私的具體行為時，也能很快地贏得他人的信任。當我還是一個年輕的領導者時，我就有過這樣的經歷。在一個關鍵的時刻，有一位領袖站出來為我背書，使我在會議中獲得其他人的支持。我很感激他，因為我沒有為此付出什麼，他也沒有為此得到什麼。但他立刻獲得了我的信任。

在此有一個能夠鼓舞他人的想法。我們都能夠成為一個無私的人，去幫助別人走在人生的旅程中。當我們都如此行的時候，這個世界將會變得更美好。此外，如果我們如此對待我們所領導的人，幫助他們邁向成功，並且沒有其他隱藏的動機，我們就能夠更快地建立起彼此信任的關係。

我曾以為一個失誤就會摧毀信任

雖然一個失誤確實能夠摧毀彼此的信任，但事情卻不總是如此。當彼此的信任感已經很低的時候，一個失誤常常就會摧毀它。然而，如果彼此的信任感很高的話，一個失誤很少會摧毀已經建立起來的關係。

如果你像我一樣的年紀，你一定還記得尼克森總統和水門案的那段時間。當醜聞爆發之後，美國人民對於領袖的信任感十分低落。當時，我聽到我非常尊敬的葛理翰牧師（Billy Graham）說：「人人都有些許不為人知的水門案。」或多或少，只是程度上的差別。這將每個人對於領袖的看法，從理想帶回到現實。如果連葛理翰牧師都有些許不為人知的水門案，那麼我也有，你也有。

無論環境如何總是做對的事情，是違背我們本性的。但我們能夠在大部分的時間裡，都盡力做對的事情。我們也知道，只要我們不斷地在別人信任感的帳戶中存款，就有機會在失誤時禁得起考驗。這樣的認知幫助我，原諒自己因著人性所導致在領導上的失誤，並且更能恩待其他領導者因著人性所造成的失誤。

比起多年前的我，現在的我對於品格有了更加深入的看法。我發覺，品格的塑造是一生的過程。人脈網絡專家羅伯．布朗（Rob Brown）在其著作《建立你的名聲》（Build Your Reputation，中文暫譯）描述了這個持續的過程。

你在職場和商場上位居「達人」地位可不是一夜之間突然發生的，甚至也不是意外或偶然的。你正在建造一個講台，如果你喜歡的話，也可以稱作建造一個房子。一塊磚頭，又一塊磚頭。一個評論，又一個評論。一次談話，又一次談話。即使你能夠很快地建造起來，它將會有多堅固呢？你不想只是曇花一現吧！任何愚蠢的人都能被僱用一次。最受歡迎的思想領袖，以及最主要的推動者，都不是從昨天才出發的。這是一趟艱辛的旅程，是一份既困難又吃力的工作。這將會花費一些時間，並且將會是非常值得的！

但必須完全明白的是，建立崇高的名聲需要一份專注且持之以恆的努力。如同龜兔賽跑一樣，緩慢卻穩定的烏龜最終贏得了勝利。這是一場馬拉松，不是短跑競賽，隨處點綴著零星的衝刺。[7]

領導力著實倚靠優秀的品格，信任感更是透過它建立起來的。品格能夠保護我們的才幹，也能夠促進內心的平安。我們無法超越自己品格的極限，領導者的成功也無法超越自己品格的深度。品格有多深厚，領導者就有多成功。優秀的領導者具有帶來改變的潛力，品格則能使他們與眾不同，並且保護他們。優秀的領導者常常像是給世人的禮物，而品格則能保護這份禮物。

2. 成功的領導者擁抱品格的四個面向

提姆・爾文（Tim Irwin）在他的書《出軌》（Derailed，中文暫譯）中寫道：「品格有四個面向：真實、自我管理、謙卑和勇氣。」[8] 我完全同意他的觀點。接下來，我將以這四個面向為架構，來描述品格塑造的過程。現在就讓我們分別來看看：

真實（Authenticity）

我觀察到，許多領導者對於「真實」感到困難。他們不願意卸下自己的防衛，覺得自己會處在必輸無贏的境地。他們擔心如果暴露出自己的失敗，便會喪失別人對於自己的信任。然而，如果試著隱藏自己的失敗，他們就更顯得虛假。如果隱藏自己的成功，他們又害怕無法贏得信任。但如果只突顯自己的成功，就顯得傲慢自大，也起不了共鳴。領導者該如何在這樣的處境下往前行呢？

我給領導者的建議是：盡量活在兩條界線之內。讓我解釋一下。在領導的旅程中，在我的右邊是成功的界線。當我靠近那條線時，凡事都很順利，可以說是處在

品格有四個面向：真實、自我管理、謙卑和勇氣。

失敗的界線	成功的界線
短處	長處
令我沮喪	令我感動
我不想讓任何人知道	我想讓所有人知道
我決不想要	我永遠想要
最差的我	最佳的我

勝利成功的境地。在我的左邊則是失敗的界線。當我靠近那條線時，似乎是諸事不順，就好像處在莫非定律（Murphy's Law）的境地：凡是可能出錯的事就一定會出錯，並且幾乎都是在最糟糕的時刻。我要以這種方式來描述這兩個極端：

我們大部分的時間都是處在這兩條界線之間。當人們看見處於成功界線的我們時，我們必須很小心，不要以為那就是真正的我們。我們可能會像贏得金牌或超級盃的運動員，開始相信自己無論何時何事都很引人注目。這是不切實際的。人們或許會將這些人物視如偶像般崇拜，但他們終將跌落神壇。

我們有時候也會處於失敗的界線。我們都會犯錯，都會做錯決定，也都有不足之處。如果我們相信那就是我們自己，我們將連起床的力氣都沒有了。我們絕對不能接受這樣的想法。成功的界線和失敗的界線是兩個極端。我們沒有那麼好，也沒有那麼壞。

真實就是敞開地活在這兩條界線之內。在我人生的早期，我只想要把自己成功的經驗告訴別人。那時，我只想要使人對我留下好印象。隨著年紀的增長，我卻更想分享自己失敗的經驗來鼓勵別人。因為我是公眾人物，人們常常只看到我最好的一面，而不是我最差的一面。因此，有些人給我的稱讚是過於我所配得的，這常令我感到困擾。我不再想要直接表明自己突破的經驗，而是想讓人先看見我被破碎的經驗，這經驗帶來我後來的突破。

我喜歡將自己想像成一幅由許多碎片組成的馬賽克圖案。關於馬賽克圖案，作家及部落客羅莎莉娜．蔡（Rosalina Chai）曾寫過一段寓意深長的優美文字。

馬賽克是一種既精細複雜又莊嚴宏偉的圖案。然而，正是因為它的破碎，使馬賽克圖案傳達出一種細緻的美感。……對於人類而言，不也是如此嗎？……我們為何要那麼討厭破碎呢？

如果我們欣然接受，被破碎是人類存在不可缺的一環，會如何呢？如果我們不再把破碎視為不好，會如何呢？如果我們不再把破碎視為不好，又會付出什麼代價呢？我想只有一種可能……擁有更多的平安（譯註：平安的英文音同碎片）。

欣然接受破碎，不是利用別人的破碎使自己覺得比較舒服，而是承認它是我們共同的經驗。當我接受自己的破碎，不再嚴厲批判自己時，我發現自己會對人更有同情心，不管我是否理解他們經歷了何種破碎。[9]

完全不表示完美。它表示，欣然接受破碎為我們生命不可缺少的一部分。我的好友陸可鐸（Max Lucado）說：「上帝寧願我們偶爾瘸腿跛行，也不要我們一直高視闊步。」我正在學習如何欣然接受自己的瘸腿跛行，因為我可以從中學習到許多寶貴的功課。

我們沒有一個人是完美無瑕的。好人也會做出壞的事，聰明人也會做出愚蠢的事。在某些時刻，我們都會發覺自己受到試探，去做心中明知不對的事情，並且都曾走錯了路。這是一個降卑的過程，而真實就是願意將它與人分享。

上帝寧願
我們偶爾瘸腿跛行，
也不要我們一直
高視闊步。
——陸可鐸

自我管理（Self-Management）

身兼作家及講員的路得．巴頓（Ruth Haley Barton）說：「如果我們在鼓勵年輕的領袖施展自己的抱負之前，卻不提醒他們先思考自己該有的為人，就是在害他們跌倒。」她所說的就是，藉著良好的自我管理來增進自己的品格。

品格與智力無關，它與做正確的選擇有關。政治評論家大衛．格根（David Gergen）曾經好幾次在白宮政府任職。他指出，如果智力和品格是同一回事，尼克森和柯林頓就會是最好的兩位總統。格根說：「能力很重要。然而，一旦候選人通過了那道測試，品格將顯得更為重要。」[10]

許多領導者的智商（IQ）都很高，但品商（CQ—character quotient）卻很低。為了增進品商，我們必須練習自我管理。有一個最好的方法就是，架設起品格的護欄，防止自己脫離正軌。在公路上，護欄可以防止車輛摔落懸崖。有了護欄的保護，你或許會撞傷，但可能不至於喪命。

論到品格，我相信最佳的護欄是：**在面臨高壓的狀況之前，就先做好決定。**

如果我們在鼓勵年輕的領袖施展自己的抱負之前，卻不提醒他們先思考自己該有的為人，就是在害他們跌倒。
——路得．巴頓

如果你已經根據自己的價值觀，做好了困難的決定，你的自我管理就會比較容易上手。如果你不知道自己重視的是什麼，要維護良好的品格是不可能的。你重視誠實和正直嗎？那麼，你的護欄是什麼呢？哪些是你「不做」的事情呢？在你面臨試探之前，就要先做好決定。你重視人際關係嗎？如果是的話，你的護欄是什麼呢？你「應該」做什麼來維護人際關係呢？確認好你自己的價值觀，在尚未面臨越界的試探之前，就先為自己劃定不可跨越的界線。

我曾在個人的著作《贏在今天》（橄欖出版）書中，提到過這個概念。當我一、二十歲時，就已經做好了許多關於價值觀的決定。然而，對於有些我容易犯的品格錯誤，我在這些領域仍然必須學習自我管理。舉例而言，當你來到我這個年紀，並且有了些許成就，人們開始給你一些榮譽和獎項。我不能被這些沖昏了頭。我個人的導師弗雷德．史密斯（Fred Smith）曾告訴我，天賦才幹大過於人，他的意思是一個滿身缺點的人也可能有很大的成就。我知道自己是誰，我沒有那些稱讚我的人所說的那麼好。我相信，我所擁有的一切才幹都是上帝所賜的，因此功勞不在於我。我必須持續地專注於塑造自己的正直，而非塑造自己的形像。

為了使自己腳踏實地，我會問自己以下幾個問題：

一致（Consistency）：無論我和什麼人在一起，我是否都是一樣的人？

抉擇（Choices）：我所做的決定是否是為他人的益處著想？即使另一個抉擇是對我比較有利的。

功勞（Credit）：我是否很快指出別人對我的成功所做的貢獻與功勞？

對於這幾個問題，如果我的回答都是肯定的，我很可能在這方面就不會出軌了。

你容易犯的品格錯誤是什麼呢？你最看重的價值觀是什麼呢？在你面臨試探之前，你必須先做好哪些決定呢？為了自我管理，你必須持續地問自己什麼問題呢？作為領導者，這些都是你可以思考的幾個重要問題，因為如果你可以使自己處於正軌，防止自己摔落懸崖，你就能夠繼續領導他人，並且帶來改變。

謙卑（Humility）

沒有人喜歡跟一個充滿自我的領導者工作，也沒有人喜歡跟一個只為自己利益的領導者工作。人們都想要跟一個展現謙卑的領導者工作。謙卑是什麼意思呢？

我喜歡羅伯特．摩爾諾（Robert F. Morneau）在《謙卑：基督徒德行的三十一個反思》（Humility: 31 Reflections on Christian Virtues）書中所寫的觀點。關於謙卑，他說：「它是我們藉以活在各種事實之下的習慣性特質，這些事實包括：我們都是受造物，不是造物主；我們的生命有善也有惡，有光明也有黑暗；我們雖然微小，卻被賜與極大的尊嚴。……謙卑是對於人類處境的完全『贊同』。」[11]

我很喜歡這個觀點。是的，我們都有缺點。是的，我們都會犯錯。是的，我們都只是人，這又何妨？

戴爾．卡內基（Dale Carnegie）曾說：「如果你告訴我，你如何獲得自我價值，我就可以得知你的為人。」我們獲得肯定的方法會影響我們的品格。當我還年輕的時候，我想要吸引眾人的目光。那是我所看重的。在早期，我的心中只有自己、自己的目標和自己的成就。逐漸地，我才發覺，我來到世上，不是要看我能有多重要，而是要看我能為他人帶來多少改變。

藝術家約翰．拉斯金（John Ruskin）曾說：「我相信，真正偉大的人物必須通過的第一道檢驗就是他的謙卑。我說

謙卑
是對於人類處境的
完全『贊同』。
——羅伯特．摩爾諾

謙卑，並非質疑他的能力。但真正偉大的人物都有一種難以理解的感覺，就是偉大並不屬於他們，而是藉著他們。」對於大部分的人而言，謙卑必須努力才能獲得。當你接納自己的缺點，並且恩待他人的缺點時，謙卑的品格便能逐漸養成。

在大學時期，我曾讀過托馬斯．肯皮斯（Thomas à Kempis）寫的這句話：「不要為了無法照著自己的期望來改變別人而生氣，因為你也無法照著自己的期望來改變你自己。」這句話在我心中留下了深刻的印象，因為當時我的確會想要改變別人。我確實需要學習如何專注於改變和改進自己。只有當你承認自己的缺點太大，必須被對付的時候，這種事情才會發生。這需要，並產生，謙卑的品格。此外，當你開始建立謙卑的品格時，你才能夠更好地服事你所領導的人。

> 不要為了無法照著自己的期望來改變別人而生氣，因為你也無法照著自己的期望來改變你自己。
> ——托馬斯．肯皮斯

勇氣（Courage）

勇氣使品格成為可能。它使我們在面對恐懼、疲憊或不確定的事物時，能夠做出正確的行動。品格無法在安逸的環境中被建立。只有透過歷練、試煉和苦難，我們的心靈才能變得更堅強。

每一位領導者都可能感到有義務要帶領人去他自己也沒去過的地方，或說他自己也沒經歷過的話。我知道，對我自己而言，確實是如此。在這種情況之下，我覺得自己能力不夠，經驗不夠，說服力不夠，信心不夠，智慧不夠，資格也不夠。在這個時候，我必須承認自己的軟弱，請求上帝和他人的幫助，並且鼓起勇氣採取行動。

若想要持續活出有品格的生命，必須不斷地反思，完全誠實，並且有做正確事情的勇氣。有時，在做了錯誤的決定之後，也必須重新修復我們的品格。而這一切都需要時間、決心和努力。

最近，約翰．麥斯威爾團隊的一位講師，在參加了我們的培訓活動之後，寄給我一首關於領導力和品格的新詩。我覺得這首詩成功地掌握了建立和維護品格所需具備的勇氣。

鏡與己

每當我看著鏡子，我看見了什麼？
是我自己雙面的映像。
一面是我引頸期盼的一切。
但最難搞的人也回看著我。
有時，我會衝到最前線，
才發現，正在帶領人的我才是該被帶領的。
勇氣是必需的——如何才能戰勝我自己？
如何才能以真實來帶領別人？
我會記得最好和最差的自己。
如此才能使我不斷地謙卑成長。
我要找到比我更忠實的人，
請求他們來扶助我的軟弱。
領導和執行是我擁有的潛力。
為此，我要定期省視鏡中的自己。

如果想要建立足能勝任領袖的品格，你就必須擁抱品格的四個面向：真實、自我管理、謙卑和勇氣。並且，絕對不要害怕承認自己的錯誤。當你如此行的時候，其實是在說，今日的你已經比昨日的你更有智慧了。

3. 品格使你的裡面比外面更強大

古希臘哲學家普魯塔克（Plutarch）曾說：「我們在內部達到的成就，將會帶來外部真實的改變。」這句話一點兒都沒錯。品格是先在裡面被建立，然後才顯露於外面。

紐約時報（New York Times）的專欄作家大衛．布魯克斯（David Brooks）曾經描述過我們的內己（裡面的自己）和外己（外面的自己）之間的差異。他曾受到約瑟．索洛維奇克（Joseph Soloveitchik）拉比的著作《孤單的信心英雄》（Lonely Man of Faith）所影響。布魯克斯說，人們能感受到內己和外己之間的張力，而內己和外己則是舊約聖經裡亞當的映像。在創世記中，亞當的受造被敘述了兩次，這兩次敘述正好描繪出我們裡面分裂的本性。布魯克斯稱之為第一亞當和第二亞當。

第一亞當想要建設、創造、生產和發現各種事物。他想要有崇高的地位，並且不斷地得勝。第二亞當則是裡面的亞當。第二亞當想要體現某些道德的特質。第二亞當想要擁有尊貴的內在品格，安穩又扎實的是非感——不單是做對的事，而是成為對的人。第二亞當想要親密地彼此相愛、為他人的益處而犧牲自己、為卓越的真理而活，以及擁有一個凝聚的內在靈魂以實踐受造的目的和自己的潛力。[12]

世人都為我們的第一亞當而喝彩。但我相信，當我們專注於開發第二亞當的時候，我們就是選擇了一種品格。這品格能夠支撐我們，並且能夠提供智慧給我們的第一亞當。如同布魯克斯所提及的內在品格，他說：

它是以一種反向的邏輯而存在的。它是道德的邏輯，不是圖利的邏輯。你必須先給，才能得。你必須先放棄外在的事物，才能得到內在的力量。你必須先戰勝自己的欲望，才能獲得自己所渴望的。成功會導致最大的失敗，也就是驕傲。失敗則會導致最大的成功，也就是謙卑和學習。為了實現自己，你必須先忘掉自己。為了找到自己，你必須先失去自己。[13]

裡面的聲音想要使你的裡面更強大，外面的聲音則想要使你的外面更強大。你聽從哪一邊的聲音將決定何者獲勝。當你裡面的聲音說，**「我做錯了」**，你可以藉此機會做些改變，來處理品格不一致或虛偽的感覺。這會使你重新獲得品格上的平衡。

外面的聲音會慫恿你，讓外面**看起來**更強大，但通常卻犧牲了裡面真實的自我。這會造成內心的衝突，一種不健康的虛偽感。外面的聲音或許會如此說：「我的言語和行為是不一致的，永遠也不會一致。向來都是如此，所以只要維持表面就可以了。」對任何人而言，這都不是一條好的道路。對領導者而言，更是如此，因為他們可能會變成不真實、合理化，以及不受教的人。

我常常在處理這種緊張的局面。我知道，我自己的言行不總是一致的，但我正在努力使之更一致。我尚未抵達目標，但我正朝著目標前進。我不聽從外面注重形象的聲音，

成功會導致最大的失敗，也就是驕傲。失敗則會導致最大的成功，也就是謙卑和學習。

——大衛．布魯克斯

我試著去聽從裡面注重品格的聲音。

為了增進品格，使自己的裡面比外面更強大，我就必須對付自己的軟弱。我必須欣然接受失敗，並且從中學習功課。今後，我必須選擇更好的道路。數年來，我一直都有一位問責的同伴，他每個月都會問我五個對付品格的問題。他問的最後一個問題永遠是「對於前面四個問題，你有沒有說謊？」往往，我必須承認自己有說謊。我必須重新回答前面的問題，並且承認自己的錯誤。這最後一個問題就是為了防止我過著虛偽的雙面生活。

行動家帕克．帕爾默（Parker J. Palmer）是勇氣與更新中心（Center for Courage and Renewal）的創辦人。他曾如此描述自己過著雙面生活的後果：

> 當我過著虛偽的雙面生活時，為此我付出極大的代價——不誠實的感覺，擔心被發現，並且因為自我否定而感到沮喪。我周圍的人也將付出代價，他們會因我的虛偽而行走在不穩固的道路上。當我否定自己的身分時，我又如何能夠肯定別人的身分呢？當我藐視自己的正直時，我又如何能夠信任別人的正直呢？一條缺陷的裂痕從我生命的中心裂開——

使我的言行脫離內心持守的真理——並且所到之處盡都開始搖晃瓦解。[14]

建立裡面堅強品格的結果就是自我尊重，這不是從成就或成績而來的，而是從做出正確決定而來的。布魯克斯寫道：「獲得品格的方法是，成為比從前更好的自己，在受試驗時更為可靠，在受試探時更為正直。當一個人在道德上是可靠的，它就會顯現出來。自我尊重是由內在的勝利產生的，而非外在的勝利。」[15]

當我們專注於內在的品格時，我們也是在關顧自己的心靈。對於這點，約翰．歐特伯格（John Ortberg）在其著作《心靈看顧》（Soul Keeping）提出了他敏銳的洞見：

你的心靈將你的意志（意圖），你的理性（思想、情感、價值觀、良知）和你的身體（表情、身體語言、行為）結合成為一個獨特的生命。當這三者與上帝創造的目的達成一致的時候，心靈便是健康有序的。當你與上帝及他人互相連結時，你便能擁有一個健康的心靈。[16]

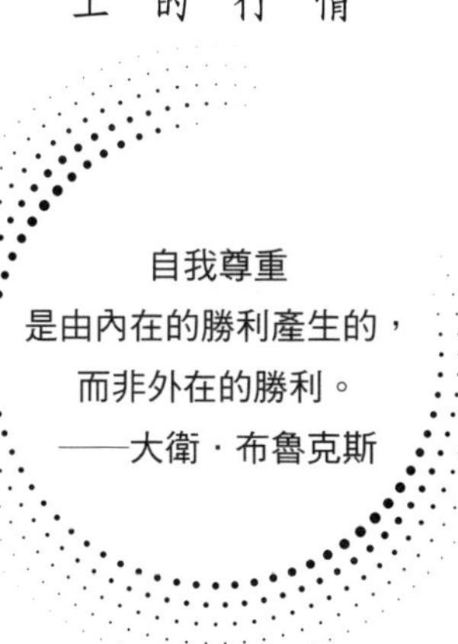

歐特伯格繼續解釋說：「世人已經以自我（self）取代了心靈（soul），但這兩者是截然不同的。我們越專注於自我，就會越忽視我們的心靈。」[17]

健康的心靈應該是完全的，不是破裂的。它應該是內裡完整的，不只是遵守道德規範。完整（integrity）的定義是「處於完全的品質或狀態；無損的狀況；完善；健全。」[18] 它和整數（integer）有相同的拉丁文字根。它的相反是分裂。分裂的生命使我們與自己的心靈分開。完整的生命則能強化我們的品格，使我們的裡面更強大。

當我們的心靈失去了裡面的完整性，外面就會出現掙扎。歐特伯格引用騎乘機械公牛的經驗，說：「當生活快速臨到的時候，如果你的心靈失去重心，你將會被摔下公牛。無論你多麼努力想要抓住，你最後都會被摔出去。失去重心的心靈會在外面尋找自己的身分。」[19]

你如何建立自己的身分呢？藉著你的形象、你的成就或別人的認可嗎？或藉著你內在的品格嗎？你是否專注於做正確的選擇、改進自己、堅定完成自己的承諾、培育自己心靈的健康呢？如果你專注於外面，你就會忽視裡面。然而，如果你專注於裡面，外面也永遠會受益。

最近，我閱讀了一篇關於西奧・艾普斯坦（Theo Epstein）的文章，他是美國職棒芝加哥小熊隊的總裁。人們開始認可他，是因為小熊隊在二〇一六年贏得了世界大賽的冠軍，而上一次的奪冠已經是一九〇八年的事了！在前往芝加哥之前，他曾為幾支球隊工作過，包括波士頓的紅襪隊。然而，在他到達芝加哥之前，他已經學會了品格的重要性。

關於專注於品格這點，艾普斯坦說：「當我開始在波士頓工作的時候，我曾經藐視過它。當時我只覺得，**你知道我們將如何贏球嗎？藉著讓球員們比對手登上更多的壘包，以及讓投手們投出更多的三振和滾地球。**憑球技取勝！然而……似乎我每年從事這份工作，就越感覺到人性的因素是多麼地重要。當你的球員在乎勝負、彼此關心、彼此聯繫、彼此交談時，你的球隊所能達到的成就是無可限量的。所創造出來的氛圍產生了『一加一大於二』的效果。」[20]

艾普斯坦在二〇一一年十月獲聘為小熊隊的總裁。二〇一二年一月，他召聚了球團所有的經理、教練、訓練員和行政人員。他們花一天的時間談論打擊，一天談論投球，一天談論守備和跑壘，並且一天談論品格。這些都成為球團的根基，為了達到艾普斯坦設定的終極目標：贏得世界大賽冠軍。

在他的第五個球季，艾普斯坦帶領著年輕的球隊來到了完成終極目標的緊要關頭。《運動畫刊》（Sports Illustrated）的記者湯姆．維爾達奇（Tom Verducci）說，關鍵時刻出現在第七戰的第九局。因雨暫停後，印地安人隊回來追平了分數。年輕的小熊隊沒有屈服，沒有退縮，也沒有跌倒。他們怎麼做呢？他們召聚所有的球員。維爾達奇寫道：「小熊隊的球員肩並肩擁擠地聚集在傑克布斯球場客隊選手休息處後方一個小小的重量訓練室。」他稱之為「艾普斯坦團隊合作與品格的完美典範之強烈視覺效果。」在第十局上半，小熊隊得到了兩分，最後以八比七的分數，擊敗了對手。

在小熊隊的關鍵時刻，他們的品格幫助他們克服了困難。無論我們是團隊的成員或領導者，這都是我們必須努力的目標。品格永遠都很重要。

應用練習

發展你內在的「品格」

Developing the
PERSON OF CHARACTER
Within You

因此，你該如何由內而外地發展自己的品格呢？我相信，品格的核心可以簡化為以下這三件事：擁抱美善的價值觀、操練領導自我的能力，以及珍惜周圍的其他人。

擁抱美善的價值觀

如果你尚未仔細思考清楚自己的價值觀，並把它們記錄下來，你一定要先做這個動作。什麼是你不可退讓的底線？什麼是你拒絕跨越的界線？什麼是你的主張？

如果你以前曾經做過這個動作，你可以再一次地重新審視自己的清單。有什麼需要改變嗎？有什麼需要增加嗎？有什麼需要刪除嗎？

操練領導自我的能力

領導自我的本質就是做正確的事情，即使在你「**不想**」做的時候，以及不做錯誤的事情，即使在你「**很想**」做的時候。我稱之為決定的管理，是在我已經做了決定之後。讓我稍微解釋一下。當你決定了自己的價值觀，你就已經決定了何者可以做，何者不可以做。然後，當你面對難以抉擇的時刻，你的任務就是完全遵行你已經做過的決定。

為了管理並且遵行自己的決定，你該如何使自己站在有利的位置呢？

珍惜周圍的其他人

將他人置於首位，有助於將焦點轉離自己，因此也較難以自私自利。這將會建立你的品格。為了表示你對他人的珍惜，想想看你每天可以做點什麼？尤其是那些對你沒有吸引力的人，或是那些你特別不喜歡的人。

最後，不要忘記：你可以從MaxwellLeader.com獲得其他相關的免費資料。

第 4 章

領導力的終極考驗：創造正向的改變

The Ultimate Test of Leadership:

CREATING POSITIVE CHANGE

幾年前我有機會受盧霍茲（Lou Holtz）之邀，成為他的賓客，去奧古斯塔（Augusta）國際高爾夫俱樂部打球。如果你是大學盃美式足球迷，你就知道盧。他是美國的指標性人物。一九八八年他讓聖母大學的戰鬥愛爾蘭足球隊整個賽季所向無敵，又成為全國冠軍。我最喜歡盧說的名言，是我第一次與他共進午餐時他說的：「我教過好球員，我教過壞球員，在教好球員時，我是更好的教練。」

盧也以機智聞名。我在奧古斯塔與他共度了難忘的三天。在那幾天中，我們在全球數一數二的球場享受打高爾夫球之樂，盧讓我們不停來回移動，他是第一天最先發球的人，他把球放在發球座上，打擊，然後立刻開始走向球洞。我心中暗想：「他在做什麼？」我朝一起打球的盧的好友哈維麥肯（Harvey Mackay）問道：「他都不等我們其他的人打擊。」

「他從來不等的，」哈維說，「他沒辦法站著不動。」

這是真的。整整三天，盧都是把球放好，打擊，開始走。不用說，我們好多次都得大叫：「前面當心」，因為我們打的球飛向他。他只用手臂保護住頭的後方，就繼續向前走。我可從來沒見過這種事情。

如果我們打得對盧來說太慢吞吞，他會說：「喂，跟上你後面的隊伍。」如果我們其中有人花太多時間，準備要推球入洞，盧會說：「我要死了，你快點推球好嗎？」

☆ 教導人改變

我絕不會忘記在高爾夫球場的那些回合，但我在奧古斯塔最愛的時光，就是深夜坐在小屋與盧交談，講他當大學足球隊教練的生涯往事。從一九六九年到二〇〇四年，盧在六所大學擔任教練。當他接手時，沒有一所大學的球隊是贏球的。六所大學中，阿肯色大學算有最好的分數，得過五勝一敗。其他大學在多數球賽中都吃敗仗。兩個隊還曾經得過一勝十敗。但不簡單的是，到了他接手的第二年，他當教練的每一隊不僅有贏球的紀錄，每一隊還都被邀請進入大學盃足球賽事，這真是了不起的成就。帶領一個團隊到成功到這種程度，一次兩次已經是大功績了，何況六次？

我在「小屋交談」中，聽得興趣盎然，焦點在於這麼短時間內，要把敗隊變成贏家有何必要的改變。

盧霍茲是懂得創造正向改變的領袖。他是那種我喜歡稱之為**急轉彎的領袖**（U-turn leader），能對向下沉淪的組織叫停，不再有負向的勢頭，改變他們的方向，轉為向上提升，創造正向的氣勢。在聖母大學有位與盧霍茲共事的職業教練喬治凱立（George Kelly）說，盧有三樣特質，是所有偉大教練都擁有的：他不會把任何事情看作理所當然，他是極優秀的老師，他超級地井井有條。[1]在這一切之上，盧還是個有積極遠見的人，他把他所領導的足球隊文化改變了，這造就了他團隊的成功。

偉大領袖的真考驗，就是能夠把一個組織導正，而且自己成為改變的媒介。幾乎任何人都可以走到別人面前，鼓勵走對的人繼續往對的方向努力，但很少人能讓一群走錯方向的人作必要的改變。

☆

帶領人改變是困難的

只要你曾經帶領別人改變，就知道這是個挑戰。但我相信人不會天生抗拒改變，他們抗拒**「被」**改變。最近我看了一個兩格漫畫，第一格中的領袖說：「誰希望改變？」所有人都舉手。第二格，他再問：「誰想去改變？」卻沒人舉手。這漫畫把人性的特徵說出來了。我們希望獲得正向改變的好處，卻不想要使自己經歷改變的痛苦。為什麼呢？我想有幾個理由：

1. 做新事會讓人彆扭，且有自我意識

改變令人彆扭，問問你的手就知道。你不相信嗎？試著這麼做：手心對手心，手指頭交錯扣緊。你哪一手的拇指在上呢？每個人都有習慣放在上面的拇指，然後其他手指照順序交錯扣緊。你的左拇指在右拇指之上嗎？你的雙手會自然地緊扣，而每次都會很自然地同樣那樣做。

現在變換姿勢，手先鬆開，再次扣緊，但改由「另」一

拇指在上。你感覺如何？我猜一定是彆扭的。如果你像大多數人一樣，會很想改回本來的方式。

我打高爾夫球也有同樣的問題。高中畢業時，我得到的禮物有一組球桿。我很高興有機會嘗試新的運動，就開始打高爾夫球了，沒有接受任何的教練課程。我運動方面還算不錯，所以不上課也能打球。但我不論如何嘗試，總是無法進步。最後我終於去上了職業教練教的課程，他說我那自我訓練的握桿和揮球方式就是讓我無法進步的問題所在。他的解決之道就是要我改變**每一件事**。

哇，真彆扭呀。我知道我必須改變，但每一件事都讓我感覺不對勁。接下來幾個月，每次我感受想要揮出好成績的壓力，就發現自己又回到舊握法的安全地帶，因為這種舊方法才讓我感到舒服，就算新方法可以讓我有大進步的機會，我也不要。後來經過好一陣子，我才對改變感到安舒。

多數人對老的問題感到安舒，對新的解決之道感到不安舒，因為新代表未知。作家兼講員瑪琳・弗格森（Marilyn Ferguson）這樣形容：「我們對於改變其實沒那麼害怕，也不是這麼愛用舊方法，而是這兩者的中間讓我們害怕……像在高空鞦韆上盪來盪去，又好像史努比的好朋友萊納斯（Linus）的安全毯子在烘乾機裡還沒乾，以致沒東西可以抓住。」

2. 一開始人會聚焦在必須放棄什麼

當人聽到將來會有改變，第一件事情就會問：「這改變會影響我什麼？」何以如此呢？因為他們擔心必須要放棄些什麼。有時候問這個問題是有道理的，例如你有失業之虞，或有失去家庭的憂慮。但大多數時候，生命本就是一連串的交易。詩人愛默生（Ralph Waldo Emerson）說：「你得到的每一個東西都會讓你失去某些東西。」所以如果我們期待不必放棄**任何東西**，是不切實際的想法。然而許多人緊緊抓住自己擁有的而不願意得到其他——甚至是進步。身為領袖，我們需要幫助人克服這樣的心態。

我想每個人的個性與生活經驗會影響這方面的心態。舉例來說，有些人保留東西，有些人丟棄東西，我喜歡丟東西。一旦不需要什麼了，我就會丟進垃圾桶。我長大後，還沒有哪一天不必到垃圾桶去把一張紙挖出來，因為實際上我還需要它。丟棄東西帶給我很大的快樂，這只是我的一個怪癖。

多數人應該比較像我妻子瑪格麗特，她會保留東西。如果她覺得我們將來可能會用到某物，就會覺得何必現在要丟掉。但我必須說她不是囤積狂，她非常會理家，是井井有條的人，所以我們家不會塞滿東西。但如果我可以做主，我們家的座右銘就會是：「我們今天如果買了什麼新東西，就要把別的東西送掉。」

我們不只喜歡保留東西，也喜歡保留想法和做事的方法。作家艾瑞克．哈維（Eric Harvey）和史蒂夫．凡脫（Steve Ventura）描寫了這種人性傾向：

事實上，我們頭腦中都背負著某種適得其反的包袱，使我們喘不過氣……使我們無法進步。

我們的負重包括各種曾經行得通的信念與做法，以前這些都有用也可行，但已經過時了，以及錯誤的資訊與觀念，我們曾經接受（甚至抱緊不放），但我們不多假思索，也不去檢視。

為什麼要在乎「包袱」？因為它負面地影響我們、我們的同事、工作的環境、以及我們得到的結果。簡言之，我們接受與相信的，就決定了我們的行為……而我們的行為決定了我們的成就（或沒有成就）。[2]

他們有沒有解決之道？他們說：「我們的大腦像個衣櫥，時間久了會塞滿我們不再需要的東西——不合適的東西。每過一段時間，就該要清除一下。」[3]

被稱為現代管理學創始者的彼得・杜拉克（Peter Drucker）說，他相信企業每三年，就必須把每個產品和生產過程拿來試驗一下，否則，他相信競爭會把這企業比下去了。比爾蓋茲（Bill Gates）有相同的觀點。他認知微軟製造的產品在三年內就會過時。蓋茲說：「唯一的問題是，由我們讓它過時被淘汰，還是由別人。」我必須說，他身為領袖，了解改變的代價，且願意付這個代價。

3. 怕被譏笑

與眾不同的人會有被譏弄取笑的風險，這可能是進行改變的一個大阻礙。作家摩康葛威（Malcolm Gladwell）對這主題做了播客節目，他針對列入籃球名人堂的威爾・張伯倫（Wilt Chamberlain）做了「不會射籃的巨人」一集節目。[4]

張伯倫從一九五九年到一九七三年打職籃，是為NBA（美國職籃）創下多次紀錄的主要中心人物。但也以惡名昭彰的壞罰球者聞名。他的職籃生涯投中率只有百分之五十一。[5]但在一九六一至六二年的球季，張伯倫試著在比賽中有所改變，使罰球有進步。他不用傳統的、幾乎所有籃球手用的高過頭頂射籃方式，他用了瑞克貝瑞（Rick Barry）的方式，貝瑞是當時最好的罰球手。張伯倫用了「老祖母射籃」法，把球放在兩腿中間，從下面往上射出去。

瑞克貝瑞職籃生涯的投籃投中率超過百分之八十九。[6] 在葛威的播客節目中，貝瑞解釋為什麼他決定整個職涯都要用這種手勢投籃：

從物理的角度來說，這是更好的方式，較少出錯，對於要一再重複、恰到好處的成功射籃，這樣擔憂較少。但另一方面……誰會這樣走路（把手舉高在前面）？這是不自然的姿勢。當我從下面出手罰球，我的手臂在什麼姿勢？就是手臂自然的姿勢，是向下的。所以我能完全放鬆，不需要擔心肌肉緊繃的問題。因此射籃就很柔軟。所以我有很多次就算有點偏，都射得很漂亮很柔軟，也仍然投進了。[7]

張伯倫試驗了貝瑞從下射籃的罰球方式，一九六二年三月二日，他有了驚人之舉，前無古人，後無來者：在NBA球賽中獨拿一百分。那一晚，二十八分得自罰球。總共三十分的罰球得分中，他拿了二十八分。

張伯倫雖然很成功，卻放棄了「老祖母射籃」法，回到他的老方法，也是失誤的老習慣。為什麼？因為他感到很丟臉。葛威引用張伯倫自傳中的話說：「我覺得自己很愚蠢，從下面射籃。我知道我以前的方法不對，我也知道最好的投籃手是這樣罰球的。即使現在，NBA最好的球員瑞克貝瑞還是從下面射籃的，但我就是無法這樣。」[8]

有些人比別人更容易覺得尷尬丟臉。瑞克貝瑞不在乎別人怎麼看他，他用別人取笑的罰球方式投籃；而張伯倫則在乎別人的看法，不想被人取笑。身為領袖，當你引進改變，必須把這類的恐懼估算進去，你必須認知每個人忍受被笑的程度都不同。

4. 大家會把改變個人化，在過程中可能感覺孤單

通常，特別在企業或組織中的改變過程，大家不是孤單的，但確實會讓人有那種孤單感。這種情緒會淹沒他們，焦慮提升，動力就下降。身為領袖，我們可能變得不耐煩，希望員工掌握得住，並克服困境。其實，我們應該展現耐性，體會人性就是這樣，與他們共同努力。這不但能幫助員工度過改變期，也幫助我們更快影響

他們，助他們繼續往前。

我承認我年紀輕輕作領袖時這點做得並不好。我會鼓勵人在改變期忽視情緒，我會告訴他們：「這沒什麼大不了的，我們大家一起共度，別擔心。」但這就好比牙醫說：「一點不痛。」你聽到他這麼說，你知道他說得對，一點不痛，全部痛得很！

我年輕時在領導上犯的錯誤還包括把改變看作事件而非過程。我花了好一段時間才明白，每個人是否預備好去改變，程度各有不同。你不能只公佈有一項改變，叫大家完成了就繼續往前。這樣只會引起反彈。你必須給人時間，允許人消化這項改變。當然不是每個人都能立刻「上車或跟得上」，只要你願意幫助大家，許多人會願意改變。切記：身為領袖，一切都是為了這些人。你能走多遠不是重點，而是你能帶領別人跟你走多遠。這是領導的目的。

帶領人走過改變，很像老笑話說的，到底要多少人才能換好燈泡。這是又幽默又具挑戰的任務，下面是我喜歡的相關笑話，最近看到的：

> 你能走多遠
> 不是重點，
> 而是你能帶領別人
> 跟你走多遠。

問：要多少演員才能把燈泡換好？

答：一個就好。演員不喜歡跟人分享聚光燈。

問：要多少學者才能把燈泡換好？

答：一個都不用，研究生就是用來做這個的。

問：要多少健美操教練才能把燈泡換好？

答：五個。四個要做完美的同步動作，一個站在旁邊說：「向左邊，向左邊，向左邊，向左邊；拿出來，放下來，拿起來，放進來；向右邊，向右邊，向右邊，向右邊，……」

問：要多少太空工程師才能把燈泡換好？

答：一個都不用，你知道的，這不需要懂高難度的火箭科學家。

問：在美式足球賽中要多少人才能把燈泡換好？

答：三個。一個換燈泡，兩個把整冰桶的冰倒在教練頭上恭喜他。

問：要多少美式足球隊員才能把燈泡換好？

答：兩個。一個把燈泡轉好，一個處理漏接的球。

問：要多少垂釣者才能把燈泡換好？

答：五個。你應該已經看到燈泡了，一定有「這麼大」！我們五個才勉強夠釣起來！

問：要多少考古學家才能把燈泡換好？

答：三個。一個把燈泡換好，兩個爭論這舊燈泡到底有多古老。

問：要多少軍隊才能把燈泡換好？

答：至少五個。德軍開始；法國軍隊試了一下就放棄了；義大利軍隊也開始了，弄不出個名堂來，就從另一邊開始試；美軍出現得晚，完成了，還得到全部功勞；瑞士軍隊假裝什麼特別的事情也沒發生。

問：要多少汽車技工才能把燈泡換好？

答：六個。一個拿榔頭用力，五個出去買更多燈泡。[9]

我想真正的問題在於，要多少人才能創造正向的改變？答案就是，一個真正願意帶領人參與改變、在過程中盡最大努力帶著所有人的人。

☆

我們高估了事件而低估了過程

大約有了五年領導的經驗，我終於弄清楚我不能單改變某事，然後期待每個人都快快樂樂地跟在我後面。我二十七歲時，面臨組織上大改變的需要——新建築的建造與舊建築的重新規劃——我認知若要成功地繼續領導，我需要發展一個計畫，把改變的過程與人溝通，幫助他們在心理上和情緒上消化這個改變，然後把計畫變成行動。

為此，我發展了稱之為「提早規劃」（PLAN AHEAD）的步驟。沒錯，這像是個藏頭詩（每個字母都代表一句話第一個字的開頭），看起來像故意作出來的，但這樣很好記，也容易教導其他領袖。我用這套步驟快五十年了，是行得通的！我相信對你也行得通。下面就是以這九個英文字母開頭所代表的步驟：

Predetermine the change that is needed. 預先決定需要的改變。

Lay out your steps. 編排步驟。

Adjust your priorities. 調整優先次序。

Notify key people. 通知關鍵人物。

Allow time for acceptance. 給人時間來接受。

Head into action. 進入行動。

Expect problems. 預期問題。

Always point to the successes. 總是指出大大小小的成功。

Daily review your progress. 每日檢視進展。

以下是每句話所代表的步驟。我鼓勵你在面對領袖的終極測驗：創造正向的改變時，使用這些步驟。

預先決定需要的改變

我的朋友華理克（Rick Warren）牧師，「馬鞍峰教會」的創始人說：「明日要成功的最大敵人就是昨日的成功。」[10] 要作好領袖，你不能躊躇滿志；你不能以今日的成就自滿。也就是你不但要歡迎改變，還要積極推廣它。否則，你的團隊、部門、組織就遭殃了。只要你讀一下第一版的《全美排名前一百的最佳公司》一書就會明白這是真的。這本書一九八四年出版，九年之後要出第二版時，幾乎原本排百名中的一半已經不存在了。

要找出我們組織需要什麼改變可能是困難的，因為我們

對固有的問題會習以為常，就看不見問題了。這正是一九七〇年代英國鐵路發生的事。一九七七年鐵路公司的董事會主席彼得派克爵士（**Sir Peter Parker**）試著決定把公司的廣告業務給誰，是給一個超大且聲譽卓著的廣告經理公司，還是給一個較小較新的**ABM**公司（**Allen Brady and Marsh**）。派克與英國鐵路公司的執行長們抵達**ABM**，發現大廳又髒又亂。菸灰缸都滿出來了，還有剩了半杯的咖啡杯，地上攤著雜誌。

接待小姐並沒有讓情況好些，訪客中有一人說，她忙著講自己私人電話，忽視他們這群客人。[11]另一人說，她一面吸菸一面修指甲，他們問還要等多久，她只咕噥：「不知道。」[12]

等了大約二十分鐘，派克告訴接待小姐，他們要離開了。就在這時候，彼得馬休（**Peter Marsh**），**ABM**廣告公司的總裁踏入接待室說：「你們看到的，就是大家對英國鐵路的看法。現在我們來想想辦法，看怎樣能改正。」

身為領袖，你有責任檢視自己團隊所做的，找出需要改變之處。我喜歡用這種標準來檢視：

• 如果某事你已經做了一年——仔細地查看。
• 如果某事你已經做了兩年——懷疑地查看。
• 如果某事你已經做了五年——別看了，做點改變吧。

第一步總要預先決定有什麼需要改變，一旦知道了，就可以開始第二步驟了。

編排步驟

正如前述，我發展了「提早規劃」（PLAN AHEAD）的步驟，回應我在俄亥俄州蘭開斯特的第二個教會的領導大挑戰。我們當時的場地不夠用，所以我看出需要改變。我們需要建造新建築，重新規劃舊建築。問題是一千五百位會眾深愛舊建築，不想有什麼改變。再者，我需要向同樣這批人募款建堂。如果我不謹慎地編排每一步驟，就會冒著與每個人疏離的危險，無法帶領他們到需要去的境界。

我花很多時間思考整個過程，謹慎地編排要能成功改變的藍圖。我決定我需要問問題，傾聽別人的回答，與人討論這個挑戰，賦予關鍵人物能力去尋找場地問題的答案。我讓這樣的過程進行了一年。如我所希望與期待的，其他領袖也得到同樣的結論，他們建議的改變行動也是我認為最好的。到這時候，他們帶到討論桌上用來佐證結論的證據，就是他們自己的意見了，他們也說服了其他人一起參與。

對於這樣緩慢的過程我開心嗎？不，但我知道任務龐大，就像諺語說的，你怎麼吃一隻大象呢？就是每次吃一口。這就是我們所做的，每往前一個步驟，就增加我們的信心，也強化我的領導力。

調整優先次序

電影《班傑明的奇幻旅程》的主角告訴女兒：「我希望妳活出的生命是妳可以引以為傲的，如果妳發現不是，我希望妳有勇氣重新開始。」換句話說，他在說如果我們希望改變得更好，我們就要調整優先次序，把成功這個目標放在前面。

此階段過程中，領袖的最大危機就是把關鍵的改變混淆為表面的改變。表面改變比較容易，但不會有效，因為沒有針對真正緊要的問題，只是從外而內的改變。關鍵改變則是從內而外，執行起來也總是比較困難。

我希望你活出的
生命是你可以引以為傲的，
如果你發現不是，我希望你
有勇氣重新開始。
——《班傑明的奇幻
旅程》

領袖若聚焦在錯誤的事情上，就像查爾斯舒茲（Charles Schulz）的花生（Peanuts）漫畫，主角查理布朗（Charlie Brown）告訴朋友萊納斯：「我這輩子穿鞋的時候，一定都是先穿左腳。忽然在上個禮拜，我先穿右腳的鞋。然後這整個禮拜我都先穿右腳，你知道嗎？這對我的生活毫無影響。」

關鍵的改變會造成影響，也會讓你付出代價，像時間、力氣、資源、創造力，或影響力。如果關鍵改變**「不會」**讓你付出代價，你需要問，這樣會有真正的改變嗎？當然，不改變也會讓你付出代價。如果蘭開斯特的教會場地不夠，我選擇認輸，整個組織會繼續很安穩地沒有改變，然而這就開始邁向終結了。相反的，當核心領袖團隊聚集在一起，我們改變了優先次序，預備走入改變過程中的下一步驟。

通知關鍵人物

好領袖不會把組織要改變的消息在同一時間告訴每一個人。領袖並不想讓溝通要「公平」，他們要讓溝通成為策略。身為領袖，在讓普羅大眾知道發生什麼事之前，需要與關鍵人物會面，與他們溝通。

哪些個關鍵人物呢？我用兩個問題問自己，就可把關鍵人物指認出來：「誰是使這個改變起飛的幕後人物？誰是真正要飛的那個人？」問題的答案會讓我確認，在大家知道之前，哪些人應該知悉這項改變。

我先與能使改變起飛的人見面，因為如果他們不同意，這計畫永遠行不通。我需要與他們合作，贏得他們的贊同。通常這類的開會要一對一，或在很小的團體中進行。我通常採用我寫的《與人共贏25法則》（**25 Ways to Win with People**，足智文化出版）書中，「和人分享祕密」那章的方法。在大家還不知道有這改變之前告訴他們，就等於我給了他們有價值的資訊，使他們感覺自己很特殊，我把他們納入此旅途的同行夥伴。這種納入某人的行為多數人都會感激。這樣個別的方式也讓彼此有機會公開討論，可以有誠實的反應、提問、反對。

我把這樣與人連結的時間看成是個會前會。如果會前會進行順暢，我就與最關心的人分享這個消息：也就是那些會執行計畫的人。之後，我開始與整個組織中較多的人一起開其他會議時提出來。

如果會前會進行不順暢，我就會再次與關鍵人物會晤，持續討論，直到我們可以一起把他們反對的問題解決，而他們也同意改變。團隊或組織中的主要玩家必須願意參與，投入改變的過程，使計畫行得通。

以上就是「提早規劃」的前面四個步驟，現在我們來看後面五個步驟。

給人時間來接受

讓人接受改變，通常要花很長的時間。而那種接受通常有下面三個階段：

1. 這是行不通的。
2. 要付出太多代價。
3. 我一直就覺得這是好主意。

然而說真的，給人時間來接受是領袖的挑戰，因為領袖比其他人通常看得更多更早。宣布改變經常給團隊或組織帶來困惑、誤解，甚至混亂。

最近，我在讀我朋友山姆謙德（Sam Chand）所寫的《達成天命的八步驟：過有目標的生活》（8 Steps to Achieve Your Destiny : Lead Your Life with Purpose，中文暫譯）。其中有一章「新觀點」，他寫出領袖所需要的不斷改變，他的觀察也相同可以應用到組織內領袖所完成的改變，山姆寫道：

改變總是需要的。我們不能假設某件事情今天行得通，明天就繼續能行得通。你要不就是往前發展，要不就是停滯不前。

大多數的領袖（與幾乎所有的跟隨者）都在情況下滑時才認知改變的需要；若沒有東西壞掉，他們就不會採取行動。這可從查爾斯・韓第（Charles Handy）的S型曲線圖（Sigmoid Curve）的B點看出來。在這點上，所能做的最好一件事情就是踩剎車，採取危機管理，急轉彎。如果你在曲線之前作改變（A點），可能沒人理解你在做什麼，或為什麼你要如此。這段期間，就是從啟動改變到別人開始看出你所看到的，最恰當的說法可稱之為混亂。[13]

好領袖總是給人時間來接受改變，但當他們發現這種接受遲遲不來，或者大家正經歷到山姆謙德形容的混亂時，他們會使一點額外的力氣幫助大家適應改變。在此情況中，有下列三件事可做。

1. 慢下來

如果你在前面一直耕地，不管跟隨者的遲緩反應，他們就會開始對你有負面的假設。他們可能這麼想：

- 你缺乏預備。
- 你隱藏了真正的議題。
- 你正在為自己的議題鋪路。
- 你不關心別人的想法與感受。

只要大家相信了上述任何一點，都會減弱你的影響力，也讓改變的障礙更大。解決之道就是慢下來，給跟隨者時間。繼續不斷地鼓勵他們，持續回答大家的疑問，但不要強力推銷事件的本身。

2. 清晰簡潔的溝通

在改變過程中，可以做的第二件事就是努力溝通得清晰又簡潔。學者會把簡單的事變複雜；溝通者會把複雜的事變簡單。身為領袖，我努力使自己發出的訊息很簡潔，我會問自己下列問題，幫助我溝通得更有效。

- 我了解我要說的話嗎？
- 他們會了解我要說的話嗎？
- 他們能把我說的話告訴別人嗎？
- 別人會了解他們說的嗎？

我為何如此？因為人若不了解某事，就會無法接受。再者，你希望那些真接受改變也**「確實」**參與的人，能幫助其他人也如此。只有能把想法溝通清楚的人才能如此。在你溝通之前，先簡化訊息，這樣你就給了那些同意者很清晰好記的訊息，可以說給其他人聽，這樣他們就幫你鼓吹了改變。

我們可以從可口可樂總裁古茲維塔（Roberto Goizueta）提出的主意，看到絕佳的例子。他是一九八〇年到一九九七年的公司主席、總裁、執行長，在他任期

學者
會把簡單的事變複雜；
溝通者
會把複雜的事變簡單。

中，他使可口可樂成為全球最為人知的品牌。麥克．安德森（Mac Anderson）所寫的《212種領導力》（212 Leadership，中文暫譯）一書中，這樣描寫這位生於古巴的古茲維塔：

雖然英語是他的第三語言，他的成功主要歸功於他有使繁變簡的能力，把複雜的想法重新包裝，用簡明有說服力的方式呈現。他最著名的就是經常重複述說可口可樂公司有無限成長的潛力：

這地球上六十億人口每個人都要喝水，平均每日需要六十四盎司液體，可是其中只有兩盎司是可口可樂。

古茲維塔第一次說出這樣的話，公司員工對這種原創與大膽的想法大為吃驚。最後，「差距六十二」就成了公司內部激勵人心的動力。[14]

把差距六十二拉近，是個清晰簡單，容易重述的訊息，用來傳遞將有的改變，十分恰當。這訊息在重述給別人的時候，力量也不會減弱。

3. 內置時間讓人消化新想法

如果你在比較正式的場合與人溝通，例如董事會，而你需要給大家時間來接受改變，最好的方法之一就是把會議議程設計成有消化的時間。多年來我用下列流程與董事們開會：

- **資訊項目：**我從與會人士有興趣的項目開始，通常是那些正向的、能鼓勵士氣的項目，使會議一開始就有高的能量層次。
- **研討項目：**這些是需要討論、但不用投票的項目。這類項目在前一個會議或更前幾個會議就先被提出來，使大家有時間分享想法或問問題，卻沒有要鼓吹某個特定看法的壓力。如果研討項目中有需要重大改變的項目，我通常會把這項目保留在好幾次會議中，直到每個人都有時間消化這議題，最後達成共識而同意。
- **行動項目：**會放在這裡的都是已經在研討項目放過、已經討論過、徹底消化過的項目，是我確認每個人都預備好會有正向決定的項目。

等到多數領袖都認知需要改變，我們分析問題、找出解決方法、做出完成計畫的決策，就可以行動了。如果關鍵人物還沒接受改變就開始行動，將會帶來災難。我的朋友諾屋戴維斯（Norwood Davis），是約翰．麥斯威爾公司的首席財務長，他把這些總彙為一個公式，最近與我分享：

E = Q×A

意思就是效果（Effectiveness）＝品質值（Quality）×接受度（Acceptance）。諾屋提醒了我，如果把一個品質值高的想法乘上接受，但接受度是零，就算乘上十次，效果仍然等於零。所以接受度是領袖是否能得到結果的關鍵。

進入行動

一旦你有了關鍵人物的同意，改變的列車終於可以離開車站往前行。當然，這不表示每個人都上了車。我用前參議員羅伯．甘迺迪的觀察來重述：百分之二十的人，在百分之百的時候，會反對所有的事情。[15] 但你無法等待每個人。如果你有影響力，也有執行改變的人力，就足以開始了，許多人後來會及時加入的。

我通常聽到的說法：「遠見能團結人」，我不同意。遠見把人區分了，分成了願意的與不願意的——這是好事。當你進入行動，就會發現誰是哪一種人。行動前，你不會知道每個人委身的程度，直到你要他們行動才知道。你要徵召委身的人來幫助。

你如何知道別人參與的可能性呢？這就需要評估你個人的影響力了。每個領袖的口袋裡都有某個數額的「零錢」（譯註：change，可譯作零錢或改變），也就是可以用討價還價當籌碼的情感支持。每次領袖做了正面的事情，就增加他擁有的零錢。每次做了被認為是負面的事情，就削弱了人際關係，必須付出口袋中的「零錢」。如果領袖繼續做削弱關係的事情，就可能讓他的人際關係破產。

請一直記得：需要有「零錢」才能有改變。口袋裡的「零錢」越多，就越能在別人生命中造成改變，「零錢」越少，要進入行動就越困難。

你不會知道
每個人委身的程度，
直到你要他們行動
才知道。

預期問題

任何時候，任何人發起了任何一種動議，問題就會出現。就如古老諺語說的：「動作引起摩擦。」有些問題來自無法預見的困難，有些問題來自人與反對。有人無可避免地過度誇大過往的喜悅，會說以前有多好——即使以前沒那麼好。他們會抱怨現在的痛苦，好像生命本該沒有衝突——但並非如此。然後他們又專注於未來的恐懼——即使未來對我們不一定如此。但這些反應都是最自然不過的。

以前我的錯誤就是把別人的抗拒改變或不想前進，看成是針對我個人。別人不往前，我就好奇：**他們為什麼看不見前進的理由？他們為什麼不信任我？我們難道不能這樣繼續下去嗎？**我必須訓練自己記得：這不是針對我個人，何況，帶領人改變的事情本身就很困難了，我不需要這些情緒把事情弄得更複雜。

最好的解決之道就是主動預料最壞的情況：

- **先想到最壞的情況：**我們可能哪裡出錯了？花時間把所有想到的可能性都走一遍，徵召其他領袖幫助你預備好面對。
- **先說到最壞的情況：**讓人知道你懂他們的感受與想法。如果你發現了問題，就告訴他們。很多時候大家最大的憂慮就是自己知道的比領袖多，領袖還沒預備好要面對問題。當你讓人知道你確實知道發生了什麼，而你也正在解決問題，就會給人安全感。

- **先回答最壞的情況：**當人開始問問題，表達掛慮與憂心，不要逃避這類的討論，不要把前景描繪得一片大好，要給答案。
- **先藉最壞的情況鼓勵大家：**大家都想要得到領袖的鼓勵，如果你讓人知道你與他們同甘共苦，你需要他們，他們就比較可能想跟你共事。

即使是最主動、最能駕馭問題的領袖，仍會面對無法預料的困難。但如果有預期問題的心態，並採取主動，你已經為必要的改變盡了所能，增加了成功的機會。

總是指出大大小小的成功

麥克．安德森（Mac Anderson）與湯姆．費斯坦（Tom Feltenstein）合著的《改變是好的》（Change Is Good…You Go First，中文暫譯）一書中，提到正向溝通會加強溝通的重要性：

我相信你一定聽過買房地產的三個關鍵：地點、地點、地點。那麼你現在要聽到激勵人改變的三個關鍵：加強、加強、加強。許多領袖在進行改變的期間大大低估了繼續加強的需要。完美的情況是我們聽到一次什麼，就記錄在腦海中，永遠不需要再聽一次。但實際情況是，我們的話語遠遠不夠完美。在改變的期間，我們會有懷疑、恐懼、偶爾的失望。有時候還加上朋友、家人、同事對懷疑的加強：「這樣行不通啦！」[16]

在這一切的挑戰、阻礙、衝突、說風涼話反對別人努力完成改變的人面前，身為領袖的我們需要加強鼓勵同仁繼續下去，繼續做對的事情。要能如此，我們能做的最好一件事情就是慶賀同仁的成功，無論成功是大是小。

我的偶像之一約翰伍登（**John Wooden**），是加州大學洛杉磯分校的籃球教練，他帶球隊非常成功。他總是強調球賽中的團隊精神，任何時候一個球員接到一記好傳球而得分，伍登總是鼓勵得分者指一指是誰傳球給他，兩人均分功勞。曾有人說，如果伍登的球員問：「教練，如果我指一指幫助我得分的人，他沒在看，會怎樣？」伍登教練回答：「他一定會在看。」每個人都希望得到肯定的證明與鼓勵，這是人性。

在改變過程中要得勝，就要正向加強大家經驗到的大大小小的成功，這樣會繼續肯定大家所做的改變，所以要指出改變的好處，也指出促成此事的人。

每日檢視進展

這項在「提早規劃」步驟中的最後一步，事關重大，理由有二：第一，這樣會促使你確認走在正軌上，並持續往前。第二，這樣會提醒你持續向同仁溝通改變的訊息。這些一直都是挑戰，因為在改變成為組織文化或團隊文化的一部分之前，大家會忘卻，回到老方式做事情。

邱吉爾（Winston Churchill）說得妙：「要進步就要改變，要完美就經常改變。」[17] 我們當然無法達到完美，但可以盡量接近，這就意味著每日要改變。你想持續把進展的訊息活化在同仁眼前，你可以這樣努力：

要進步就要改變，
要完美就經常改變。
——邱吉爾

• 清晰地（clearly）談論改變。
• 創意地（creatively）談論改變。
• 持續地（continually）談論改變。

如果你這樣每日檢視進展，改變就會活出來、被經驗、受珍惜、大家共享。

☆

最重要的就是信用

最後，你是否有創造正向改變的能力，在於你所領導的人是否相信你是領袖。《領導力21法則》（基石出版）一書中的相信理論提到：「人會先相信領袖，然後才相信他的遠見。」[18] 信任的根基建立在我們前一章所提的品格。經常有領袖告訴我他們對組織的遠見，但這會涉及改變。然後他們就總結這個遠見，接著問我：「你認為我的同仁會贊同我的遠見嗎？」

我的回答是：「他們贊同你是領袖嗎？」這是領袖試著改變前必須回答的問題。信用造成權柄，這包括了我們到目前為止所談的一切：影響力、優先次序、品格。如果你的同仁相信你，那麼他們會想要你想要的，因為他們信任你。就算必須改變，他們也會向你的遠見對準。這讓你能夠行大事，甚至把整個組織改變了，就像盧霍茲所做的。

Developing the

CHANGE

AGENT

Within You

應用練習

發展你內在的「改變動力」

如果你目前領導一個團隊、部門、組織，一定有些你想改變的事情，使之進步。使用本章的應用指引來幫助你計畫此一過程。

身為領袖，你有多少「零錢」？

在開始做改變的計畫前，花點時間計算一下你與同仁所在的位置。你目前領導的信用層次有多少？你口袋中有多少「零錢」？你想要有改變，但你賺到大家的信任了嗎？如果以上的判斷讓你感到困難，請教一位同事，他的領導洞見是你所敬重的，請他給你忠告。

今天就開始「提早規劃」的步驟

使用本章所說的計畫來預備你想要的改變。在每個階段，描述你需要做的事情，一步一步跟著計畫展開改變。

預先決定需要的改變

描述需要改變的細節，以及為何必須改變。

編排步驟

寫下要完成改變所需的所有步驟。從你現在的位置開始，有邏輯地編排過程，一步接一步，一直到終點。這階段會需要很多時間。

調整優先次序

組織與人員需要改變什麼優先次序，才能對準即將來的改變？

通知關鍵人物

哪些是你必須先溝通的關鍵人物？列兩個清單：有影響力的人和執行的人。

給人時間來接受

這個步驟在預先的階段很難估算。計畫一些時間讓人消化議題，用你的眼、耳、直覺，判斷大家是否有足夠時間跟上來。

進入行動

描述第一步是什麼樣子，以及這樣行動會如何影響整個團隊或組織。

預期問題

描述在改變的執行過程中，最可能面對的問題。

總是指出大大小小的成功

開始想方設法，指出讓改變發生的有功人士，達到里程碑時加以慶祝。

每日檢視進展

描述你將用來檢視進展的方法，你要用什麼來衡量？為了評估士氣，哪些人是你可以經常對談的？要顯示改變已經完成，會有哪些特定的資訊？

第 5 章

解決問題

領導力的捷徑：

The Quickest Way to Gain Leadership：

PROBLEM SOLVING

多年前，我讀到史考特派克（Scott Peck）寫的《心靈地圖》（天下文化出版），這本書改變了我的生命。從第一頁開始就令我震撼，把我從希冀安逸人生、萬事照我旨意的心態搖醒了。派克寫道：

這是個偉大的真理，一旦真正想通了這層道理，我們就能超越它。一旦真正了解而且接受了人生困難重重的事實，我們就不會那麼耿耿於懷，人生也就顯得不那麼多災多難了。

大部分的人都不明白人生本來就遍布艱險困頓的事實。他們不斷怨天尤人，要不就自艾自憐，彷彿人生本來應該既舒服又順利似的。[1]

確實，人生很辛苦，若對個人如此，對領袖就是加倍的困難。個人只需要思考「我」，領袖要替「我們」著想。領袖的人生不屬於自己，要想著「我們」，這就表示要包括別人，他們的問題就是你要處理的問題。

除此之外，在領導得很好的組織中，有問題發生要盡可能在最低層就解決。這也表示給上層領袖解決的問題是最困難的，只有那種「燙手」難處理的問題才會落在領袖的桌上。在領袖的生命中，很少有連續兩天是沒有問題要解決的。多數領袖要不就是剛進入一個危機，或在危機當中，要不就是剛解決了一個危機。也許這就是為什麼當人問：「生命是什麼？」的時候，一群在研討會中的精神科醫生回答說：「生命是壓力，最好你喜歡。」

本章中我提出解決問題的正向思考，這也是使領導一職如此有挑戰的地方。我的盼望是以這種簡單實際的忠告，最快速地幫助你起步，獲得作領袖的信用。什麼是務實？正如我的執行長馬克柯爾最近提醒我的，務實會讓人把別人視為問題或分心的事視為機會。

問題不一定是問題，除非你視之為問題。我為何如此說呢？因為問題確實有潛在的益處，這就是為什麼解決問題是讓人獲得領導力的捷徑。問題讓我們認識自己；問題讓我們認識別人；問題讓我們認識機會。我願在本章中花點時間幫助你了解並接受這些原則，使你成為解決問題的高手。

☆

問題讓我們認識自己

我已經分享過年輕時作領袖的部分旅程，包括第一次作領袖的三年，我學到五個領導力層次中影響力最少的是職位。就如其他領袖一樣，我一進入領袖角色這個職位，就面臨了問題。而面對那些問題，使我「遇到自己」：這個年輕、正在成長的領袖。下面是我學到的六門最大的功課。

1. 我們與問題的距離影響我們的決策是否精準

幾年前我聽說阿波羅太空任務的太空船在建造時，美國太空總署（NASA）的科學家與工程師之間有了嫌隙。科學家知道太空船的承重與空間都有限，堅持每一盎司可用的重量都要保留給科學設備使用，以發掘並報告太空人在太空的經驗。科學家宣稱他們的目標是要設計一艘完美無瑕的太空船，讓空間與重量的很大比例都給科學設備使用。

工程師辯駁說完美是不可能達到的目標。他們爭論說，唯一安全可靠的假設就是**可能會**出錯，但他們無法確定地預測哪裡會發生故障。他們的解決方法就是建造一系列備用系統，使故障發生時可以補救。可惜這樣就會減少科學設備的可用空間。

並不出乎我們的意料，當太空人的意見也算進去衡量時，衝突就解決了。他們全部贊成建造備用系統。這一點也不令人驚訝，因為如果出事，太空人才是真正會被困在太空中的！

身為領袖，你與同仁越疏離，你就與問題離得越遠，這樣你的領導可能不接地氣。身為年輕的領袖，我開始了解這一點後，就決定要與同仁更靠近。我不要一直待在辦公室，我到同仁那裡去，在人群中慢慢走路。我希望影響他們的，也能影響我，使我能有好的決策。

2. 身為領袖，我們的盤中永遠滿了問題

我早期的領袖生涯中，有位酪農告訴我：「約翰，擠牛奶最難的部分在於牠們不會站著不動讓你擠。」身為領袖，我覺得一堆問題就像一群牛，總是弄也弄不完。有時候我像這樣的人，還在家吃早餐的時候，就接到四個住別州客戶的電話，要安排時間會面。每通電話都披露一個問題，每位客

> 擠牛奶
> 最難的部分在於
> 牠們不會站著不動
> 讓你擠。

戶都要他馬上搭飛機去幫助他們。

於是他不吃早餐了，以最快速度衝出家門，可是一進車庫，發現車子發不動。於是叫了計程車，在等車時，又接到另一個電話，又有另一個問題發生。最後計程車終於抵達，他鑽進後座說：「走吧！」

「你要我載你去哪兒？」司機問道。

「這不重要，我每個地方都有問題」他叫著回答。

有人這麼說，「如果你能笑看每次的問題，你要不就是很有機智，要不就是個修理師傅。」我會說你是個正在被塑造的領袖，這就是領袖的人生。你每天就在處理問題，如果你還希冀什麼別的，就很不務實。所以你如果是領袖，問題出現就別大驚小怪，解決問題是你的責任。

3. 務實對身為領袖的我們有益

我在第一個領袖職位上被問題轟炸，被決策逼迫。因為有太多事情要釐清，我又沒有下屬，就開始用反覆試驗的方法來解決問題，這樣我就知道哪些方法行得通，哪些行不通。

這項解決問題的實驗把我訓練得很務實，這方法使我有耐著性子堅持下去的心態。因為我不知道什麼是最佳解答，就得耐著性子去找出來。有耐性的益處就是我開始有智慧，解答成功時，就使我的堅持更加有理，使我解決問題與做決策的能力都越做越好。[2]

經過多年，我解決問題的方法進化了，我知道了自己的強項（策略）、限制（沒耐性）、情緒（自信）。結果呢？我必須放開我自己的需要——證明我是對的，而聚焦在更大的需要——去做對的事，我試著記住作者吉姆柯林（Jim Collins）說的：「面對這樣的硬道理會讓人有興奮之想：『我們不會放棄，我們絕不投降，也許要很久，但我們會找出勝利之法。』」[3]

4. 相信問題總有答案是項資產

也許我學到最重要的解決問題技巧，也是我操練多年的，就是靈活的心態。我總是在找答案，我總是相信我能找到，我也總是確信，每個問題都不止一個答案。

也許我學到
最重要的解決問題技巧，
也是我操練多年的，
就是靈活的心態。

我發現好領袖進入解決問題模式時，好像要同時玩兩個拼圖遊戲。第一個拼圖遊戲是直接的問題、需要解決的情況，他們就努力找解答；但與此同時，他們也在看更大的拼圖——自己組織上的、這個行業上的、趨勢上的。他們在看這個小問題與整個大環境的關係，以及複雜的每個小環節。大拼圖遊戲可能永遠都無法完成，因為不斷有變數，有太多因素要估算，但好領袖會一方面解決小拼圖，一方面關注大拼圖的全貌，這需要靈活的心態。

下面列了我認為如果你有領袖的靈活心態，就能夠做到的：

- 從一個拼圖遊戲跨到另一個拼圖遊戲卻不分心。
- 心中握住一片拼圖，相信在幾週或更長的時間內，這片拼圖在恰當的時間可以放在某個地方會剛剛好。
- 讓大拼圖影響小拼圖，同時，尊重並讓小拼圖優先，並尊重之。
- 在兩個張力中求生存：解決問題所需要的精確性與決定何時行動的彈性。

要持靈活心態，需要相信你能夠解決問題。一九七〇年代，心理學家馬丁費雪濱（Martin Fishbein）發表了動機的期望值理論（expectancy-value theory of motivation），說到人的行為受他對目標有多重視，以及多期待自己能成功所影響。[4]即表示你若相信這問題值得解決，自己也能找到答案，就更有動機努力找答案。而你更努力找答案且成功時，解決問題的工具就發展得更多了。這樣你就創造了成功的正向循環。

5. 我們的行動會使問題變大變多

到目前為止我分享所學到的功課與解決問題的自我發現，都是正面的。但請相信我：在我用反覆試驗的方法來解決問題時，犯了很多錯誤。有時候這些錯誤不僅無法解決問題，還讓問題更嚴重！我的問題會加倍，每當我——

- 失去宏觀視野。
- 放棄了重要的個人價值。
- 失去幽默感。

- 自艾自憐。
- 為自己的情況怪罪別人。
- 希望問題自動離開而非努力讓問題離開。

藉著這些錯誤，我學到要負起解決問題的責任，為自己的態度與情緒負責，盡最大的努力為我的團隊與組織找出解決之道。

6. 問題處理得好會使我們更好

這就帶我們來到最後一項自我認識。當我面對問題而不放棄，繼續做對的事情——就算我一開始沒處理好——這些經驗讓我成為更好的人、更好的領袖。生命的高低起伏有辦法使人謙卑。我是新手領袖時，經常會想：「真希望日子更輕鬆點」。經過一些年日，當我持續不斷面對問題——因為問題不會離開——我開始經驗心態的轉變，經常會對自己說：**真希望我以前是更好的領袖**。我稱此為難題的應許：把難題處理得好，保證你會變得更好。

幾年前我讀到，人類歷史的重大成就常發生在面對問題時：

南丁格爾（Florence Nightingale）雖病重到無法起床，卻使英國的醫院重新組織。巴斯德（Pasteur）半身癱瘓，一直在中風的威脅下，但他孜孜不懈研究疾病。美國歷史學家巴克曼（Francis Parkman）一生的大部分時間都在劇烈疼痛中，每次工作無法超過五分鐘。他的視力壞到只能在手稿上潦草地寫很大的字，卻策畫完成了二十巨冊的歷史。[5]

我從研讀聖經知道，詩篇的寫成是作者面對了逆境；新約的大部分書信都是在牢獄中寫的。

好品格的領袖面對困難時，會起而掌握情況，他們的回應也說明了他們的人品。被困在賓州福吉谷（Valley Forge）的雪地裡，造就了喬治華盛頓（George Washington）。在困頓赤貧中被養大，成就了亞伯拉罕林肯（Abraham Lincoln）。癱瘓的打擊，培養了富蘭克林羅斯福（Franklin D. Roosevelt）。燒傷嚴重到醫師說永不可能走路的葛嵐康寧漢（Glen Cunningham），在一九三四年創下一英里賽跑世界記錄。種族歧視壓迫下，出現了布克華盛頓（Booker T. Washington），馬利安德生（Marian Anderson），喬治華盛頓卡華（George Washington Carver），馬丁路德金恩（Martin Luther King Jr.）。被取笑為學習遲緩無教育之可能的小孩是愛因斯坦（Albert Einstein）。問題不一定會打擊我們，反而可能造就我們。

如果我們企圖逃避問題與責任，因為似乎困難重重，責任龐大，請記得那位請教導師的年輕人所問的：「生命最重的負擔是什麼？」導師回答：「不用負重。」你所面對的困境幫助你面對自己，而能負多少重量，定義了你是怎樣的人。

☆

問題讓我們認識別人

最近，我向朋友打聽我們都認識卻不很熟的人，他的人品如何。朋友回答：「我無法評論他的人品，因為我沒見過他如何面對逆境。」我心裡想，這話「真對」。從如何處理問題，你可以多認識自己，但你也可以從別人對問題的反應，多認識他們。如果你是領袖，這種資訊極為關鍵。人對問題與逆境的反應會影響團隊的氛圍，也影響大家努力的結果。

提油桶的救火人

有人面對問題會把問題變得更糟糕。我經常告訴同仁，組織中的每個人都帶著兩個「桶子」。一桶滿了汽油，一桶滿了水。當他們面對出現「星星之火」的小問題時，要選擇用哪個桶子呢。他們會把油澆上去，引起真正的大火嗎？還是灑水把火星澆滅？

你周圍的人對生命中的星星之火如何反應？是像打火機（fire lighter）搧風點火，還是像消防員（fire fighter）平息災情？喜歡提油救火的人，對你和組織來說都是項負債。

吸問題的磁鐵人

你的同仁中有人專注在問題上，收集一大堆問題，或把問題加倍，這種人會吸引同樣喜歡找碴的人。在《領導

你周圍的人對
生命中的星星之火如何
反應？是像打火機（fire
lighter）搧風點火，還是像
消防員（fire fighter）平息
災情？

力21法則》（天下文化出版）書中，這是磁鐵定律的例子：「你吸引怎樣的人，表示你是怎樣的人。」[6]這種人通常最後會「變成」問題。

如果你是看不見別的只看到問題的人，猜猜看你在生命中會得到什麼？更多的問題。如果你看不見別的只看到機會，會怎麼樣呢？你會得到更多機會。

洞洞第一定律說：「你若在洞裡，就別一直挖。」身為領袖，你是否能夠幫助別人不要成為吸問題的磁鐵？你能把他的鏟子拿走，讓他不要像個專家一直挖自己的墳墓嗎？答案是你可能做得到，但對方必須「願意」改變，他也可能需要很多支援才能改變思考模式。

洞洞第一定律說：
「你若在洞裡，
就別一直挖。」

遇到問題就放棄的人

多年前，我僱用了一位新的執行助理，名叫芭芭拉巴馬勤（Barbara Brumagin）。那時她剛來上班幾星期，我請她找一個人的電話號碼。幾分鐘後，芭芭拉到我辦公室回報說她找不到。她一遇到問題，就放棄了。

我體察這件事情可能為我們兩人將來的關係定調，於是我說：「芭芭拉，把妳的名片盒拿給我。」這是在谷歌與網路發明之前。「然後坐在我旁邊。」

我想了一會兒，開始翻看名片盒中的電話號碼，找到了一個起始點，就開始打電話。我不記得打給多少人，一路追下去，直到有個人給了我要的電話號碼，大概花了我四十五分鐘吧。

我把號碼寫下來，交給芭芭拉，讓她放入名片盒。

「問題總是可以解決的，只要別放棄。」我對她說了這句話，然後去打我的電話。

芭芭拉後來跟我分享，那一天她學到了三件事情：第一，問題總有答案。第二，答案不見得很容易找到。第三，她決定以後絕不把問題又丟回到我桌上，而要把答案呈給我。芭芭拉願意改變，從那天開始，她從觀看問題的人變為解決問題的人，她負起了找答案的責任。

視問題為成功墊腳石的人

維克谷籌（Victor Goertzel）與米哲谷籌（Mildred Goertzel）合著的《卓越的

搖籃》（Cradles of Eminence，中文暫譯）一書中，作者說他們研究了超過四百位男女的背景，他們在個人領域被公認為成功的卓越人士。名單中包括了羅斯福、海倫凱勒、邱吉爾、史懷哲、克拉拉．巴頓（Clara Barton，紅十字會創辦人）、甘地、愛因斯坦、弗洛依德。深入調查他們幼年家庭生活後，得到一些初步發現：

- 他們當中四分之三的人在年幼時，遭遇貧困、家破、父母難相處，父母拒絕他們，過度掌控他們或十分跋扈。
- 受調查的八十五位小說戲劇作家中的七十四位，與二十位詩人中的十六位，都目睹過父母上演的心理劇的張力。
- 樣本中超過四分之一受身體殘障之苦，例如眼盲、耳聾、或其他肢體障礙。[7]

為什麼這些有成就的人克服了問題，而其他人卻被問題壓垮？有成就者不把問題當成絆腳石，卻視之為墊腳石，受了困難的激勵而繼續前行。他們明白解決問題是一種選擇，不是逼不得已下的作為。

身為領袖，你要注意同仁對問題的反應，你要幫助他們盡可能反應得正確。這需要什麼？最先是需要時間。你需要近距離觀察別人面對問題的反應。你需要花時間幫助他們學習正向地處理問題。你不能「代替」他們解決問題。如果你替他們解決了，你就永遠都要替他們解決。你必須「陪同」他們一起解決問題——至少陪同到他們能掌握問題時。

一旦他們開始看出你如何處理問題，並且採取相同的方式去處理，就告訴他們：做重大決定之前要跟你商量。並要求他們帶著問題來找你商量時，預備三個可能的解決方案。如果所有方案都不好，就要他們去想更好的方案。如果所有方案都很好，問他們要選哪一個，且說出理由。如果只有一個方案是好的，問他們在三個當中會選哪一個，且說出理由。如果選對了，就肯定他們；選錯了，就抓住當場教育的機會。

甘迺迪就任美國總統的前一天，卸任的艾森豪總統跟他分享睿智之言：「你會發現容易的問題不會到美國總統跟前，如果問題容易解決，早就有人解決了。」

這句話在總統的層級可能是真實的，但如果要在其他組織如此，只有當員工被鼓勵儘可能在最低層級就解決問題才會發生。而且員工已經被裝備好能處理問題，並賦予能力去做決策，才能如此。如果小小問題就被一直往上送到你這裡，你就是自己給自己找麻煩，因為你沒有幫助同仁成為解決問題的更佳員工。

☆

問題讓我們認識機會

愛因斯坦說：「困難當中藏有機會。」並不是每個人都能這樣看事情。如果領袖的思考方式能轉換，從「有答案嗎？」變成「總有答案的」，再轉化成「一定有好答案」，這樣的人就有潛力不僅成為解決問題的高手，也成為把問題變為轉機的媒介。

領導力的作者與講員葛蘭．羅匹斯（**Glenn Llopis**）對於解決問題的能力，寫出他的觀點。他引用卡爾波博（**Karl Popper**）的話說：「人的一生都在解決問題。」他繼續寫道：「最好的領袖就是最會解決問題的人。」他們有耐性，選擇先

困難當中藏有機會。
——愛因斯坦

退一步，用較廣的視野看看手上的問題……最有效果的領袖是透過機會的眼鏡去解決問題。」[8]

所以，你如何透過機會的眼鏡看問題？我建議從下列八件事情做起：

1. 在成為真正問題之前，就認出潛在的問題

偉大的領袖很少忽視某一邊，被人攻其不備。就如拳擊手，他們知道把自己打倒的一擊，通常來自沒注意到的某一邊。因此他們總是注意對方要出手的徵兆與跡象，這樣才會洞見前方可能的問題。每個問題都像是入侵者所面對的印第安那州農場籬笆的告示牌：「你如果要跨越此地，最好在九．八秒內完成，公牛在十秒內會到。」

好領袖會預料問題出現，讓自己與團隊站好位置以求成功。在你的世界中你看到什麼潛在的問題嗎？問題發生時你的計畫是什麼？除非你一開始就想好，不然，不利的情況很少變成有利的情況。

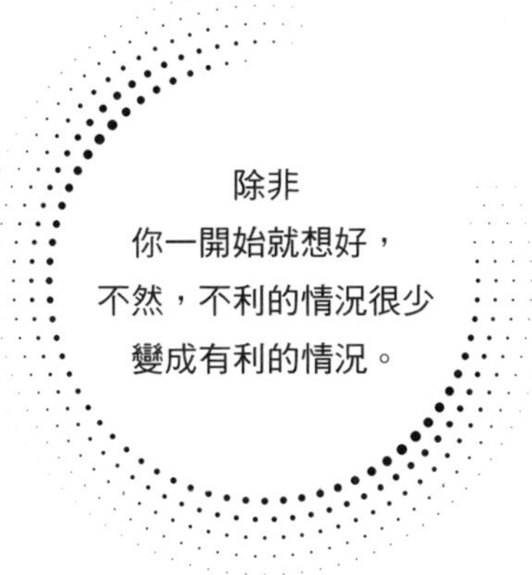

2. 把問題看清楚

你聽過「臆測是搞砸之母」的說法嗎？如果臆測會搞砸我們的日常生活，在領導領域，臆測就會捅出大樓子。我們一開始就要把問題看清楚。金融家兼企業巨擘摩根（J. P. Morgan）斷言：「如果不把問題縮減到簡單的形式，就無法解決。把模模糊糊的困難改變到明確、具體的形式，是思考時非常重要的思考因素。」

這個過程從指認問題的結構開始。我的朋友（Bobb Biehl）多年來經常給我絕佳的忠告，有一次他說：「決策，就是你在兩個或兩個以上選項中做的選擇。問題，則是一個與你的意圖或期待相反的情況。」所以當你發現自己面對這種相反的情況（編按：指問題），該做什麼？可以照著作者麥克迪皮（Max De Pree）的忠告：「領袖的首要責任就是認清事實（define reality，編按：認清是事實或只是自己的期待）。」[9]

我天生樂觀，對看清事實這一點總是感到困難。我有點像是身體不適去看醫生的人。醫生照了X光，顯示問題嚴重。

「你得開刀。」醫生說。

「嚴重嗎？」病人問。

「會很痛，也很貴。」

「這樣的話，你不能把X光片修得好一點嗎？」[10]

不看清問題或拒絕面對事實，無法幫你解決問題。我的哥哥拉瑞（Larry）多年來一直是我的導師，特別是有關企業與財務的決策，他常常提醒我上述這一點。我的某個公司有一年營收很差，我跟拉瑞說，希望第二年會好些。拉瑞把問題看得比我清楚，那時他對我說：「約翰，光希望是不夠的，要面對事實，讓你第一次的損失，成為最後一次。」

拉瑞勸勉我不要把我的情況合理化，或為自己做的壞決策找藉口。不把問題看清楚，就無法解決問題並改進，也無法採取恰當的下一步。不看清問題，你所做的就冒著風險，像我的作者朋友哈維麥肯說的：在雜草上澆水。

3. 問問題可助你解決問題

好吧，我承認我很喜歡問題。問題不僅可以幫我收集資訊，尋求解答，也使我在領導別人前，了解他們怎麼想、有什麼感覺。我想多數領袖太快說話、太快領導，而太慢問問題、太慢聆聽。

下面有一系列問題，我希望能幫助你解決問題，並執行問題的解決方案。

資訊的問題：「對這個問題，誰知道得最多？」

有自信的領袖有時候會犯一個錯誤，就是資訊還不足夠就開始解決問題，會馬上就做結論。相反的，要成為好領袖最好要與人談問題，找與問題最接近的人來，聽取他們的觀察與建議。他們可能早已知道該做什麼，只是缺少資源，等待許可去解決問題。

只受教於自己的人，得到的是個傻瓜導師。
——班芎生

經驗的問題：「誰知道我必須知道的？」

劇作家班芎生（Ben Jonson）說：「只受教於自己的人，得到的是個傻瓜導師。」如果資訊與點子只來自你自己，就糟糕了。你認識的人中有誰可以幫助你、勸戒你、指導你？作家吉姆柯林稱此為「幸運人脈」。如果你認識能助你一臂之力的大人物，就幸運了。你有越多的幸運人脈，就越快能解決許多問題。

挑戰的問題：「誰願意去解決這個問題？」

解決問題時我們傾向先看看自己團隊的能力，我們會問：「誰能做？」這問題問得好，但更好的問題是：**「誰願意去做？」**處理問題需要精力，有意願的人比較不會受問題耗損，光有能力還不足夠。

幅度大小的問題：「誰需要同意？讓這些人同意要多久？」

解決問題在領導力這個範疇中，很大一部分關鍵都在於人力、人的感覺、他們是否預備好跟你走。當你思考問題的解決方案時，需要問自己：這件事情幅度多大？大家的工作受多大影響？他們的生活會有多少改變？

影響越大，餘波越大；決策幅度越大，需要越多人同意。大家越多參與在決策過程中就越容易同意，就算最後的解決方案不是當初他們提出的。

信任度的問題：「為了必要的改變，我們是否贏得足夠的信任？」

要開始改變時，這是你所能問的問題中最關鍵的一個。團隊或組織中的信任度高的時候，我們可以做較多改變而不會有負面影響。信任度低時，我們能領導的就很有限，我們只能做較少改變，免得人抗拒。這裡的意思就是，就算你的解決方案很好，若大家不同意，也可能無法解決問題。人若不信任你，就不會接受改變。

個人的問題：「我該問自己什麼問題？」

最後這個問題是要確認我自己是否在正軌上。身為領袖，我常常在處理問題時給自己「量體溫」。我問自己：「我感覺怎樣？」這能顯示我的情緒。「我怎麼想？」這會刺激我最好的思考。「我知道什麼？」這會把我的經驗掏出來。在解決問題時，我絕對不願意不作個人思考就盲目往前。

你有沒有一套解決問題的自我檢視與思考的程序？你不會想倚靠反射的衝動來解決問題。好領袖不會只想把問題從盤中快快剔除讓自己舒服，而會幫助大家打造一個解決方案，帶團隊與組織往前行，把大家置於比問題發生前更好的地位。我們的目標就在於此。

4. 創造一個檢視問題與解決方案的架構

一旦你知道有問題，也努力想看清楚問題，就可以開始收集資訊。但你必須有評審的架構才能使收集到的資訊對新發現有用處。否則如何詮釋你的發現？

我的架構有六項關鍵：

- **領導**：這個問題如何影響我們所有的人？
- **人力**：我們有對的人幫助我們解決此問題嗎？
- **時機**：這是解決問題的好時機嗎？我們有足夠時間來解決嗎？
- **遠見**：這個問題如何影響我們將前往的目標？
- **優先**：我的問題是否把我與我的團隊都帶離了優先事項？
- **價值**：我的價值觀或我團隊的益處，是否因這問題而妥協了？

問題很容易就讓我們走迷或失焦。我們往往針對問題所引起的情緒或干擾，而對整體情況就看不清楚了。我的架構幫助我維持恰當的視野。我鼓勵你也發展一個自己的架構才不會走入岔路。

5. 重視以合作來解決問題

最會解決問題的人不單打獨鬥。他們徵召其他會思考的人來一起幫忙。他們用蘇格拉底問問題的方法，從別人的想法獲益。這種方法幫助他們成為解決問題的更佳領袖。

我真希望能在擔任領袖的早期學到這點。以往我都是獨自解決問題，只有在得到解答後才與人分享。我太沒有安全感，所以不會找人幫忙。我花百分之九十的時間獨自找答案，最後百分之十的時間才詢問別人的意見。事實就是我希望得到別人的掌聲，過於想得到幫助。

現在我解決問題的方法遵循10／80／10的模式，也就是我試著作前後百分之十的事情，請別人貢獻百分之八十。前百分之十的事情通常聚焦在為我們所有人定義問題。我之後的百分之八十時間與精力就花在聆聽團隊的點子，促進他們思考。最後百分之十用在從我領導的經驗，增加價值，我稱之為「額外加值」。我無法每次都能對同仁想出的解方改進多少，但我至少試著如此。

最會解決問題的人
不單打獨鬥。

顯然這種方式的關鍵在於有一個環境，使大家願意分享點子、貢獻想法。否則，以合作來解決問題就不太行得通。好消息就是你可以打造這樣的環境，只要進行下列幾項事情。

移開地窖（小圈子）

葛蘭．羅匹斯斷言：「組織內的地窖是多數工作場所問題的根源，所以許多問題永遠解決不了。把地窖消除，使領袖更容易讓員工身體力行一起解決問題。使事情不再是公司內的政治問題，而更多在於找尋解方，使組織更強大。」[11]

我最喜歡用來說明組織對抗地窖的例子，就是李察集團，這是在德州達拉斯的廣告代理公司。史坦李察（Stan Richards）創立了他稱之為和平王國的組織，內部沒有部落文化或地窖。他甚至寫了一本書，以和平王國為書名。在他的組織中，他防止小圈子的方式就是取消部門，超量分享資訊，不同職責的人在座位相連但各有三面隔板（cube）的同一空間工作，打破隔牆——真的拆掉牆壁。大家在敞開的空間工作，連史坦的辦公室也沒有門與牆壁。當他想跟同仁們更新公司的情況時，在五分鐘

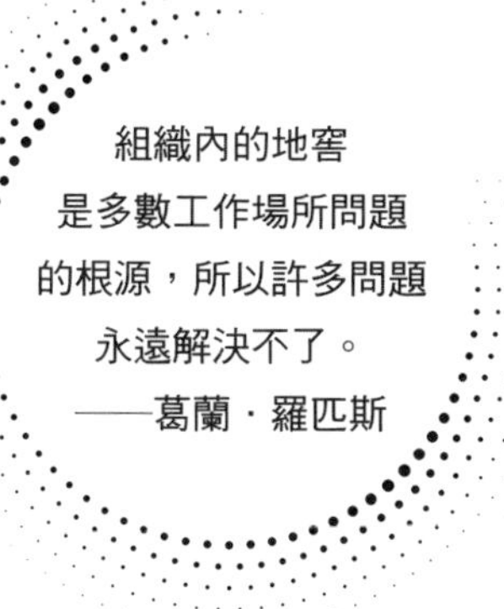

之內，就可以把六百人集合起來，他稱這為樓梯天井會議。三層樓的人都可以從敞開的樓梯與連接的陽台看得見彼此。真令人驚訝。

如果你希望大家可以敞開地協助解決問題，就必須打破隔閡。那種想爭取更多領地、保護自己勢力範圍的人，很少願意免費提供利人卻與己無益的點子。

打造讓大家有話說出來的環境

當同仁被邀請分享他們的問題或提出對組織的想法時，情況如何？是不是大家都一片沉默？退縮？避免眼光接觸，保持低調？如果是這樣，這就不是一個大家有話可以說出來的環境。身為領袖，你需要努力改變此情況。

在有話可以說出來的環境中，大家的意見很受歡迎，參與是被鼓勵的，有好點子會得到獎勵。大家不會覺得每次提出問題，工作就可能不保。也不會覺得如果提出了一個爛點子，就會被看低或不受尊重。

要打造這樣的環境，你需要打造一種氛圍：誰有最好的點子，誰就贏了。如果大家被鼓勵有什麼想法都可分享，他們就會學到：許多點子會引出好點子，許多好點子會引出偉大的點子。當你鼓勵大家有話說出來時，請記得下列幾點：

- **不要讓別人以為你有最好的答案**。這樣別人會倚賴你，就比較不會想說出想法。
- **問問題**。我知道前面已經提過，但這就是你最重要的可行之事。藉著問一系列問題，你可以幫助別人分析問題，深思熟慮，得到整套解答。
- **試著作個教練，不當王**。教練會把人最好的潛力引出來，幫助人觸及自己的最深處，發現自己的潛能。王卻只會下命令。

請記得，最好的領袖會幫助別人無須領袖就看見問題並解決問題。

把點子社交化

我喜歡雷諾士國際集團（Lennox International）的保羅拉肯（Paul Larkin）說的把點子社交化。這是一種策略，就是領袖在還沒有正式執行什麼之前，非正式地在一整天的常軌中，分享自己的想法，使大家的接受度增加。[12]這樣你的同仁不會忽視某一角度，有機會仔細考慮這些點子，有足夠時間改進想法。當他們這樣做

過去的方式	現在的方式
得到第一個解方就停了	尋找多種解方
只聚焦在問題上	探詢所有機會
對不確定很恐懼	對模棱兩可很歡迎
符合規則	歡迎各種創意
視野窄小	觸及未接觸的部分
害怕冒險	不怕失敗
選擇很有限	享受多種選擇

時，贊同的機會就大幅增加。

6. 總要有不止一種的解決辦法

多年來，我在解決問題方面總是非常有限，找到一個答案後，就對同仁推崇這個解方。現在，我試著更有創意。我會找很多解方，讓最好的一個為它自己說話，讓人擁護它。

當你尋求解決問題，把儘可能的解決方法列出越多越好。切記，解決問題的方法很少只有一種。選項越多越好，因為問題會繼續不斷移轉與改變，領袖若沒有備案，很快就會發現自己有麻煩了。

在領導大家解決問題這方面逐漸成長之後，你會看見自己的思考逐漸進步了，有點像這樣：

沒有答案。
可能有答案。
我有個點子。
有答案了。
可能有更多答案。
我有更多點子了。
有更多答案。
有更多的好點子。

事實上，偉大的點子不是瞬間出現的——而是演變而來的。但只有在你決定要去發掘點子，尋找更多更好的解方時，才會出現。

7. 培養對行動的偏好

深思熟慮者最大的危險在於花太多時間在問題解決上，花太少時間在解決方案的執行上。無法有始有終的領袖，會有一種危險，就是一直思考：預備、瞄準、瞄準、瞄準……但從來不「發射」！

解決這項危險的辦法就是發展對行動的偏好。不要想：「我能嗎？」而要想：「我如何做到？」開始行動吧。一旦你對問題提出一項行動的挑戰，就開始解決問題了。如果偉大的發明家與發現者，沒有採取具體而大膽的步伐往前，會得到眾所周知的貢獻嗎？不會！他們的信念催促了行動，而行動創造了結果。當你行動時，點子會演變出來；當你繼續行動，更好的解方就會進入視野。歸根結底，你不能以「希望」或「等待」的方法解決困難，必須要以「行動」越過困難。

發展對行動的偏好。
不要想：「我能嗎？」
而要想：
「我如何做到？」

8. 在每個問題中積極找尋機會與教訓

甘迺迪總統有次被問到他如何成為戰爭英雄。他以一貫的機智回答：「很簡單，有人打沉了我的船！」[13]這就是重點：在問題當中看到機會。不論環境看起來有多糟，都可能有解答，而且不只解決了問題，還有改善你生命與領導力的潛能。

這在我生命中一再一再地被證實。我年輕時牧會的第一個教會在印第安納州，身為牧師，我想找資源教導會眾如何好好管理生活。在書店和圖書館找了幾天都沒找到什麼，迫使我思考其他解決方法。這也開始了我決定來發展自己的想法以教導會眾。我這樣做了，我的方法也成功了。這件事情埋下種子，在我內心成長，最後催促我寫了第一本書。接著一本又一本，今天回顧，我已經寫了超過一百本書，銷售超過兩千八百萬冊，以五十多種語言發行。這是當時二十三歲、只想解決一個問題的我，從來沒有想過的傳奇。

離開這第一個領導位置後的另一個問題，也塑造了我的生命。第一個教會在我帶領下，人數增長到三百人，但我離職後六個月，人數減到少於一百。

這幾個月我絞盡腦汁要找出為何如此，最後我終於想到：我沒有訓練裝備任何一人。一旦我不在，沒有了催化劑，一切都瓦解了。

從我領悟的那一刻起，我就決定把裝備發展別人作為我的優先事項。從那時候起，我花了四十五年獻身此一任務。這段跋涉結出了果實，在我成立的非營利組織「領袖裝備中心」（EQUIP），我對斐濟的領袖們授課，二〇一五年六月二十六日這一天，我完成了對全球各國領袖的領導力課程。前後總共有六百萬領袖完成受訓。而這一切都始於我第一個領袖職位上的失敗，以及從中得到的教訓。

此外，我的演講風格也是因為我過去的問題所形成的。我三十幾歲時打牆球傷了背，三天之久無法下床，接下去那天只能每次站一會兒。

而背傷後的下一週有賓州艾倫城的演講之約，主辦單位聽到我受傷了，有點擔心。但我決心遵守諾言，堅持如期出席，解決辦法就是要求放一張凳子，讓我在演講時可以坐著。當我演講時，我很驚訝地發現，這樣更可以與聽眾連結。我知道這是因為我坐著講，這是令我驚異的學習。以後我再也不站著演講，真感謝我受傷的背。能與聽眾有高度連結，改變了我的生命。

身為領袖，你要與多數人不同，你要看見別人沒看見的機會。這是學習認識自己、認識團隊、認識機會的時機。使你自己與別人的生命得到改進，具有影響力。所以我說，解決問題是獲得領導力的捷徑。希望這個新觀點讓你開始把挑戰與解決問題看作領導力的資產。

應用練習

發展你內在的「解決問題者」

Developing the PROBLEM SOLVER Within You

不論你想要獲得領導機會，或已經有領導責任而想發揮影響力，解決問題會給你獨特的領導機會。請回答下面三個問題，以增進你這方面的能力：

我處理問題的方式如何說明了我是怎樣的人？

你如何看待問題，塑造了你的態度與領導力。你把問題看成能夠運用你的領導力使團隊與組織改進的機會嗎？還是你認為問題所造成的不便只會毀了你的計畫，使你沮喪？

問題來臨時，你可以改變心態，解決問題。像本章最後我形容的經驗，請你列一張過去的問題清單，指出問題帶來的教訓或機會。決心從今天開始，在問題中看出潛在的正向機會。

我如何徵召別人成為解決問題者？

從本週開始，只要面對問題就開始用問問題的方式，對你團隊成員認識更多，收集資訊，腦力激盪點子，找多種解答。下列幾個問題可以幫助你起步：

- 問題何時開始？
- 問題在何處開始？
- 誰第一個注意到問題？
- 可能的起因有哪些？
- 問題影響了什麼？影響了誰？
- 還有什麼其他可能的負面後果？
- 這問題屬於更大問題的一部分嗎？如果是，有怎樣的關聯？
- 誰曾經成功地處理過類似問題？
- 有哪些可能的解決方法？

- 這些解決方法需要多少時間、專家、資源？
- 同仁們會同意這些解方嗎？
- 每個解方需要多少時間實施？
- 這些解方如何對我們的未來可能有益？
- 從這一切可以學到什麼教訓？

目前的問題展現出未來的何種機會？

選一個你目前處理的大問題，當你要找解決方案時，盡量以腦力激盪來看問題與解方，看會打造出什麼可能的機會。讓這些想法塑造解決問題的過程，因為如果你可以運用問題，實際驅動你的團隊或組織大步向前行，你就完成了領袖最困難的任務之一：成為改變的媒介。

第 6 章

態度

領導力的加分：

The Extra Plus in
Leadership :

ATTITUDE

想一位你十分欽佩愛慕的朋友、同事、家人、導師。停在這兒！不要繼續讀下去。真的要想出一個名字，然後寫下來。

現在寫下你對他最仰慕的五件事。這樣做，我想你會獲得有趣又重要的洞見。所以，請停下來，寫出仰慕的事。

我為什麼請你這麼做呢？因我發現我們所仰慕之人的特性多半與態度有關。我們欽佩正向、堅韌、充滿盼望的人，也喜歡與這樣的人相處。具有良好態度的人會提升我們，激勵我們。

在領導力方面，態度就更重要了。身為領袖的你，需要看見別人看不見的可能性，你要在別人受挫折時鼓勵他，在別人想放棄時展現堅定的委身。

牧師兼作家司蘊道（Charles Swindoll）指出，正確的態度對成功十分重要，他說：

> 我活得越久就越體會態度對生命的影響。態度對我來說，比事實本身還重要。也比過去、比教育、比金錢、比環境、比失敗、比成功、比別人怎麼想或怎麼說或怎麼做重要。態度也比外表、天賦、技能重要。態度

可以打造或破壞一個公司、教會或家庭。精采的是我們每天都可以選擇用什麼態度迎接這一天。我們無法改變過去，也無法改變別人就是會有某種行為，我們對不可避免的事也無能為力。我們唯一能做的就是為自己負責任，就是為我們的態度負責。我十分相信，生活有百分之十在於臨到我們的事，百分之九十在於我們對事的反應。你也一樣……我們負責自己的態度。[1]

好態度能對生命加分，使生活更好，也讓我們的領導力更好。因為領導力與職位比較無關，而與個性比較有關。領袖的態度或個性很重要，因為會影響他們所領導之人的思想與感受。好領袖明白正向的態度、打造正向的氛圍，進而鼓勵別人做出高效能的正向回應。

☆

領袖的態度——全力以赴

如果你問我成功領袖的態度中何者最重要，無疑就是全力以赴的心態。能把事情完成的人與只會夢想的人之間，有一條看不見的區隔線，就是完全委身的態度。偉大的領袖全力以赴欲達成功——無論出現任何問題——他願意拔除一切障礙幫助團隊得勝。這種態度在所有偉大的領袖中十分普遍，對領袖自己與團隊都有益處。

本章內容為要增強你的態度肌力。要成為有效果的領袖，你不必每天都很快樂，或像個啦啦隊長一樣。但在艱困時刻，你確實需要立下楷模，對遠景持正向的態度。領袖的態度在各方面得作榜樣：有決心、堅韌、專注、果斷、委身。遇到問難時，展現前後一致、看見可能性、為贏得勝利而戰的態度。

這些好態度不難明白，但很難活出來，我願意給你一些步驟，使你發展並體現領袖的態度。

> 如果你問我成功領袖的態度中何者最重要，無疑就是全力以赴的心態。

1. 捨棄無助感

全力以赴的領袖會積極追尋解答。你永遠不會聽到他們說：「這件事情我們無能為力，沒辦法做什麼。」這是那種有受害者心態的人才會說的話。組織行為學的教授及專家羅伯特・奎恩（Robert E. Quinn）寫道：

> 受害者就是因別人的行為遭受損失的人。受害者傾向相信：救贖只能從別人的行為得到。他們好像別無選擇，只能哀哼，等候好事發生。跟一個選擇以受害者角色過活的人在一起生活，會讓人精疲力盡；在一個組織與這類人一起工作，會讓人全面沮喪。這種情況就像一種會傳染的病。[2]

很不幸，受害者心態的病在美國到處流行。越來越多人從「可以做到」的態度陷入「無助」的態度。甘迺迪的就職演說挑戰美國青年：「不要問國家能為你做什麼，要問你能為國家做什麼。」成千上萬人起而響應這項挑戰，成立了和平工作團（Peace Corps），服事全球有需要的人。甘迺迪總統有全力以赴的心態，他身為領袖的態度影響了其他人。

過了五十年後的今天，美國人的心態從「我們可以創造不同」改變為「我們做什麼都沒有不同」。寧靜的決心演變成喧囂的需要。何至於此？美國的領袖逐漸開始給政府權力滿足人民的需要。責任從個人的肩膀上轉移到政府身上。領袖不再挑戰人民成為問題的答案，卻把自己視為答案。現在大家傾向等著靠別人給答案，而不積極主動地靠自己。

要能成功，領袖需要捨棄無助感，並幫助自己的團隊同樣如此。領袖可以藉著授權達成這一點，下面是一些做法：

- 絕不找藉口。
- 打造「可以做到」的環境，期待人要解決自己的問題。
- 作團隊的榜樣，展現全力以赴的態度。
- 提供訓練給團隊，使人能成功。
- 挑戰大家為自己的表現負責。
- 讓每個人感覺自己有價值，是團隊中重要的一員。

- 團隊試著解決挑戰之後，給予具體的回饋。
- 與成功的團隊成員一起慶祝。
- 給人更多挑戰，測試他們的成長與更多贏的機會。

以我們目前的文化來看，要人捨棄無助感並變得積極主動，似乎是很大的挑戰。但其實只需要我們相信自己有能力可以造成不同就夠了。幾年前，我讀到專欄作家尼爾．牟尼（Nell Mohney）寫的故事，敘述在舊金山灣區進行的一項雙盲實驗。一所學校的校長找了幾位老師來，對他們說：「因為你們三位是教學系統中最好的老師，最有經驗，我們要給三位老師九十個高智商的學生。下面一整年，我要各位以學生各自的步調來教導，看他們能學習多少。」

老師與學生都很雀躍，充分享受了這一年的時光。老師喜歡教這群最聰明的學生，學生得到教學優秀老師們的個別關注與教導，受益良多。年底時，學生的成果高過當地其他學生百分之二十到三十。

實驗結束，校長請老師都回來，說道：「我必須坦承，各位得到的九十個學生，並不是最聰明傑出的學生，只是一般普通學生。我們是從一個系統中隨機選出來給你們的。」

老師們說：「這表示我們是特別好的老師。」

校長又說：「我還要坦承一件事，你們不是最聰明的老師，你們是從一頂帽子裡的名條中最先抽出來的三位。」[3]

三位普通老師與九十位一般學生，如何達成這麼好的結果？因為師生都持有特別正向的、積極主動的態度。他們不會覺得自己無助，他們不認為自己是受害者，他們相信自己可以成功，而他們真的做到了。

2. 不畏艱難

羅斯福總統說：「我的紀錄平平，沒什麼豐功偉業，但也許有一項：我做我相信該做的事情……我下了決心要做什麼，就開始行動。」這是全力以赴的領袖之最佳描述。他們不畏艱難，無所猶豫，好像抓住牛角與牛盡力搏鬥，直到倒地。他們採取行動。有果效的領袖想要得到牛奶，不會坐在農田中間的凳子上，希望母牛會走過來找他們。

我的紀錄平平，
沒什麼豐功偉業，但也許
有一項：我做我相信該做的
事情……我下了決心要做什
麼，就開始行動。
——羅斯福總統

作家丹尼・考克（Danny Cox）說，他訪問過一位畢業於改革派學校的成功創業家，此人創業成功不只一次，而是兩次。他問成功的關鍵何在。這位創業家說他問自己下列問題，並**真實地**聆聽自己的答案：

- 我真正想要什麼？
- 要花多少代價？
- 我願意付出這代價嗎？
- 我應該什麼時候開始付代價？[4]

注意最後一個問題是要激發行動的。如果領袖不回答最後一個問題，並許諾一個開工日期，前三個問題都沒有用。當然，最後一個問題的最佳答案是**「現在」**。

會採取主動的人與不主動的人有區別，我聽過最好的一個例證發生在一八七六年二月十四日。發明家以利沙・格雷（Elisha Gray）那天帶著他的新想法走進專利申請辦公室。他發現一種有潛力、藉電線傳輸聲音的裝置，他已經實驗了很長一段時間，但甚至就在二月的那一天，他還是沒有申請專利，只填了預警的文件，宣告他**「打算」**製造這項發明，並會申請專利。

但在專利申請辦公室中，他得知就在幾個小時之前，另一位發明者也在那兒，且提出了同項發明的專利申請。那人是誰？——貝爾（Alexander Graham Bell）。[5]格雷想用訴訟挑戰貝爾，說自己才是最先有點子的人，但法庭站在貝爾這邊。

你絕不希望自己像格雷一樣。要成為成功的領袖，你需要主動。克萊門．史東（W. Clement Stone）教了我這一課。一九七六年我在俄亥俄州的代頓市聽他演講，主題是拖延。他要聽眾聽了之後的三十天，每天早上起床前，都要大聲說五十遍：「現在做！」每天上床睡覺前，還得再說五十遍。

他說：「每天早晚這樣做，三十天之後，你就會自動正向回應任何機會了！」我真的照做了，因此改變了我的態度，消除了我拖延的傾向。我也建議你這樣練習三十天，然後去找幾隻牛來！

3. 進入「禁止抱怨區」

全力以赴的人懂得處理自己的感受——他們讓態度控管情緒。我們都有感覺不好的時候，我們的態度無法阻擋這樣的感覺，卻能不讓這種感覺阻擋我們。畢竟，抱怨有什麼用？只會讓人一事無成。

沒人喜歡只會哀哀叫的抱怨者，他們會使人精疲力盡。抱怨者毫無魅力可言，對領袖與團隊都一樣。如果我碰到那種准許部屬抱怨的領袖，我會奇怪留著這種坐領薪水的部屬幹嘛？

許多義工都願意免費來做事！

防止人變成抱怨者的最佳答案是什麼？培養態度。到目前為止，這是對負面的態度與抱怨的心靈最有效的解毒劑。下面建議三點做法。

不論自己感覺如何，表達感激

有時候我心情沉重，不想用言語表達感激。但沒有說出口的感激等於一點都沒有感激。所以，在這種時候我強迫自己的舌頭引導我的心，無論如何還是表達感激，不是因為我想要如此做，而是因為這樣做是對的。通常我說的話語會提升我的心靈，然後我就感覺到感激之情與我說的話相符。

我們都有
感覺不好的時候，
我們的態度無法阻擋
這樣的感覺，
卻能不讓這種感覺
阻擋我們。

為小而平凡的事情，表達感激

一個故事說到小店的主人是個移民，他兒子有天來找他，抱怨道：「爸，我真不知道你是怎麼做生意的，你把應付帳單放在雪茄盒子裡，應收帳單插在紡錘桿上，現金都在收銀機裡，這樣你永遠不會知道利潤有多少。」

父親回答：「兒子呀，讓我告訴你，我剛到這個國家時，全部所有只有身上這條褲子。現在你姊成了藝術老師，你哥當醫師，你是會計師。你媽跟我有了房子、車子，還有這間小店。把這些都加起來，扣掉褲子，就是利潤啦！」

我們抱怨越多，所得的越少。或者就像成功網絡（SuccessNet）的創辦人、鼓舞人心的勵志主管麥可安其（Michael Angier）說的：「如果我們學習對已經擁有的更感激，我們會發現甚至有更多可感激的。」[6] 而你若能為小事感激，對大事就更能感激了。

> 如果我們學習對已經擁有的更感激，我們會發現甚至有更多可感激的。
> ——麥可安其

特別在遭受逆境時，表達感激

很少像逆境這麼能測驗一個人的態度了。我很欽佩那種在面對困難時還保持積極精神的人，我向他們看齊。二〇〇二年我讀到關於好萊塢電影明星卻爾登．希斯頓（Charlton Heston）的故事，他發現自己得了阿茲海默症，仍保持積極精神，從洛杉磯飛到猶他州與好友卡瑞思（Tony Kakris）見面，卡瑞思從事政治諮商。

卡瑞思描述他們的交談：「他看著我說：『老友，何必這麼憂愁，你為我難過嗎？』」

「我說：『對。』」

「不必難過，我得以當卻爾登．希斯頓已經快八十年，實在太過公平了。」[7]

我們懂得感激，恐懼就消失，信心會出現。這會給我們力量，激動我們行動。好領袖絕不是抱怨者，他們是行動者；出了問題，他們就開始處理，並徵召別人來幫助。

4. 換個角度

領導的藝術就是與別人一起、也藉著別人，來達成任務。當人發展內在的領導力時，會花較少時間在自己的產出，而花更多時間與人共事，讓別人幫助他的產出。要能成功做到這一點，你必須能用別人的角度看事情，或如諺語說的「穿一天他們的鞋」。我想杜魯門總統說得很睿智：「當我們了解別人的觀點——弄懂他想要做什麼——十之八、九會發現他其實想做正確的事。」

身為領袖，我總是從兩個角度看事情：與我共事者的角度和我的角度。我用別人的角度來與他連結，然後用我的角度來下指令。但只有當我願意向對方敞開時，我才願意用他的角度看事情。頂峰探險（Summit Expedition）的創始者兼教師提姆．漢索（Tim Hansel）在他寫的《走過孤獨曠野》（Through the Wilderness of Loneliness，中文暫譯）一書中，形容以下這幾點有多重要：

緊握的拳頭很難接受什麼。
交叉的雙臂很難擁抱什麼。
閉起的眼睛很難看見什麼。
抱定主意的腦袋很難發現什麼。
封閉而不付出的心，在不知不覺間，已經封閉了自己接受愛的能力。[8]

我喜歡人，但我仍然要刻意努力才能與人連結。我在每次演講前，操練自己與人打招呼，我走向一桌一桌的人去說哈囉，或者先不上台，而站在講台下面與人閒聊。我稱之為：在群眾當中緩緩而行。

領袖需要與人連結，不只為了建立關係——當然這也很重要——而是為了建立自己的機構。當我與人首次相見，我試著找出他們能擔任我組織中某個職位的潛力。我不只問自己「他們能嗎？」來評估他們的才幹，也問自己「他們願意嗎？」來檢視他們的觀點與態度。所以我需要從他們的角度來看事情。如果他們能夠、也願意，那麼我們共事的機會就大為增加了。

5. 培養熱情

領袖有好的態度，又有全力以赴的決心，通常會散發活力與熱情，這些都會像燃料般使他力圖卓越。這就是為什麼我認為對人最好的生涯規劃勉勵是：「找到你的所愛，跟著熱情前進。」這也是我這五十年來所做的。因為我對我所做的充滿熱情，所以我好像沒有一天在工作，我只是在做我喜歡的事情。

有人說退休就是做你喜歡的事情，而且你愛什麼時候做就什麼時候做。如果這是對的，那麼我退休了！我做的正是我想做的：藉著寫作、演講、花時間在公司，我在提升人的價值。因為我可以每天做這些，所以我想做的時候就可以做。

肯・漢非（Ken Hemphill）牧師暨作家說：「遠見不會點燃成長，熱情才會。熱情燃起遠見，遠見是熱情的焦點。對自己的呼召有熱情的領袖會創造遠見。」我非常同意。

有人說退休
就是做你喜歡的事情，
而且你愛什麼時候做
就什麼時候做。
如果這是對的，
那麼我退休了！

6. 超出期望

我的一個公司約翰・麥斯威爾團隊（John Maxwell Team）做的是訓練人，並發展他們成為教練與演講者。到目前為止，已經在超過一百個國家訓練了一萬六千位教練。每兩年，公司在佛州奧蘭多舉辦四天密集的訓練，稱為國際麥斯威爾認證會議。我每次對新教練都強調一件事：我要他們超過客戶的期望，不要過度承諾，但總要交給客戶超過期望的產品。我相信百分之七十五的人都沒有達到客戶期望的交貨，只有百分之五的人提供的服務超過期望，但這百分之五的人就對世界極端重要了。他們的態度和信守承諾，也讓自己獲得好處。

要發展成為領袖，選擇超過別人的期望十分重要。這也是我自己發展為領袖的關鍵一步。我接受第一個教會的帶領責任時才二十二歲。會眾對我的到來很高興，只要我會探訪病人、主日講道、輔導求助者，就已經達到他們的期望了。

但做這些事情做了幾個月後，我開始感覺不安，我想做更多。我的「遠見」是想造成不同，這比他們對我的期望更大。我很大的熱情是接觸新朋友，我有很多大點子。那我該如何呢？我掙扎了幾個星期，做了決定：無論我在哪兒，無論我跟誰在一起，無論我做什麼，只要我有機會，我給自己的期望要比別人對我的還高。

五十年來這樣的委身塑造了我的發展，使我成為領袖。這也使我對自己領導力的成長負起責任。要提高我自己的期望，就必須努力成長才能達成。如果你好奇該如何做，可考慮下列幾點：

- **天賦：**我對自己的強項，把期望提到最高，因為這方面是我最有潛力成長，達到卓越的；而對於弱項，我請求別人的幫助。
- **成長：**我在強項上成長且獲得一些成功時，不要以此成就為滿足，我試著更往上建造，也就是我自己再提高期望，否則就已經到頂了。

- **機會：**若有可以用到我強項的機會，我就視為練習，並應用所學，以求改進。這樣的態度幫助我持續成長與進步。
- **別人的期望：**對於想找我服務的人，我都請問他們的期望是什麼。如果我不知道，就無法達成或超過這個期望。這是我**「最低程度」**要達成的，我也以此建造我的事業。
- **我自己的期望：**因為我用別人對我的期望當基礎設定自己的期望，我就可以基於此往上建造。我努力洞察我還能付出些什麼，既可取悅別人，又可增加價值。我總是想如何使人訝異。

這種超出別人期望的態度，對身為領袖的你會獲得高報酬。就像我對同仁說的，如果你照承諾交貨，達到別人的期望，你會收到錢；但如果你超過期望，你會拿到另一張合約。你超出別人期望所付出的一切，就是**「一切」**！

7. 永不滿足

全力以赴的領袖的最後一項特徵就是正向的不滿足態度。好領袖對現狀永不滿足。他們會看見如何更好，他們持續追求達到卓越。這會驅動他們進步，成就更多，帶領同仁到達新境界。未來是屬於委身想使世界、自己團隊、自己更好的人。

☆

將全力以赴的態度化為行動

我知道有一個人對過去的成就永不滿足，他就是約翰・麥斯威爾團隊的總裁保羅・馬丁那立（Paul Martinelli）。我認識的人中很少有人像他一樣，全然委身於不斷追求改進。公司在他領導下已經有爆炸性的成長，然而他還是努力想做更多。最近當我恭喜他又過了很成功的一年，他笑著說：「約翰，我們連達到潛力的邊都還摸不到，我們還在藉著失敗學習呢！」保羅身為領袖，有全力以赴的態度，這也是他如此成功的原因。

我想讓各位熟悉保羅如何將全力以赴的態度轉化為行動。我相信這能幫助你發展生命的內在領導力。

1. 測試

當別人因擔憂、恐懼、焦慮而跛腳時，保羅在行動。他永遠不會等「完美的時刻」再行動。從未開始的工作就是最久才能完成的工作。保羅以執行來測試自己的點子，看距離理想的成果還差了多遠。

彭．比肯（T. Boone Pickens）提醒領袖，以正向的步伐往前行動有多麼重要。他說：

> 有時候機會的窗戶只開一下就關上了。等候不算是一種決定，雖然很多人認為是。要願意做決定，這是好領袖最重要的特質。不要變成我稱之為預備——瞄準——瞄準——瞄準——瞄準這種症候群的受害者，你必須願意發射。[9]

為了幫助你願意用行動來測試點子，我有三項建議，我鼓勵各位記在心中，付諸行動。

挑戰每一假設

好領袖總會挑戰假設是否正確。他們不會認為某個假設是理所當然的，因為他們理解身為領袖的首要責任，就是給事實下定義。他們要不只看表面，知道到底發生了什麼，並要能把事實向同仁溝通。

挑戰假設的最重要時刻就是成功的時候。如果你的機構成長率很高，你可能假設你的系統和過程都很好。但也許並不好，也許照你往常行事的方法，其實你留了很多錢或機會在桌上沒用。你在事業上唯一最好的假設，就是還有更好的方法。

總要問問題

你如何知道測試成功？你如何找出更好的方法？答案是問挑戰性的問題。你不要因為害怕聽到負面答案，就不問問題。正確回應而難以接受的真理，可以助你更好。你可以問以下這些問題：

- 有更好的方法做我們現在做的事情嗎？
- 我們可以從做同樣事情的人身上學到什麼？

- 誰能幫助我們做得更好？
- 現在的數據是我們所能做到最好的嗎？
- 我做的事有幫助我每年成長嗎？
- 我如何能進步以幫助我的團隊進步？

保羅稱這些問題為願意之門——嘗試新事、更加冒險、改變行不通的、比過去更進步。我很喜歡這樣。

以你的潛力而非過去為基準

領袖常基於過去有好的一年，而假設今年也會好，但偉大的成就絕不會以過去為基準。這種態度較多在於保護自己不會損失，而不在於獲得收益。要有大進步，領袖必須為團隊或組織以將來的潛力為基準，抓住面前的機會。測試是挑戰現有狀態，並達到潛力的方法。

2. 失敗

測試可能會成為挑戰和令人害怕的經驗。為什麼？因為測試會導致失敗。然而，失敗是達到成功之循環的重要一步。保羅說：「願意失敗，是領袖該有的重要榜樣，是團隊該歡迎的態度。」如果讓失敗的恐懼控制我們的態度與行動，就永遠不會成為自己有潛力成為的領袖，也無法把我們的團隊或組織帶到它們有潛力去的層級，以完成大業。

保羅已有超過十年在努力訓練人，達到他們潛力可達之處。身為年輕企業家，他想要教導別人他在嘗試與錯誤中所學到的，他知道有些人不敢冒險。保羅說：

多數人，包括領袖，在他們能力範圍內盡量避免失敗，他們是該那樣做。但他們不該避免賭大的，就是冒大險，或開始新的嘗試。因為新的嘗試會使自己與團隊有失敗的可能，但也可能得到成長的獎勵。我想讓我們有最大成就的，不是我或我的團隊願意盡力，因為我們總是該盡力的，而是我們願意做一切該做的：測試每個可能機會、測試每個新發明、測試每個人的能力與潛力。

要成功，你需要願意失敗。你需要維持正向的態度，即使一敗塗地還是有自信。這是什麼意思呢？如何維持正確的態度呢？

視失敗為成功的死忠夥伴

進步總表示：踏入未曾去過的境地；把自己放在被品頭論足受批評的地位；暴露自己在新的壓力與需求之下。不確定自己能否應對挑戰是人之常情，這是人性。你內心的害怕、焦慮會叫你寧願不要冒險，這就是讓許多可能作領袖的人卻步的心態，他們不行動、沒有生產力、也沒有效果。

成功的代價就是失敗。如某人說的：火箭在發射台的爆炸，是我們會在月球留下腳印的原因；線路的燒毀，是世界有電燈可照亮的理由。如果我們要成功，就要擁抱失敗。

成功的代價就是失敗。

編舞指導家崔拉．沙普（Twyla Tharp）幾十年來把自己的技巧推到極限。在《哈佛商業週刊》的一篇訪問報導中，她說：「無論早晚，所有真正的改變都與失敗有關，但許多人對失敗的了解卻不是這樣。如果你只做你懂的事情，而且做得非常非常好，你可能就不會失敗。你只會停滯不前，然後你的工作會越來越無趣，這就是一種慢慢侵蝕的失敗。真正的失敗是成就的標誌，因為某些新的、不同的東西被試過了。」[10]

從來不失敗的人就是從來不嘗試的人。我們必須記得，嘗試與錯誤（trial and error）的定義中，包括了錯誤。我們必須習慣。

視成功為色彩繽紛而非單一色彩

如果你嘗試的每一件事情都成功，生命會像什麼樣呢？我想會很無聊、平淡、什麼都可以預料。我們經歷的掙扎會使獲得的成功更有價值。沒有痛苦，怎會珍惜我們的進步呢？我們需要歡迎不可預料的，敞開接受與我們預期不同的成功。

最近，我在讀艾莉森．艾克（Allison Eck）所寫關於音樂的文章，她為美國公共廣播局製作NOVA的紀錄片。文章中

我們經歷的掙扎會使獲得的成功更有價值。沒有痛苦，怎會珍惜我們的進步呢？

她寫到古典音樂家與爵士音樂家的不同，以及他們如何處理音樂。其中特別關於音符中的臨時記號，我覺得很有趣。

在音樂中，「臨時記號」（accidentals，直譯為「意外記號」）是指本來並不屬於目前所用的音階或調的音高，幾乎可以說是「出錯的音符」。我認為這種記號應該稱為「刻意記號」（purposefuls）而非臨時記號，因為它們會被寫進曲子都有明確的理由。在古典音樂、爵士樂、或其他類的音樂，臨時記號故意顛覆聆聽者的預期。

臨時記號最棒的地方在於它們驕傲地突破音樂的界線。音樂家強調這些音符並戲劇化地將之呈現，好像說：「對，你聽到的沒錯。」臨時記號讓我們看到，如果大家吵著什麼都要符合某種類別或歸屬某種標籤，這是毫無意義的！不論你做哪一行，「刻意的臨時記號」幾乎是普世的現象。[11]

豐滿的人生是色彩繽紛的，不是一成不變的灰色，一個人的發展可以有許多不同形式。沒有達到我們想要的，常常會將我們帶到全然不同的成功之地，可能甚至超過想像，是全然不同的版本。

我們克服了失敗之後，會感覺失敗很有趣！失敗會在你不一定聽到的「音符」上增添色彩。成功是充滿好東西的故事：有許多「臨時的」、困難的、新的、學到的東西。所以，記取艾克的忠告：「來個臨時記號，偏離預期中岔出去的，但做的同時你了解整個脈絡。這裡來個臨時記號的理由是什麼？它跟你的故事、藝術、設計的其他部分有何關聯？犯了錯就大聲說出來，而且要刻意大聲地說。」[12]

換言之，要願意失敗。

設計克服失敗的計畫

為什麼這麼多人被失敗拖垮？撒拉．蕊普（Sarah Rapp）是位影響社會的創業者諮商師，她說：「對於失敗，自我就是我們最大的敵人。一旦事情不對勁，我們的自我防衛系統就啟動了，引誘我們做些挽回面子的事情。」蕊普寫了篇訪問經濟學者提姆．哈佛（Tim Harford）的文章，哈佛是《適應：為何成功總由失敗開始》（Adapt: Why Success Always Starts with Failure，中文暫譯）一書的作者。蕊普說，失敗會引起各種反應，第一就是否認：「承認犯下錯誤然後設法導正過來，似乎是世上最難的事——它要求你挑戰自己造成的現況。」她說另一件難事，就是追回損失：「『做了決定，後悔了，卻又不喊停』，結果在急切地試圖抹去的同時卻造成更多損害。舉例來說，剛輸掉一些錢的撲克牌玩家，會急著想把輸掉的錢贏回來，為了『抹去』剛犯的錯，而比平常更冒險地下注。」

蕊普建議，不要太在意失敗，也不要太黏著計畫。「如果一個計畫誘惑我們，讓我們以為不可能失敗，不需要改寫，就危險了。」蕊普寫道：「那種計畫就像鐵達尼號，不會沉沒（直到撞到了冰山）。」[13]

我自己有套處理失敗的計畫，就像對成功的同一套處理原則：二十四小時原則——我只給自己二十四小時慶祝成功，或為失敗難過。過了一天，我就繼續往前。身為領袖，我不能讓昨天控制今天。昨天止於昨晚，我需要向前看，預備今天。

3. 學習

一位朋友曾給了我一個公式，讓人可以一夕成功，他說：

你每天都出現。
你努力工作。
你嘗試新事。
你失敗。
你改進。
你成長。
你面對無數挑戰與被拒。
你懷疑自己。
你想放棄。
但你沒有。
然後你一次再一次重頭開始。
你就這樣月月、年年、甚至十年又十年，就可以成為一夕成功者。

領袖具有正確態度的最重要好處，要等到測試與失敗之後才臨到；也就在此時，我們有最大的學習機會。羅倫．奈南吉（Roland Niednagel）是訓練領導人才的人，他評論說：「如果你無法從錯誤中學習，那才叫失敗。」但不是所有領袖都歡迎這項真理。從我的經驗來看，人失敗時會做下列三件事中的一件：

- 決心不再犯錯——這樣很愚蠢。
- 讓錯誤使自己膽怯——這會致命。
- 發展出「從錯誤中學習」的安全感——這樣會成果豐碩。

我喜歡保羅對於這個階段學習的洞見。學習就像一般人認為的獲得消息、或被通知（being informed），但他形容為被塑造（being formed）。失敗與從失敗中學習會塑造我們。保羅說：

如果領袖敞開去學習，令人興奮的事就是學習會真正「塑造」領袖與其團隊，而且是以十分有意義的方式塑造。我們會形塑新的思考模式，我

如果你無法
從錯誤中學習，
那才叫失敗。
——羅倫・奈南吉

們會形塑新的溝通型態，我們會形塑新的關係，我們會形塑新的習慣，我們會形塑新的信念，我們會型塑新的心理典範。事實上，我們從內心有新方式在形塑，而這些新的型態成為新而強的基礎，我們可以往上建造，活出更新的生命。這種測試——失敗——學習的過程，為我們的生命與我們的團隊創造了新生。而我們的生命總是我們學習進展的課程表。我們會學到什麼行得通，什麼行不通；這兩者對領袖都一樣需要，價值同等。我們學習在鼓勵與推動同仁時，哪些該做、哪些不該做。

我還沒見過哪個很成功的領袖不是個會學習的人。最棒的就是，你不需要很有天分才能學習，也無須經驗才能學習，而是要有正確的態度。如果我們視失敗為正常，從失敗學習經驗到正面的收穫，就會敢於冒險，可以進到未知之地，面對可能的損失。身為領袖，我們有潛力幾乎可以達到任何境地。我們也能幫助同仁達到超過他們自己最瘋狂的期待。

每個人	並非每個人
會犯錯	改正錯誤
聽到	仔細聆聽
有問題	解決問題
跌倒	爬起
從生活接受教訓	從生活教訓中改進
需要改變	改變

4. 改進

學習最大的價值何在？我相信是在我們改進的時候。這是真相揭曉的時候，否則我們所學的都不實際。

成功通常會問：「我會得到什麼？」改進總是問：「我會變成什麼？」藉由成長的改進是明天會更好的唯一保證。會改進的人與其他人有所不同。

成功通常會問：
「我會得到什麼？」
改進總是問：
「我會變成什麼？」

社會心理學者荷福森（Heidi Grant Halvorson）區分了想要改進的人與已經改進且向人證明的人，他們各有不同特徵。她寫道：

人處理任何工作都有兩種心態：一種

是我稱之為「乖寶寶」（Be-Good）心態，就是證明自己有能力，也已經知道自己在做什麼的心態；一種是「要更好」（Get-Better）心態，聚焦在發展能力上。兩者的區別在於，一種是要證明你很聰明，一種是想變得更聰明。

> 「乖寶寶」心態的問題在於面對困難或不熟悉的事情。我們會擔憂自己犯錯，因為犯錯表示我沒有能力，這就造成了許多的焦慮與沮喪……而「要更好」心態實際上是防彈的，不會讓人受傷。當我們以學習與操練的心態來做事，接受自己一路上可能犯錯，我們就會繼續有動力，不論有什麼挫折發生。[14]

庫塞基（Kouzes）與波斯納（Posner）在《領導力挑戰》（Leadership Challenge，中文暫譯）一書中寫道：「領袖必須刻意地挑戰過程，因為任何系統都會不自覺地圖謀維持現況，防止改變。」[15]如果你帶領了一群人，你就有責任把改進的態度帶給此團隊，並幫助人歡迎此態度。當團隊中

領袖必須刻意地
挑戰過程，因為任何系統都
會不自覺地圖謀
維持現況，防止改變。
——庫塞基與波斯納

每一個人經驗到改進並且它增加了他們最珍視的價值，就會改變他們的眼界，看到什麼是可能的，就擴展了他們的潛力。

關於改進，我在這裡還要再多說一點。我相信任何一點成功，都會妨礙我們的想像力，好像我們到此為止，不會再獲得更好的成就了。以前我在參與了某事而成功之後都很興奮，我會說：「沒有什麼比這更好的了！」但事實上，就算我們很成功，還是要繼續尋求改進。

我把這想成「成功的地平線」效果。我的意思是，當我們成功了以後，就很難看到那成功的地平線之外的潛力。但我們不要讓此妨礙我們努力改進。我們要防止自滿。古老諺語說「還沒壞，就別修」，其實這會妨礙我們與我們周圍者的改進。

克服成功地平線的好例子就像我修訂這本書，第一版已經銷售兩百萬本了，為何還要修訂？這對非小說類出版界已經是個四分全壘打。因為我知道我可以修訂得更好，這種努力達到更高層級的態度，對領袖來說是無價之寶。

5. 重新進入

一旦你測試做事的新方法，失敗了，也學習了，並應用所學的，你就已預備好以更強的全力以赴態度，用新方法面對挑戰，領導別人再次進入比賽了。經過這些過程後，我發現我的委身增強了，這使我成為更好的領袖。一九七〇年中期，我在俄亥俄州蘭開斯特帶領第二個教會時，一些挑戰讓我想辭職。但我知道這樣做不對，我想要堅忍下去。所以我每次嘗試新事又失敗時，就試著從中學習，並應用到生命中，使我能改進。但這並沒有讓我比較有勇氣。為了擊敗沮喪，我寫了一些鼓勵自己繼續下去的話。這些鼓舞人心的話來自蘇格蘭的登山家穆瑞（W. H. Murray），我把它寫在一張卡片上護貝好隨身帶著。卡片上這樣寫著：

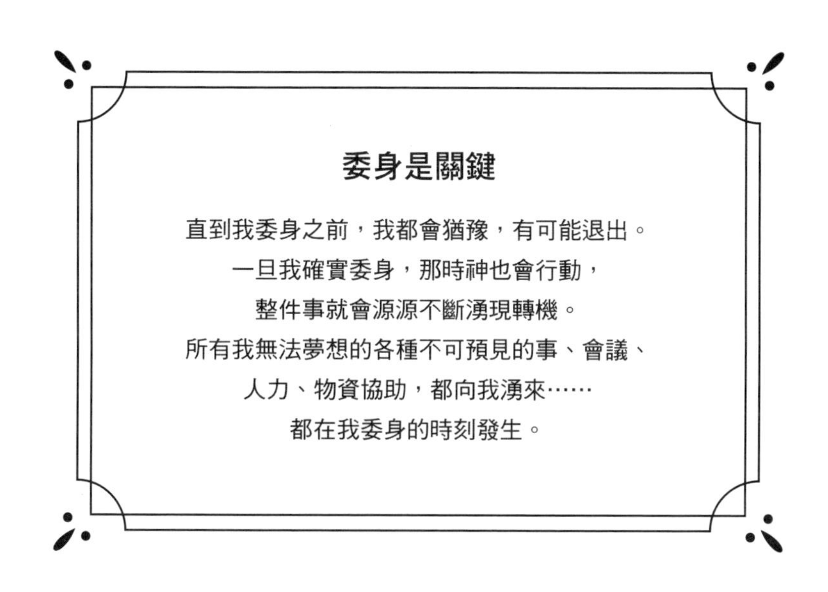

委身是關鍵

直到我委身之前，我都會猶豫，有可能退出。
一旦我確實委身，那時神也會行動，
整件事就會源源不斷湧現轉機。
所有我無法夢想的各種不可預見的事、會議、
人力、物資協助，都向我湧來……
都在我委身的時刻發生。

後來當我帶領加州聖地牙哥的第三個教會，我就把這卡片上的同樣信息印出來，護貝好給教會的同工。我要他們在沮喪時得激勵，更新自己的立志，繼續與我一起帶領教會。

但願本章關於態度的內容能激勵你，委身自己在發展全力以赴的態度上，使你經驗到額外增加的領導力。使你有優勢——不僅在思想上，也在領導力和吸引力上，而且更能激勵別人。

如果你像我一樣，從閱讀正向的文字獲益而擁有正面的態度。我總是在找能激勵我和我團隊的書，引用那些能使我們抬起頭的文辭。最近，我發現馬克・貝特森（Mark Batterson）所寫的書《追獅》（Chase the Lion，中文暫譯），裡面說到他稱為追獅者的宣言，馬克跟我一樣是有信仰的人，我希望你不會被他的觀點冒犯。但就算你跳過他提到神和信仰的部分，我相信你還是會被他的文字激勵。

追獅者的宣言

不要好像生命的目標只是安抵死亡那樣活著。要向吼叫聲跑去。

立下神給的那種目標尺寸。追求神給的那種熱情。

跟隨夢想，雖然那夢想注定失敗，除非有神介入。
不要再指出問題，要成為解答的一部分。
停止重複過去，開始打造未來。
面對恐懼，為夢想打拚。
抓住機會的鬃毛，別放手！
把今天過得像你生命的頭一天與最後一天。
燒毀罪惡的橋，鍛鑄嶄新的路徑。
以疤痕的手鼓掌，慶賀生命。
別讓你的錯阻礙了你歌詠神的對。
敢於失敗，敢於不同。
不再抵抗，不再退縮，不再跑開。
追獅去吧。[16]

無論你生命中的獅子是什麼，我鼓勵你採取全力以赴的態度，盡一切力氣追獅。就算你永遠沒抓到獅子，你也不會後悔。

Developing the

POSITIVE BELIEVER

Within You

應用練習

發展你內在的「正向信念」

我發現人的態度天生就有某種傾向。我父親在我們兄弟長大過程中會說很正向的話，他總是鼓勵我們，但他向我承認，他並非天生如此。他必須努力，才能對自己與別人的能力，有正向的信念。

天生贏家或魯蛇（失敗者）？

你天性的傾向如何？你天生認為自己是贏家還是失敗者？得勝者還是受害者？如果你已經很正向了，很好，保持下去。如果你天生就只看到杯子是半空的，而不是半滿的，你若想發展內在的領導力，就需要改進負面的態度。你可以開始記錄感恩日記，每早晨寫感恩事項的清單，至少寫一項才開展那一天的生活。晚上睡前，為剛過的一天感恩，把所有感恩事項加在早上的清單上。一天又一天增加感恩的清單。

如此這般一個月之後，問熟識你的人，他們有沒有發現你的態度改變了。

故意失敗

在這個月當中，請來一場冒險，找出你覺得會失敗的目標，好使你可以應用本章所說的大綱來改進你的態度。從決定「測試」什麼開始。在此寫下第一步。

1. 測試
2. 失敗
3. 學習
4. 改進
5. 重新進入

一旦你寫下測試什麼，就去進行。如果失敗了，就在第2點寫下來。然後繼續寫你學到了什麼，如何改進，以及身為領袖，你必須做什麼才能重新開始。

如果你沒有失敗，仍然寫完3到5點，但請再試別的測試。如果沒有失敗的過程就無法真正從中獲益，所以必須經由失敗才可完成這項冒險。

第 7 章

服務他人

領導力的心態：

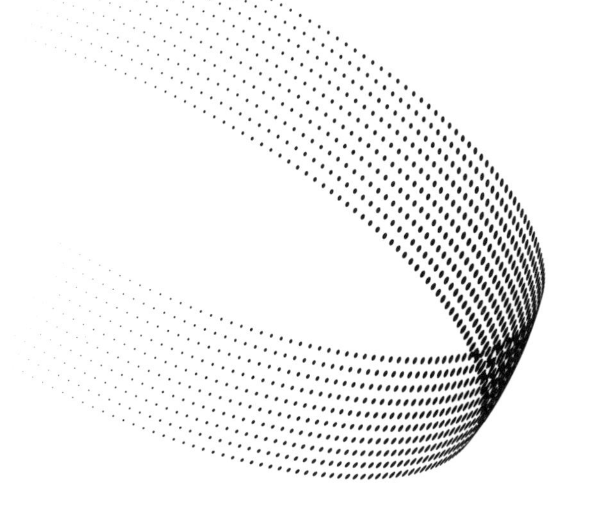

The Heart of Leadership:

SERVING PEOPLE

我有二十六年以資深牧者身分帶領教會。但我初出茅廬，身為年輕領袖時，一開始的焦點不是服務他人，而是做大事，我想做人上人。我以往的訓練和教育都假設我們要努力爬向領導高層。牧師們受了教育、被按立為牧師、坐在與別人分開「高於」信徒的座位上。牧師們被期待要講道、給人明智的輔導、主持教會的禮儀。這些領導的典範都是由上往下的。

但當我去聽了齊格齊格拉（Zig Ziglar）的演講，他的想法搖撼了我的世界。他說：「如果你幫助人得到他們想要的，他們會幫助你得到你想要的。」他說的就是僕人式的領導。

☆

從心改變

齊格的論點讓我明白：我以前都只讓人幫助我，我沒有幫助他們。我明白我對人的態度不正確。這樣的認知開啟了我的一個新旅途，最後讓我明白最重要的領導力基於服務他人，不是服務我們自己。這件事挑戰我把「權力金字塔」反轉過來，把他人放在最上層，我自己在最下層。

我開始改變領導的焦點，讓他人有能力去做我以前做的。而真正的關鍵在於我讀到聖經，這段經文好像我以前沒讀過似的。經文說：「**祂所賜的，有使徒，有先知，有傳福音的，有牧師和教師，為要成全聖徒，各盡其職，建立基督的身體。**」[1]

這裡說得很清楚，我身為牧師的責任是要裝備聖徒，使他們各盡其職做神的工，建立教會。從那一刻起，我明白我不該要人來幫助我建造教會，而是我要服事人，幫助他們建造神的教會。從那天起，我的領導總是在服務他人，而不是要別人來服務我。

這已經是四十五年前的事情了，我對領導力的思考，以及我處理領導力的方式，一直繼續受這一領域裡其他人的塑造。羅伯．葛林里夫（Robert Greenleaf）就是影響我的其中一位。一九七〇年代他寫了一篇文章〈身為領袖的僕人〉，後來發展成一本書，稱為《僕人領導力》（商周出版）。葛林里夫寫道：

最重要的領導力
基於服務他人，
不是服務我們自己。

僕人領導是先作僕人……從人的天然感受開始，因為人喜歡服務，所以服務在先。然後有些人心中選擇要領導……當一位領袖先作僕人，就可確實讓他人的最優先需要先被滿足。最好的測試、也是很難的管理，就是那些被服侍的人會成長嗎？當他們被人服侍，會變得更健康、更有智慧、更自由、更自動自發、更成為服侍別人的人嗎？這樣對社會上最最弱勢的人的人，會有什麼效果？他們會受益嗎，或至少他們不再被剝奪嗎？[2]

在這一路上幫助我成為僕人領袖的書還有：麥克底皮（Max De Pree）所寫的《領導是藝術》（Leadership Is an Art，中文暫譯），他是Herman Miller公司的前總裁。威廉波拉（C. William Pollard）所寫的《公司的靈魂》（The Soul of the Firm，中文暫譯），他是ServiceMaster公司的榮譽總裁。但影響我最深的是尤金．哈比克（Eugen Habecker）所寫的《領導的另一面》（The Other Side of Leadership，中文暫譯）。這本書說服了我，讓我知道增加別人的價值需要成為我領導的核心。我很榮幸認識了尤金超過三十年，書中文字是他生命的寫照。他說：「真領袖會服務。

服務他人。服務他人最關心的事，這樣做不一定使領袖受歡迎，也不一定讓人印象深刻。但真領袖的動力來自愛的關懷，而非個人的榮耀，他們願意為愛付出代價。」[3]

我受尤金生命的影響，也受他的書影響，因此決心做兩件事：第一，我要把他人關心的事放在我關心的事之上。第二，我要無條件地愛人。第一件是意志的決定，第二件則是態度的改變。因為我是有信仰的人，我用以下這段聖經上的話，作為我生命的渴慕：

你要囑咐那些今世富足的人，不要自高，也不要倚靠無定的錢財；只要倚靠那厚賜百物給我們享受的神。又要囑咐他們行善，在好事上富足，甘心施捨，樂意供給人，為自己積成美好的根基，預備將來，叫他們持定那真正的生命。[4]

我努力試著每天操練以下幾樣來生活，使自己成為更好的僕人領袖：

- **我不倚賴自己的職位或頭銜：**我對過去的成就心存感激，但我不倚賴這些幫助我領導。我每天遵守我的承諾並服務他人來贏得別人的尊重。
- **我選擇信任他人與其潛力：**我關心人是因為這是正確的，但也有實際的理由該信任他人。我發現我越相信他人有潛力，並越服務他人時，他們的潛力越會增加，這樣就打造了雙贏的情況。
- **我試著從他人的角度看事情：**只有當你懂得人心，才可能好好領導並服務他人。我會刻意與他人連結，試著從他們的角度看事情，好使我服務得更好。
- **我努力打造鼓勵的氛圍：**如果團隊中每個人都想要服務他人，就沒有比這更好的了。當領袖願意服務他人，且鼓勵人也如此服務，合作的精神就會出現，使得大家都展現「我為人人，人人為我」的態度。這會打造正向的氛圍，發展團隊的忠誠感。
- **我衡量自己的成功是以增加他人多少價值而定：**身為領袖的你決定要服務他人時，團隊的成功就是你的成功。我還記得這種思想改變的經驗，好像我的世界立刻擴展了。真的，小我無法成就大事。幫助團隊一起成功，沒有比這更重要的了。

在服務他人方面，我仍然還沒有達到我想要達到的地步，但我繼續努力，以求更好。

☆

服務他人的力量

我想要服務他人的渴望來自我的信仰，但你不需要信仰就可以如此渴望。一個企業若有服務的態度、以服務為優先、實踐服務他人的精神，是很符合企業利益的，也是每個人都做得到的。組織顧問克斯．艾德蒙（S. Chris Edmonds）這樣定義僕人領袖：「一個獻身幫助他人的人，會成為最好

身為領袖的你
決定要服務他人時，
團隊的成功
就是你的成功。

的家人、同仁、社區鄰居。每個人都可用家庭、工作場所、或社區的任何職位或角色去服務或領導他人。」[5]

如果你去看受人高度景仰的領袖所說的話，會看見服務他人這個主題是他們對於領導的態度。下面是幾個例子：

- **喬治・華盛頓：**「每個能為國家服務的崗位都是光榮的。」
- **富蘭克林：**「世上能為別人減輕負擔的人，沒有一個是無用之人。」
- **甘地：**「找到自我的最好方法，是在服務他人時失去自我。」
- **史懷哲：**「我不知道你的命運為何，但我確實知道一事：你們當中真正快樂的人，就是找到如何服務他人的人。」
- **馬丁・路德・金恩：**「每個人都可以偉大，因為都可以服務他人。」
- **曼德拉：**「我不是以先知而是以謙卑僕人的角色，站在你們——人民——的面前。」

> 世上能為別人
> 減輕負擔的人，
> 沒有一個是無用之人。
> ——富蘭克林

所有這些人有個共同點：他們自己的生命被轉化了，而他們接觸的人也美妙地改變了。這些領袖的價值觀移轉到他人身上，他們的服務不僅幫助他人，也成為他人效法的模範。就如諺語說的，他們關心的是教人如何釣魚，而不是只給人一條魚。他們想鼓勵人自動自發，透過長久的改變，為下一代打造繁榮，而不是讓人靠服務領袖養成更倚賴領袖的心態。

古柏（Ann McGee-Cooper）和川彌（Duane Trammell）對這主題持有趣的觀點。他們相信，在組織中與文化中，領袖被大家視為英雄；但領袖應該從英雄改變為僕人。在〈從英雄領袖到僕人領袖〉一文中，他們寫道：「新千禧年代的真英雄是僕人式的領袖，沒有舞台上的燈光，仍然默默努力轉化我們的世界。」領袖怎能如此？兩位作者列出了僕人領袖當進行的五件事：要聆聽而不論斷，要真實，建造社群，分享權力，發展他人。[6]

☆

幫助你能更好地服務他人的問卷

我很希望你能發展成服務他人的領袖，為了幫助你，我提出下列的問卷，你可以每天問自己來幫助自己。

1. 增加價值的問題：「我能為他人做些什麼以幫助他們成功？」

海倫凱勒（Helen Keller）觀察到：「一個人能做的有限，大家一起就能做很多。」因為僕人領袖把別人的成功定義為自己的成功，所以就聚焦在幫助別人成功這件事上。最好的做法之一就是增加別人的價值。

當我寫這些文字時，我今天的日程表上有四通電話待會兒要打，兩通要打給我輔導的人。我預期他們會問我有關領導力方面的指引。我會盡力幫助他們很有效地應對挑戰。

另外兩通電話要打給兩個公司的領袖，我即將要去他們公司演講。這是早就計畫好的，這樣能使我去演講時，知道如何最好地服務他們公司的員工。我每次演講前都會打電話，問許多這類的問題：

- 你對研討會有沒有想到一個主題？
- 你對我的期待是什麼？
- 你希望我講些什麼是最能幫助你的？
- 除了演講，還有什麼是我可以為你做的？

我的助理玲達艾格（Linda Eggers）總是與我一起打這些電話，把細節記下來，免得遺漏什麼。問完這些問題，聽了對方回答後，我才分享我認為可以幫助他們的方法。我也一定向對方確認自己的想法是對的。

為什麼要這麼麻煩？我的角色很簡單：去演講，並服務。我觀察過很多演講者，他們只有幾套一成不變的演講，不管聽眾有什麼需要都講一樣的內容。我的渴望是服務主辦者與聽眾，因此我會發展一套適合他們的具體內容，因為演講不是為了我，而是為了聽眾。演講結束前我會問：「我幫助各位了嗎？」我同意湯姆・彼得斯（Tom Peters）的觀點：「組織的存在就是要服務，沒別的。領袖生來就是要服務，沒別的。」

我認識的僕人領袖中最好之一是我幾個公司的執行長馬克柯爾（Mark Cole）。他是曾與我一起工作過的最好副手。我們當年一起開始這趟旅途時，他就問我，他如何能最好地服侍我。我的答案很簡單：「緊跟著我，好好的在我的幾個公司中代表我。」這項要求與我所教導與遵行的靠近原則（Proximity Principle）一致。這原則是：最靠近領袖的人，有最佳的機會服務領袖。

馬克通常與我一起出差，好讓我們可以經常談論公司的事情。但當我們不在一起時，仍然可以很緊密，他讓我一天二十四小時，一週七天都找得到他。助理玲達艾格也一樣，她跟我一起工作超過三十年了。他們兩個都做得很快樂，他們的應辦事項就是為了滿足我的應辦事項。

馬克服務我，我也服務他。我問自己：「我能為他做些什麼以幫助他成功？」我的答案就是把我的時間給他。我輔導馬克，確認他擁有他工作所需要的足夠資源，我也積極找機會讓馬克成長。目前，我幫助他在公眾演講這方面努力。

> 組織的存在
> 就是要服務，沒別的。
> 領袖生來就是要服務，
> 沒別的。
> ——湯姆．彼得斯

2. 每日的問題：「每日他人需要我的什麼，且是他們不想開口要求的？」

最好的僕人領袖會期待他人對自己有需要。好領袖主動幫助所帶領的人。太多領袖有這種態度：「他們需要什麼，他們自己來要求，我的門總是開著的。」你可以這樣想：不只讓你的門開著，而是走出你的門，到你的員工那裡，「找出」他們所需要的。在他們開口要求「之前」就給他們。你不能假設其他人跟你一樣有這種渴望與期待。

我很欽佩教宗方濟各，有幸晉見他，在那幾小時中觀察他僕人領袖的風範。最近，我讀到他給教會執事的信息，他說：

我們如何成為「忠心又良善的僕人」（參考馬太福音二十五章21節）呢？第一步的要求就是隨時待命。僕人每天都在學習不要照自己的方式做事情，隨自己的意過日子。每天早晨他訓練自己，讓生命能慷慨付出，這一天剩下的時間都不是自己的，而是給他人的。服侍者不能囤積自己的自由時間，要放棄一天時間是屬於自己的想法。他知道他的時間不是屬於自己的，而是神賜他的禮物，又奉獻給神的。只有這樣，時間才能結果子。服侍者不做自己應辦事項的奴隸，而要隨時預備好處理不在預期內的事，對弟兄姊妹隨時待命，對神常給的驚奇敞開心胸。服務者知道如何為周圍的人，打開自己時間與內心空間的門，包括服務在不對的時間敲門的人，有時甚至要放下自己想做的事情，放棄本來就很配享有的休息。親愛的執事們，如果你們對他人的態度是隨時待命，你們就不是服侍自己，而是充滿福音成果的服事。[7]

這真是對所有領袖的忠告，不只是對信仰相關的領導者。服務他人從態度開始，之後化為行動。如果你每天問自己，他人有哪些需要，你可採取哪些行動，服務他人很快就會成為習慣了。

我很喜歡我朋友Goads寫的一首歌，他們全家是有僕人心態的歌者。我兒子約爾（Joel）青少年時，曾經過一段人生低潮，這家人帶著他去旅行，把他視為Goads樂團中的技術員，使他有機會展翅發展自己的才幹與技巧。他們愛他，且花精神在他身上。

這首Goads樂團寫的歌，歌名為〈跟隨我〉（Follow Me），歌詞如下：

我要成為把事情變得更好的人。
我要成為幫助你達到高峰的人。
我絕不退縮，我要做比別人要求更多的事，
我願意付出我的所有。

跟隨我，我就在你後方。
讓我幫你負重，
讓我使你輕省，
我們一起往前走。

我相信你正在做的事，
讓我幫你把事情完成。
我盡一切所能幫你圓夢，
跟隨我，我就在你後方。

我要找出問題的解決，
我每天以最大的努力，
在麻煩與試煉中，
多走一里路。
不論付何代價，我們會達成目標。

絕不找藉口，
我賭上一切，
願意做他人不願做的，
做得超過他人期望，
就算不是我的工作，
目標總比角色重要。[8]

這歌詞描寫了服務者的心態，他們願意滿足他人的需要，就算對方不願意開口要求。身為領袖，我們該如此替他人想。

3. 改進的問題：「我該從哪方面努力，使我能更好地服務他人？」

對僕人領袖來說，最重要的應該是你服務的對象。必須重視他們所重視的，你才能更有效地成長。只想「變得好些」是不夠的，要在我們服務對象所重視的方面，更精益求精才行。身為領袖，你擁有什麼是團隊所需的？具體來說，哪些方面可以讓團隊獲益？

二十多年前，查理威籌（Charlie Wetzel）到我身邊工作，分擔我的寫作重擔。查理能寫作，但認識我不深。我最先做的事就是給他一套錄音帶，讓他聽我的一百個課程，以了解我的演講風格。但我知道這還不夠，我需要主動服務他，以致他能服務我與我的機構。

我做的另一件事情就是給查理一本佳言錄，請他標記他認為最好的句子。他完成後，我看我所標記的同一本書，兩相比較，一開始我們有百分之九十不同。於是我解釋為什麼我選那些句子，使他了解我的想法。然後我們一次又一次這樣練習，幾次之後，我們選的有百分之九十相同了。如果我沒有負起責任試著幫助查理，他的工作就更困難了。

要把他人最好的潛力引出來，我先要把自己最好的潛力引出來。我自己沒有的東西，就無法給人。各位也是一樣。但好消息是：當你變得更好時，自尊會加強。你與團隊經驗到的外在成功，源自你先經驗到的內在勝利。每一步的改進會讓你對自己與對這旅途感到更好。就像我的朋友馬克柯爾說的：「僕人領袖的價值在於他『為何』做他在做的事，以及他做得多好；不在於他做什麼事，或多經常做。這樣會讓他找到自己的價值。」

身為僕人領袖，當你改進自己的某些方面，而這部分是你領導的人所重視的，不但你會變得更好，你服務的對象也會更好。這樣會提升你和他們的效果。對個人與對組織都會帶來更高的回報。

要把他人最好的潛力引出來，我先要把自己最好的潛力引出來。我自己沒有的東西，就無法給人。各位也是一樣。

4. 評估的問題：「我怎麼知道我對他人服務得好？」

我在《領導手冊》（The Leadership Handbook，中文暫譯）中有一課教導的是：領導者做得如何，要看被領導者如何。領袖做得好不好，旁觀者清。但領袖自己如何知道答案？他們怎麼知道自己服務他人是否服務得好？

昨天我花了一小時輔導一位年輕領袖，他有很大的潛力。他問我的其中一個問題是：「在我發展領導力的一開始，有什麼重要的事是我需要知道並且去做的？」我用兩個詞回答：「問題」與「期待」。我對他的建議也幫助其他領袖知道如何服務他人。

身為領袖，問問題是非常重要的。不然你怎麼知道你帶領的人在心智與情緒上的情況如何？不然你怎麼知道他們的渴望與需要？不然你怎麼知道如何帶領他們？以前身為年輕領袖的我通常會給指示，然後問問題。（這些問題大多是想釐清他們是否明白我的指示）如今，我會在給指示之前就先問問題。

設立期待也很重要。我年輕時會試著在與同仁談話中「偷渡」我的期待，每次說一點點，希望過了一段時間，他們就懂了，我就不用太直接。大多時候他們對我的期待從來不明白，讓我們雙方都很沮喪。如今，我會在努力邁向目標之前設立期待，這會讓整個團隊都很清楚。我也會問被領導的人他們的期待是什麼，我需要知道他們眼中的得勝是什麼樣的。

我提了很多次我的執行長馬克柯爾，他實在是很棒的僕人領袖。他把我和組織中他領導的同仁都服務得很好。事實上，他總是在努力，遠遠超過我的期待，他會滿足他人的需求，然後又額外多加一點。

當我正預備寫這一章時，我問馬克：「為什麼你能為這個團隊努力，一直超越他人的期待？」他的答案揭露不少重點。他說他持續做五件事情：

- 緊跟著我，知道我在想什麼；這使得他可以把我的遠見傳遞給團隊。
- 與我核對，確知他服務這幾個公司時，自己走在正軌上。
- 他問自己：「我如何超越我們的客戶與團隊的期待？」
- 持續問團隊，他們認為該如何超越客戶的期待。
- 負起自己的責任來滿足他人的需求，然後再額外多加一點。

馬克說我對他的信任比他對自己的還高，這樣會幫助他有動力。我想這是我在服務他的方面至少能做到的。我也希望他身為領袖，把這份信任轉到他所帶領的人身上。

如果你給自己一份成績單，看看你服務他人做得如何，會給幾分？你知道你的團隊對你的期待是什麼嗎？你是否清楚地說出你的期待？你會問團隊你做得好的地方與需要改進之處為何嗎？如果你服務他人時，不評估自己的表現，很可能你沒有做你該做的。

5. 盲點的問題：「跟我一起工作感覺像什麼？」

這個問題是我最喜歡的，因為對我助益最大。我們都有盲點，看不見自己的某些方面。我不會像別人看我那樣看到自己，我也不一定會像別人那樣看事情。我想這些情況對你也一樣。

如果你有領導之責，你的盲點就會使情況更嚴重。因為領袖有權柄與能力，周圍的人常會害怕，也不認為能敞開而真誠地向領袖建言。你的層級越高，越無法聽到真話，不知道周圍發生了什麼，大家都只把領袖想聽的話說出來，而不是說出領袖應該要聽的。這就表示你身為領袖，不但有個人的盲點，「還加上」你不一定會獲得熟知你缺點者誠實的回饋。

如何克服這種挑戰？身為領袖，我有兩個假設。第一，我假設我有會傷害自己的盲點。第二，我認知他人會害怕，不一定願意幫助我克服盲點。因此，我問這個問題：「在桌子對面跟我坐著，感覺像什麼？」

我發現答案並不讓人舒服，但若我保持好態度，這些答案會幫助我自我糾正。

下列是我認識自己的一些例子：

- 我總是以為事情可以很快完成，比實際上快得多。
- 我不能體會大多數人的掙扎。
- 我太常假設他人會立刻聽懂我的遠見，又會同意。
- 我沒耐性。（這話講得簡短而準確）
- 我以為每個人只要願意努力都可以像我一樣做那些事情。
- 我很快從困境中走出來，希望別人跟我速度一樣快。

我還可以繼續寫下去，但我不想讓你覺得很無聊，你懂我的意思就好了。

為了克服我的許多盲點，我總是問：「我遺漏了什麼嗎？」和「你能幫助我嗎？」我給我周圍的人許可，讓他們對我的生命說真話。這是唯一能防止我落入盲點的方式。

還有一個我持續問自己的問題：「我是在服務周圍的人，還是只為了個人利益？」誠實的回答應該是兩者都有。然而，個人獲利若持續重於服務他人，我的領導就有問題。那表示我已經失去了領導他人的心，我需要提醒自己把服務他人放在第一，而個人利益通常會自動跟著而來。

最近，我讀到一些很好的勸勉，幫助我繼續在僕人領袖的基礎上站穩。這是來自支持獨立企業的信用卡公司Gravity Payments，其執行長與創辦人丹派瑞司（Dan Price），他說要成為僕人領袖，就要做下列幾件事：

1. 不要花時間為團隊定義你對他們的期待，要花時間指明你如何支持團隊。
2. 讓團隊同仁看守住你的行動，而不是反過來。
3. 不要告訴團隊該如何做，而是問團隊有什麼回應。
4. 抗拒想要累積權力的渴望，聚焦在把權力給出去。[9]

他人在桌子對面跟你坐著，感覺會像什麼呢？你想過這一點嗎？我們太常假設這很容易，但通常不容易。你的領導力與個性越強，他人跟你一起共事就越困難。培養僕人心，有助於減少你帶領之人的困難。

6. 尊重的問題：「我如何以服務來增加他人價值時，自己也獲得價值？」

多年前，我讀到麥堅尼（Alan Loy McGinnis）所寫的《引出他人的最佳潛力》（Bringing Out the Best in People，中文暫譯），這本書讓我愛不釋手，一讀再讀。因為其中的信息影響力很大，最令我至今都印象深刻的句子是：「世上再沒有什麼職業比幫助他人成功更高貴的了。」[10]

世上
再沒有什麼職業
比幫助他人
成功更高貴的了。
——麥堅尼

一九九五年我辭去天際線教會（Skyline Church）資深牧師這個德高望重的職位時，是刻意要轉變跑道的。我在教會內帶領、建立領袖已經二十年，我開始好奇若我能花「全時間」在全美國服務領袖們會怎麼樣？若我能花時間幫助他人達到成功的新層次，而不是只有我自己成功，會怎麼樣？

我做了決定，不再回頭。現今，二十多年之後，我毫不懷疑地告訴各位，幫助別人贏，比我自己贏，有趣得多。瑪莉安．威廉蓀（Marianne Williamson）說得對：「成功就是我們晚上入睡前，知道我們的才幹與能力都用在服務他人了。」我在增加別人的價值時就找到自己很大的價值。

服務他人會煉淨我們的動機。因正確的理由把事情做得好，會讓我們感覺自己很有價值。所以我每次增加他人價值，我自己就獲得價值。烏奇多夫（Dieter F. Uchtdorf）說：「我們在服務他人時失去自己，就能發現自己的生命與自己的喜悅。」

7. 天賦的問題：「我最擅長做什麼以致我能把他人服務得最好？」

身為領袖，我們以最有天賦之處服務他人，就會服務得最好。我回顧自己的生命，我可以看到最好的領袖使用天賦將最好的我引出來。從我父親開始，他不僅用他最擅長的鼓勵來激勵我，給我自信，他也使用人脈把我介紹給有影響力的領導者，裝備我去領導。

另一位幫助我的是我的人生導師湯姆．非力比（Tom Phillippe）。我三十幾歲有機會轉換跑道時，湯姆是很出色的商人，接收了我那剛起步的小生意，不讓它死亡，直到我再度有時間回去經營。湯姆與我父親只是許多善用天賦來服務我的兩個例子而已。

我也試著同樣服務他人。我最大的天賦在演講、寫作與輔導。我不只以演講來服務我所教導的對象，也因此幫助我的公司與其他組織和其他領袖連結。我把輔導未來領袖這件事情作為經常操練的慣例。我每年有幾次花一兩小時與極有潛力的領袖相聚，回答他們在領導上的關鍵問題，在我有經驗的議題上為他們導航一番。

想一下你哪些方面做得最好，以致你能把他人服務得最好。使用下列問題來幫助自己：

- 我的長處是什麼？我如何使用我的長處來服務他人？
- 我的背景是什麼？我如何使用我的背景來服務他人？
- 我的經驗是什麼？我如何使用我的經驗來服務他人？
- 我的機會是什麼？我如何使用我的機會來服務他人？
- 我喜歡什麼？我如何使用我所喜歡的來服務他人？
- 我在哪方面有成長？我如何使用我學習到的來服務他人？

與我一起工作的領袖們都努力用自己最擅長的天賦服務他人。馬克柯爾擅長與人相處，所以就花最多時間在這方面。我有一個訓練演講者與教練的組織——

約翰．麥斯威爾團隊，此組織的總裁保羅．馬丁那立（Paul Martinelli）最擅長策略性生產，所以他就在幫助他人的組織成長與改進方面服務他人。瑪莉迪．西緬（Meridith Simes）在行銷方面有長才，所以她幫助我的機構與人連結，以得到需要的資源。你最擅長什麼，就是你最該用來服務他人的天賦。

8. 榜樣的問題：「我如何服務他人使他人受激勵再去服務？」

最近我在佛羅里達州棕櫚泉的Breakers休閒渡假區主持一項會議。那裡設備完善風景優美，我與那兒的副執行長兼行銷負責人大衛波克（David Burke）搭訕，他告訴我這組織聚焦在於服務。他說：「Breakers休閒渡假區的核心價值就是作僕人領袖。新進人員在開始一般工作職責之前，先參加兩天的訓練。在最後的半天中，新進人員陪同資深執行長出去，展開四到五小時的社區服務，地點就在全國許多機構中，如市區青年影響組織、無殼蝸牛聯盟、食物銀行等。我們不只服務賓客，也彼此服務，更服務我們的社區。我們付薪水給員工，讓他們用休假時間服務社區。」

大衛說他相信他們為社區所做的，就是他們這組織的傳承，比財務上有好結果還重要。我很喜歡他們由資深的執行長們帶頭作榜樣這件事。

身為領袖，我一直都很在意我給所領導和服務之人設下的榜樣，而這也促使我比以前更敞開，更可以示弱。我在快六十歲時，花更多時間思考我想成為怎樣的人，因為那時好像進入人生的新舞台。在花了些時間與神親近後，我寫了禱告詞，求神幫助我成為那樣的人。我深知自己的缺點，我希望神幫助我討神喜悅，更像耶穌，祂不僅服務他人，甚至洗門徒的腳，做卑下的工作。

這禱告詞是我寫給自己用的，但我很快感到要與人分享，雖然其中顯示了我個人的掙扎。我現在與各位分享，希望對你有幫助。我的六十歲禱告是這樣的：

主，當我越來越老，我希望別人認識的我是……
隨時待命，卻不是為工作賣命；
有熱情的，而不只是有才能的；
滿足的，而不是被驅使的；
慷慨的，而不是很有錢的；
溫柔的，勝過有能力的；
傾聽者，勝過很會溝通的人；

慈愛的，而不是機智或聰明的；
可信的，而非有名的；
捨己的，而非成功的；
自制的，而非激動的；
為人著想的，勝過才華洋溢的；
我想作為人洗腳的人！

禱告詞寫後又過了十多年，我現在七十多歲了，還在努力成為我想要成為的僕人。我還有很長的路要走，但我全力以赴。

你為何領導與你的領導方式為何，這些都很重要，它們界定了你和你的領導力，最終也界定你的貢獻。藉著讓自己謙卑，從自己的位子上「走下來」服務他人，這些就是你領導價值的核心部分。很諷刺的是，你因為幫助他人，使人有能力，你就開了這局遊戲。也許這就是中國哲學家老子寫的：「君王的至高管理方式就是人民不感覺他存在……舞台上沒有他自己，他言語寡少。當他責任完成，事情做好之後，所有人民都說，『我們自己成就了一切。』」[11]

應用練習

發展你內在的「僕人」

Developing the SERVANT Within You

要成為服務他人的領袖，你需要改變兩方面。

發展僕人之心

僕人領袖是從內心開始發展的。他人會感受到你對他們的態度，他們可以知道你鄙視他們還是想提升他們。他們會知道你想幫助他們還是想阻礙他們來成就自己。他們會感受到你是爬樓梯的人，還是建造樓梯的人。因此服務他人要從你內心開始。

你真的關心人，想幫助他們成為最好的人嗎？你願意他人成功「至少」像你自己那樣的成功嗎？多數人都是自私的（包括我），我們都需要努力發展僕人之心。

如果你在這過程中需要幫助，也許可以實踐我在本章中所說的：

1. 不倚賴自己的職位或頭銜：你該如何改變領導方式，使你可以不靠職位而與人在平等地位相處。

2. 選擇信任他人與其潛力：你如何鼓勵周圍的人達到成功，即使是你不喜歡的人。

3. 從他人的角度看事情：你如何和你處不來的人連結，學習他的觀點？

4. 打造鼓勵的氛圍：你每天可對團隊同仁說什麼正面的話，以激勵鼓舞他們？

5. 以增加他人多少價值來衡量自己的成功：你需要改變什麼，好使你以他人是否成功來衡量你每天的成功？

從這些改變著手，看你的態度能改進多少。

發展僕人之手

心的改變就像感激一樣，若沒有表達出來，價值不大。當你試著發展僕人之心，請確認這是要經由僕人的「行動」來表達的。每天早晨醒來時就想著如何幫助團隊同仁成功——個別方面的、專業方面的、發展上的、關係上的等等。若你使他人更好或更成功，你就在正途上了。

第 8 章

領導力的要件：願景

願景（Vision）是領導力中不可或缺的特質。沒有願景，團隊的活力低落，大家開始不按照截止日期完工，個人的事變成主要的工作，生產力下降，最後隊員四散。有了願景，團隊活力激昂，大家按照日期完工，個人的事退到後面，生產力增加，一起工作的同仁形成了欣欣向榮的團隊。

如同我朋友安迪．史坦利（Andy Stanley）說的：「願景使我們無意義又瑣碎的生活有了不同的重要性……許多時候，一成不變的生活好像沒什麼目標，但以同樣的例行工作，同樣的責任，透過願景的鏡片去看，萬事都不同了！願景將世界聚焦，將混亂變成循序漸進。清楚的願景使你看萬事都不同。」[1]

清楚的願景對團隊有神奇的力量，對領袖也是一樣。最大的益處在於方向與熱情。對領袖來說，願景確立了他們生活的方向，就像地圖一樣，使行動與價值都有了優先順序，幫助領袖保持焦點。願景也能創造熱情，點燃領袖內心的火，並擴及他人。就如我朋友比爾．海波斯（Bill Hybels）曾說：「願景是將來的一幅圖像，會使人產生熱情。不可能有所謂的『不引起情緒的願景』。」也許這就是海倫．凱勒被問到還有什麼比雙眼全盲更糟糕時，她回答：「看得見，卻沒有願景！」

☆

願景宣言

領袖有個共同點，他們比別人看得更多、看得更早。這種不可或缺的特質使跟隨者的眼界開始擴展，因此更快付諸行動。如果領袖沒有願景，跟隨者就更不會有。

為什麼願景對領袖如此重要？為什麼你必須看到別人看不到的？理由很多：

1. 你看到什麼，會決定你可以成為什麼

我常好奇，到底是願景創造了領袖，還是領袖創造了願景。思索多年，也觀察許多領袖之後，我相信是先有願景。我認識不少領袖失去了願景，之後也跟著失去了領導的力量。

人看見什麼，就會去做什麼，這是世上最主要的驅動力原則。換句話說，人會倚靠領袖給他們的視覺刺激與方向。關於願景，我想領袖會遇到四種型態的人：

- 永遠看不到願景的人——他們是流浪者。
- 看到了願景，卻不會自己去追逐的人——他們是跟隨者。
- 看到了願景，也去追逐的人——他們是成就者。
- 看到了願景，追逐了，然後幫助他人看到並追逐——他們就是領袖。

大多數人屬於自己不會追逐夢想的第一與第二類，其中，願意作跟隨者的，他們不直接去追逐夢想，而會跟隨擁有夢想的領袖。領袖需要有能力又有效地把夢想傳遞給人，所以領袖最重要的責任就是把夢想或願景培植起來。這樣，願景才會成長，領袖才會吸引人跟從。有了願景，加上願意使夢想成真的領袖，一場運動就開始了。

我在青少年時期讀到詹姆士．艾倫（James Allen）寫的《我的人生思考1：意念的力量》（As a Man Thinketh，小知堂出版），給我很大的影響，也喚醒了我內在的領袖。艾倫說：「夢想家是世界的拯救者。」這句話攪動我渴望懷抱遠大的夢想，也開始好奇我能有什麼大作為，能夠去幫助他人。

從艾倫的書中，我學到兩個重要的功課。首先，我需要珍惜我的想法。艾倫寫道：

珍惜你的願景，珍惜你的理想，珍惜使你內心激動的音樂，你頭腦中形塑的美，你最純淨思想中垂懸的可愛。因為從這些當中，一切令人喜悅的情況、所有天堂般的環境，都會萌芽。如果你對這一切保持真誠，至終就會打造出你的世界。[2]

其次，我需要採掘金礦。艾倫寫道：「只有多尋找與採掘，才能獲得黃金與鑽石。人若向靈魂礦場的深處挖掘，就能尋找到與他的存在有關聯的每個實情。」[3]身為領袖，所擁抱的願景來自我們的內心，來自我們最好的想法與最尊貴的理想，但我們需要努力把這些採掘到地面上。身為領袖要擁有願景，這是「我的」責任。

2. 你只會看到你預備好要看的

前西德總理康拉德．艾德諾（Konrad Adenauer）說：「我們都活在同樣的天空下，但我們的地平線不同。」每個人都有潛力懷抱願景，但不是每個人真的都有，而這取決於

我們都活在
同樣的天空下，
但我們的地平線不同。
——康拉德．艾德諾

他們的觀點。

威廉・伯可（William Barker）《一切時候的救主》（A Savior for All Seasons）一書中，講了一個二十世紀初的故事。一位基督教的會督從美國東岸去中西部一所宗教學院訪問。他住在學院院長的家，這位校長是教物理與化學的教授。晚餐過後，會督提到大自然中幾乎所有的東西都被發現了，所有發明也幾乎被人想到了。

學院校長有禮貌地表示不贊同，說還有很多事物可以探索。會督就挑戰校長，要他說說看還有什麼可以發明的。學院校長說，他確信在五十年之內，人類就可以飛上天空。

「胡說！」會督說。「只有天使會飛。」

會督的名字是米爾頓・萊特（Milton Wright），他有兩個男孩——奧維爾（Orville）與威爾伯（Wilbur），即萊特兄弟，他們證實並擁有比父親更大的願景。[4] 父親與兩個兒子活在同樣的天空之下，但他們的地平線並不相同。

如果我們想要有願景的領導，我們必須預備，必須期待。如果我們有正向的期待，對將來要發生的抱著興奮之情，我們就會被驅動，勤奮地去預備。如果我們不斷如此行，期待的感覺將會成為靈感的催化劑。

3. 你看見什麼，才會得到什麼

除了上述兩項：你看到什麼，決定了你可以成為什麼；你只會看到你預備好要看的，第三項你需要知道的是：你會得到什麼，主要是基於你看見什麼。領袖們明白他們必須相信，才能看見，而多數人會說：「我要看見，才能相信。」

有個很好的例子可以說明這個觀念。在路易．包樂（Luis Palau）所寫的《做偉大的夢》（Dream Great Dreams，中文暫譯）一書中，他寫道：

> 想想看，喝一口清涼的可樂有多麼暢爽神怡，全世界千百萬人都有這種經驗，這要感謝羅伯特．伍德拉夫（Robert Woodruff）的遠見。他擔任可口可樂公司的終身總裁期間（一九二三～一九五四年）大膽宣布：「我們要看到每個穿制服的人，無論他身在何地，都可以用美金五分錢買一瓶可口可樂，我們要不計成本做到。」二次世界大戰結束時，伍德拉夫說他希望在過世之前，世上每個人都嚐過可口可樂。伍德拉夫是個有願景的人！
>
> 透過精心的計畫並堅持不懈，在那個世代，伍德拉夫和同事們就成功地

將可口可樂推展到全球的每一個角落。

當迪士尼世界開幕時，華特・迪士尼（Walter Disney）已過世，迪士尼夫人受邀在開幕典禮中演講。主持人介紹她時說：「迪士尼夫人，我真希望華特看到這一切。」她起身說：「他以前就看見了！」然後就坐回原位。是的，華特・迪士尼早就知道了，伍德拉夫也早就知道了，甚至喜劇演員菲力浦・威爾遜（Flip Wilson）也早就知道了，他的名言就是：「所見即所得！」[5]

身為領袖，你必須努力看得更多，比別人看得更早。你需要有抱負。你要不同於「只看眼前、只看急迫的、只看手能而推辭的」這種人，這是作家肯尼斯・希爾德布蘭登（Kenneth Hildebrand）稱的「平庸者」，他繼續說：

> 平庸者缺乏深度，沒有願景。世上最可憐的人並不是貧窮人，而是沒有夢想的人。平庸者就像一艘該在海洋的大船，卻在儲水池航行。他沒有遙遠的港口要抵達，沒有升起的地平線，無須承載值錢的貨櫃。他的

時間被例行瑣事耗盡，如果他有些不滿，有點爭執，有時感到「受夠了」，他也沒有什麼好奇心。生命最大的悲劇就是一個擁有10×12大容量的人，卻只有2×4小的靈魂。[6]

好領袖不會允許自己被拉到平庸的境地。他們的眼在地平線上，心在他人身上。他們知道很多事情都在乎他們的願景。所以我的朋友華理克（Rick Warren）牧師回應他教授的話，勸告大家說：「如果你想知道自己組織的溫度，要把溫度計放在領袖的口中。」[7]領袖無法把人帶到自己看不到的地方。所以他們的願景必須要清晰。

☆

如何提升「看得更多、看得更早」的能力

作家拿破崙．希爾（Napoleon Hill）說：「珍惜你的願景與夢想，就如同它們是你靈魂生出的小孩，是你終生成就

如果你想知道
自己組織的溫度，
要把溫度計放在
領袖的口中。
——華理克牧師

的一幅藍圖。」[8]好領袖比別人看得更多、看得更早，並努力持續不斷提升這個能力。這看起來像是一個挑戰，許多人相信你要不就是有這能力，要不就是沒有。我並不同意，我相信每個人都能在這方面改進。下面是如何改進的方法：

1. 知道還有更多的「看得更多、看得更早」

我這一生一直在擴展願景。增加他人的價值這個想法，產生了我的願景。今天，這個願景以許多不同樣貌出現，擴展到遠遠超過我當初的盼望與夢想。當我回想時，很清楚有兩次我以為願景中再也沒有更多的「看得更多、看得更早」了。

第一次是我剛剛開始有夢想，希望培養一個能夠幫助他人的教會。我的夢想在那時候最容易被打消。為什麼？因為這願景是新的，對於願景要如何實現，我沒有成功的經驗，而我也沒有克服挑戰的經驗。再加上，我很容易受朋友影響，如果他們持負面看法——他們很多人正是這樣——我就快要放棄我這個「看得更多、看得更早」的夢想了！我會覺得既然達不到內心的願景，還不如乾脆放棄算了。我真希望那時候我知道發明小兒痲痺疫苗的沙克（Jonas Salk）說的話：「大家先告訴你，你錯了；然後他們告訴你，你對了，但你做的一點都不重要。最後，他們會承認你對了，你做的很重要，而且他們早就知道這一切！」[9]

第二次，我差點打消增加「看得更多、看得更早」能力的企圖，是在我四十好幾的時候。那時我在牧養第三個教會，專業上發展得不錯，有個具影響力的職位，可以就此終老，那時我感覺已經活到頂端了。我還要做什麼嗎？就這樣定下來了嗎？還是繼續奮鬥？

心理學家茱蒂絲．梅耶洛維茲（Judith Meyerowitz）說，許多人四十五歲時會遭遇一些新事。他們會失去對美好未來的願景，有些人停止工作，開始幻想。[10]我可不想那樣。我不想滿足於爬過的山，我會尋找更高的山頂去征服。

今天，有兩個特質讓我保持「看得更多、看得更早」的焦點：創造力與彈性。創造力幫助我相信凡事總有答案。這種心態讓我比人看得更早，因為我期待這樣去看。而彈性提醒我，答案總不只一個。這個心態讓我比人看得更多。這兩個觀念對我如何看未來，影響很大。它們使我的想法不受限。它們說服我，沒有毫無盼望的情況，只有當人覺得無望時，才會無望。

我鼓勵你擁有這兩個特質，絕不要讓別人來決定你的願景，如果任由別人，願景很可能就太小了。

2. 發展一套尋找「看得更多、看得更早」的程序

在《精準成長：打造高價值的你！——發揮潛能、事業及領導力的高效成長法則》（商業周刊出版）中的設計定律說：「要能得到最大的成長，需要發展策略。」[11]這個觀念不只對個人成長有用，對於願景也一樣行得通，因為策略就是為了獲得特定結果的一個系統，像高速公路一樣，能幫助你快速達到目的地。

本書第6章我寫了從態度到行動的一系列過程：測試——失敗——學習——改進——重新進入。這對你提升「看得更多、看得更早」，也是很好的過程。

- **測試：**從你的舒適區走出來。藉著分享願景，你在誰身上可以測試正向回應？你可以在哪些你還沒分享過的地方分享？若你不測試，永遠不會知道誰會從你的願景中得著益處。
- **失敗：**失敗讓你有機會找出什麼是行不通的。這非常重要。除非你知道什麼行不通，不然你不會去排除這一點。為什麼我們不多失敗一點呢？
- **學習：**受教的精神加上謙卑，可以培養擴展願景的學習經驗。

- **改進：**身為領袖，你需要經常問自己：「我是不是越來越好？」這是每位成功者心中每天都在自問的問題。這就是改進之道。
- **重新進入：**如果你不想重新加入戰局，這些都不重要。一個人跌倒了會立刻爬起來，可能會被人欽佩說很有韌性，但除非他從中學習、改進、應用，就對他沒什麼好處。

華倫・班尼斯（Warren Bennis）說：「領導力就是把願景轉變成真的能力。」[12]

我列出上述過程，就是希望能幫助你把願景轉變成真。

3. 花時間與能夠激勵你「看得更多、看得更早」的人在一起

在第5章，我提到作家吉姆・柯林斯（Jim Collins），他教了我一個「人脈幸運」的觀念：你認識的人會大大影響你的生命。我相信所有的幸運中，人脈幸運是最重要的。回顧我的生命，我能指出人脈造成的不同影響。一九七一年，我

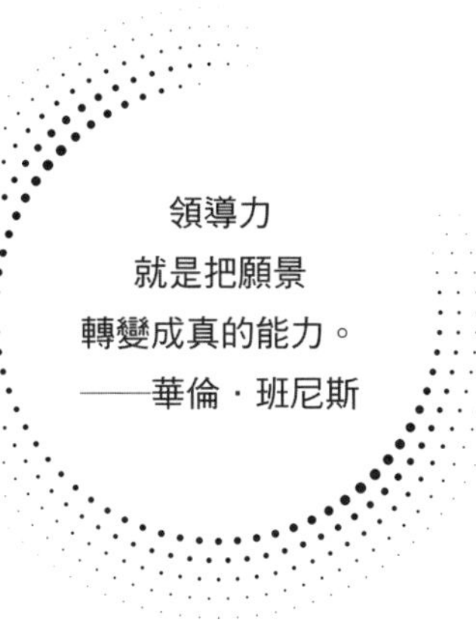

還是年輕牧師時，打電話給全美國十間最大教會的牧師，請他們給我半小時，我想問他們有關領導力的問題，並請教他們成功的經驗。十位牧師中有兩位答應了，這就是我人脈幸運之始。與他們的談話，幫助了我「看得更多、看得更早」。這兩位領袖幫助我認識了其他八位原先沒有答應我的牧師。

我可以指出，在我生命中一次又一次的這種經驗，我周圍的人擴展了我的願景，讓我願意比以前學習更多。而自從認識了那兩位牧師，我會刻意尋找一些人與經驗，以發展領導天賦，擴大願景。以下是我的發現：

- 當我與對的人在對的地方會面，這不是浪費時間，而是投資，這是我獲得最大投資報酬的地方。
- 人脈幸運有90％是刻意的，10％是偶然的。你不能只是「希望」遇到貴人，希望不算是一種策略。
- 與大人物在一起，不可能不讓你自己也變成大人物，然而這種經驗會改變你的生命。
- 要與對的人相會最好的方式，就是問對的問題：「您認識的哪些人，是我該認識的？」

- 事先準備，事後思考，會使這種經驗的價值最大化。
- 把團隊同仁包括進來是成長最好的方式。只要可能，就帶著同仁前往。
- 與對的人見面的第二次最重要，這表示雙方都認為再聚一次有其價值，而且這可能是往後關係的一個開始。

你是否積極尋找可以擴展你個人與擴大你願景的人？這是你的優先事項之一嗎？如果不是，應該要列入優先才對。

4. 問一些會幫助你增加「看得更多、看得更早」的問題

在我寫的《好領袖會問好問題》（Good Leaders Ask Great Questions，中文暫譯）中，我說問題是打開機會之門的鑰匙。[13] 最近有一次，我在紐約受訪，訪問者說：「你三十多歲時與現在的領導，有什麼最大不同？」我想了一下，回答說：「我三十多歲時會給人一大堆指引，今天，我會問很多問題。」

當我們找到自己的願景，就找到我們的道路。然而，另一種發現也同樣重要——哪些人會加入我們的旅程，一起完成願景。問問題會使我們對人增加認識，也會知道是否要與此人同行這趟旅程。問問題也會打開交換好想法的門，能幫助我們塑造願景，使願景具備該有的資訊。

如果只靠假設來領導，通常的結果會是噩夢一場。問正確的問題，能排除錯誤的假設。你要去見越成功的人，提出的問題就該越好，你就越可能得到好的答案。

5. 刻意每天都有成長，以擴展你「更多，更早」的容量

我最大的熱情在於個人成長，因為這樣會持續增加我的容量與願景。多年前，我聽到珥．南丁格爾（Earl Nightingale）說：「如果一個人願意在某個主題上每天花一小時研究，五年之後就會成為那方面的專家。」我決定聽他的，在領導方面下工夫。所以，每天一小時，每一天持續研究，學習領導力。

前兩年我一直問自己：「要花多少時間才行？」我想要「達到」專家的境地。但後來發生奇妙的事情，開始讓我經驗到個人成長的喜悅，我看見自己進步了，更棒的是別人也看見了。從此，我愛上了個人成長的旅程。我問自己的問題從

「要花多少時間？」改成「我可以走多遠？」過去的四十五年，我都在問這個問題，我還沒有答案，也認為可能不會有答案，我也不想要有答案，我還在成長，我真的樂在其中。

史蒂夫．賈伯斯（Steve Jobs）說：「如果你正在做你真正關心、會令你興奮的事，你不需要別人來督促你，願景會牽引著你前進。」他說得對，我仍然感到個人成長在牽引著我，使我這個領袖繼續往前。

☆

願景專屬於你個人

在我寫的《通往夢想的10個黃金法則》（天下文化出版）一書中，我問了一個有關歸屬權的問題：「我的夢想真的是我的夢想？為什麼？」因為你不可能使一個不屬於你的夢想成真。[14] 請看下面不同的經驗，以區別你是否擁有這夢想。

如果
你正在做你真正關心、
會令你興奮的事，
你不需要別人來督促你，
願景會牽引著你前進。
——史蒂夫．賈伯斯

屬於他人的夢想	專屬於你的夢想
不會感到很合適	感覺正好是在你身上
會變成你肩頭的重負	使你精神上如虎添翼
榨乾你的精力	點燃你的鬥志
讓你昏昏欲睡	讓你晚上仍然精神抖擻
會帶你離開強項區	會帶你離開舒適圈
他人會得到成就感	你會得到成就感
需要他人要求你去做	會感到你天生就該做這個

如果夢想不是你的，就永遠不可能成真。再者，身為領袖，若夢想不屬於你，就無法使他人同意及跟隨。

這些年來，在領導力研討會上，我最常被問到的問題是：「我如何為我的組織找到願景？」我聽到這個問題，總會同情這位問問題的領袖，因為這代表這個人被放在領袖的位置上，卻缺乏領袖不可或缺的特質。除非解決了這個願景的問題，否則，這人只是掛名的領袖罷了。我希望你已經和你的團隊、部門、組織擁有共同的願景，然而，要是你還沒有，我願意助你一臂之力。雖然我無法給你一個願景，但我可以分享獲得願景的過程。我也願意幫助你思考完成夢想需要執行什麼的過程。

觀看內心——你感覺到什麼？

你無法借用他人的願景，願景必須是來自你的內心。而把願景帶出來，就需要熱情了！什麼會點燃你的熱情？什麼事這麼重要，使你晚上睡不著，熱血沸騰或給你極大的喜悅？這些都是願景的線索。

我最欽羨的領袖之一是邱吉爾（Sir Winston Leonard Spencer Churchill）。每次我去倫敦，都會到邱吉爾戰情資料室去參訪。這是在第二次世界大戰時，首相與英國領袖們討論攻打納粹軍事計畫的地下室。出乎大家意料之外，邱吉爾帶領大英國協度過了最黑暗的時期，激勵了千百萬人民：「絕不，絕不，絕不，絕不放棄！」邱吉爾說：**「在動人以情之前，你自己要先被打動；在你催人淚下之前，你自己要熱淚盈眶；在你以理服人之前，你自己要堅信不疑。」**

為什麼從內心開始尋求願景很重要？有三個主要原因。

第一，你外面的壓力會沖淡你的願景或使你分心。也許你可以得到免費的願景，但實現願景的旅程絕對不會不花代價。每天有人或有事情會阻礙你，不讓你達到願景想要帶你去到的境地。阻礙與反對是經常有的，會使你被消磨。結果呢？通常願景就慢慢「漏光」了！這時候，你內心的力量就是你的泉源，使你能夠為願景堅定。

第二，當你與人分享從你內心生出來的願景，才會真誠，原汁原味。美國聖母大學（University of Notre Dame du Lac）的前任校長西奧多．海斯伯（Theodore Hesburgh）說：「願景在各種情況下都要說得清楚而有力，**你不能吹不確定的號角**。」會吹「不確定的號角」，通常是因為領袖自己沒有深刻的信念，只是拋出他人的願景。

最後，只有來自內心的願景才有分量成就大事。沒有分量的願景很容易被駁遭棄，因為來得容易，就去得容易。有分量的願景讓人無可選擇，因為事關緊要。這樣的願景提供機會，但如果領袖忽視就會帶來後果。有分量的願景對領袖來說是無所不在的，而那份重量就像北極星，引導著領袖們，給他們信譽，給他們尊嚴，也帶給他們旅程中的喜悅。沒有分量的願景經常只是幻覺，而只有重量、沒有願景會使人沮喪。

精神科醫生榮格（Carl Jung）說：「你的願景只有在你往內心觀看時才變得清晰。看外面的人，在做夢；看內心的人，會覺醒。」身為領袖，你自己往內心看，注意感覺，會開始對夢想與願景覺醒。

觀看過去——你學到了什麼？

領袖所擁有的願景都建立在他們的過去——過去學到的功課。過去經驗到的痛苦，過去得到的重要觀察。舉例來說，我開始擔任牧師時，我以為我必須注意花時間在管理責任上。我從小到大觀察到的領袖，都花時間在這方面。但我很快發現，我在管理方面沒有天賦，甚至耐性也不夠，不論我花多少時間去努力都一樣。我變得很沮喪，最後不得不承認，我在管理方面無法改善，需要為教會重要的管理責任找其他方法，由他人來執行，而不是由我。我很快就徵召了一批志願者，是對管理既有技術、又因管理而有成就感的人。在第二個教會服事時，我可以聘一位管理助手，真是把我樂壞了！

在第一個領導位置上，我學到了功課。如果回頭去看從那之後我所領導過的組織，你會看到我根本不再「企圖」扮演管理者的角色，我把它留給在那方面有長才的人。這樣分工使我成了更好的領袖，因為我能聚焦在我的長處。

你過去的經驗，關於願景，你學到了什麼？你的成功——更重要的是你的失敗——教了你生命與領導的哪些功

你的願景
只有在你往內心
觀看時才變得清晰。
看外面的人，在做夢；
看內心的人，會覺醒。
——精神科醫生
榮格

課？身為領袖，這些都該是你願景的一部分。

觀看周圍——他人身上發生何事？

一旦願景在你內心產生，你必須注意哪些人願意幫助你完成願景。為什麼？《領導力21法則——領導贏家》（基石出版社）中的認同原則說：「人會先認同領袖，然後才認同願景。」如果你無法使人認同你，你的願景也走不遠。

好領袖會觀察周圍的人，知道何時與如何向他們提出自己的願景。好領袖會聆聽他人，從他人學習，然後洞察如何領導他人。好領袖注意合適的時機，因為時機原則說：「領導的時機與領導的內容：做什麼，往哪裡去，同樣重要。」[15]

講到時機，我很喜歡這個故事。有個小男孩第一次去參加交響樂音樂會。他很興奮，看著富麗堂皇的音樂廳，賓客穿著華服，加上專業管弦樂團的音樂等等。所有樂器中，他最喜歡的是鈸。鈸所發出的第一響聲就擄獲了他，使他被迷住了。但他注意到大部分時候，敲鈸的音樂家都只是站在那裡不動，偶爾才貢獻幾個聲音，而且就算敲了鈸，聲響也很短促。

音樂會之後，小男孩的父母帶他到後台去與某些音樂家見面。小男孩立即去找打擊樂手們，找到那敲鈸的音樂家。

「你要懂多少才能敲鈸？」小男孩問。

音樂家笑著回答：「敲鈸不需要懂很多，你只要知道什麼時候敲就好。」

好的想法會在人預備好的時候變得偉大。對人沒有耐性的領袖，在時間還沒到、他人無法接受之前，就努力想使願景成真，強迫推銷自己的想法，最後會招致沮喪。領袖的力量證明領導不在乎努力往前，而是適應腳步，用他人較慢的步調，但同時又無損於你的方式去領導。身為領導，自己一個人跑太遠，就會失去影響他人的力量了。

觀看上方——神對你的期待是什麼？

在我繼續往下講之前，也是我最後要對你擁有的願景、夢想下定義之前，我想告訴各位，神如何進入我生命的劇場。我如此行，因為我是有信仰的人，要對自己真誠，當我說出願景在我生命中的運作，我不能漏算神那一份。如果冒犯了各位，請跳過這段往下閱讀。

我相信神給我的禮物就是我的潛力。而我奉獻給神的禮物，就是我藉著潛力所做的。我相信偉大的領袖會意識到較高的呼召，使他們出人頭地，也催逼他們試著成就對他人有意義、重大的事情。對有信仰的人來說，這呼召是神所命定的。

如果你架著成功的梯子往上爬，到頂端才發現梯子架錯了房屋，將會是多麼可怕！這就是為什麼我請求神指引我，也是我這樣定義成功的原因：

- 認識神，以及祂對我的心意。
- 在我的潛力上成長到頂。
- 撒下對他人有助益的種子。

如果你渴望神幫助你知道自己的願景與呼召，就直接請祂來幫助。我甚至也鼓勵無神論朋友如此做。試試吧，看有什麼事情會發生。

觀看前方——那幅大圖畫是什麼？

如果你注意了自己的感受、注意學到了什麼、注意他人發生了什麼、注意自己有什麼資源、神對你的期望是什麼，這時候，你已經預備好去觀看大圖畫了。這是打造願景的最後思考。

最近，我為朋友提姆．艾爾摩（Tim Elmore）領導的機構「領袖培養協會」（Growing Leaders）做廣播節目，主題是「快轉」。主持人問我有關的想法，我就想到生命的速度從來沒有這麼快過。我們往前看時，未來就變得更快，而不是更慢到眼前。我年紀越大，越覺得生命像是衛生紙捲筒，越到後面，轉得越快！

五十年前我剛擔任領袖時，很容易看到那幅大圖畫。那時，我們被鼓勵要有長期計畫（十年）、中期計畫（五年）、短期計畫（一到兩年）。今天，很多公司的長期計畫可能只有兩年，因為需要經常改變、改寫計畫。在這種步調之下，領袖那種比他人看得多、看得早的能力，會讓他不只注視目前，而能聚焦未來。我開始擔任領袖的一開始，那時看得多比看得早重要。今天，情況不同了，看得比其他人早，是領袖成功的關鍵。今天，職場賽跑中抵達終線者沒有所謂第一、第二、第三名，而只有第一名有資格進入下一輪，其他人都被淘汰，無法再參與比賽了！

☆

為他們畫一幅願景圖

如果你了解願景的價值，委身於比他人看得多、看得早，也努力發掘願景，下一步呢？除非你願意、也能夠為人畫一幅清楚的願景圖，動員他們加入旅途，否則什麼都不會發生。就像我的朋友安迪．史坦利（Andy Stanley）說的：「如果願景不清楚，你內心的水氣最後會在你的組織中變成一團霧。」[16]

一幅願景的圖畫勝過千言萬語，因為大家會記得圖畫，並加以思考。但領袖通常只用說的。深入研究領袖與演說家的作家唐納．菲利浦（Donald T. Phillips）說：「在人類的所有感官中，主要刺激智力的是聲音，視覺是第二。演說是把「聲音」與「視覺」結合，因此是對廣大聽眾溝通的有效方式。」[17]

偉大的願景都有一些共同的元素，最好的領袖都會確認這些元素被包含在圖畫中，使人可以感受得到。

如果願景不清楚，
你內心的水氣最後會在
你的組織中變成一團霧。
——安迪．史坦利

地平線

領袖對於遙遠地平線的遠見，會讓人看見這些可能性的高度。當然，你所接觸到的個人，他們自己會決定要走多遠、多高，但你身為領袖的責任是要把很大片的天空放入圖畫中。保羅・哈維（Paul Harvey）說：「盲人的世界受到限制，他的範圍只限於可以觸摸之處；無知者的世界受他知識的限制；偉人的世界受他遠見（願景）的限制。當有遠見的領袖為人繪出未來的圖畫時，地平線就擴展了。

太陽

每個人都渴望溫暖與盼望。當你為人畫出光明的未來，人就感受到那溫暖，他們從你提供的「光」感受到樂觀。領袖的首要功能就是讓大家的盼望復甦。

山

每個願景都有挑戰。發明拍立得照相機的愛德溫・藍德（Edwin Land）說：「你首要作的就是教導人，讓人感受到願景很重要，且近乎不可能達到，這會把贏家的驅動力汲引出來。」

身為領袖，不要假裝沒有挑戰，他人會看穿你欺騙的伎倆。你反而要攤牌承認有挑戰，也有阻礙，但向團隊保證你必定會與大家全力以赴，一起克服困難。

鳥

觀看老鷹起飛，會使人精神振奮上騰。大家都需要這種激勵與提醒，只要奮起，這精神將大有能力。就如巴頓將軍（General George S. Patton）說的：「戰爭可能是用武器去打的，卻要由人去贏得。跟隨者的精神加上領導者的精神，才能使人贏得勝利。」[18]

花

獲得大的願景需要時間，需要大量精力與努力，不是大推一把就可以完成的。因此，你要容許他人停下腳步，駐足嗅聞路途中的花香。人需要停下來休息，以致心智、情緒、身體都為之一振，重新得力。相信我——我的天性會一直向前走，但我必須學習讓他人在需要時停下來喘口氣。

路徑

人都需要方向，需要一條可以跟隨的路徑。他們也需要知道你這個領路人知道要走哪一條路，才能從起點走到目的地。你要像美國原住民的嚮導，當別人問他如何帶領人經過尖聳山峰、穿過森林、沿著濕滑小徑走，他答道：「我能近觀，也有遠見。我一面看著就在我正前方的人，一面以群星引導我的路程。」

你自己

你在繪這幅圖畫時，絕不要忘了把自己放進去。這樣可以顯示你對這個願景的委身，你就是要陪伴同仁一起經歷整個過程。你不僅是嚮導，也是足以跟隨的榜樣，是他人爬山感到需要時會主動出手相助的人。就如曾任聯合國大使的沃倫·奧斯丁（Warren R. Austin）所說的：「如果你要拉我一把，你需要站在更高之處。」

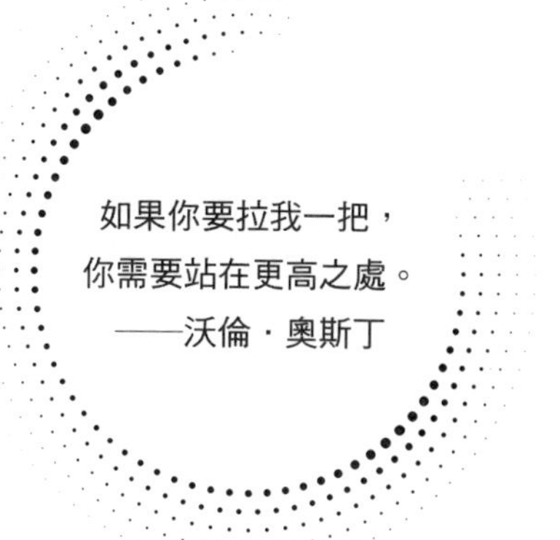

他人所愛的事物

別忘了，人們最能被自己喜愛的人事物啟動。因此，我們需要記得，把這些畫進我們的圖畫中。這也是第二次世界大戰時降落傘工廠所做的。降落傘的製程需要千人，這項工作非常繁瑣。工人每天要踩縫紉機長達八至十小時，在單色布料上縫數不清的針數。就算縫製者在製作降落傘上已經很進步，他們做出來的東西看起來仍像沒有形狀的一堆布。

領導者如何克服這種無聊、防止可能的錯誤呢？每天早晨，工人都被提醒，他們縫的每一針都是救命的手術。領導者要他們想像，他們縫製的降落傘可能是他們的丈夫、兄弟或兒子會用到的。雖然工作艱辛、工時又長，這些戰時在家鄉的男女知道自己對國家這個更大的圖畫有所貢獻，他們完成了願景，也無形中幫助了最愛的人。

我很欣賞哥倫布（Columbus）用大膽行動面對挑戰所展現出來的智慧。當他揚帆向著大西洋航行時，西班牙國旗上寫著座右銘：「Ne Plus Ultra」，意思是「此處之外，再無一物」。這幾個字在傳統上是形容西班牙的直布羅陀海峽（Straits of Gibraltar），也被稱為「海格力斯之柱」，代表當時的已知邊界。但在哥倫布發現新大陸之後，西班牙王查理五世（Karl V）改了國家座右銘，成為「Plus Ultra」，意思就是**「走得更遠」或「超越極限」**。全國、甚至整個西方世界都改變了，開始動員所有物資，因為大家對世界的看法都改變了。

蘋果公司的共同發起人賈伯斯說：「成就偉大的唯一方法就是喜愛你所做的，如果你還沒找到，就繼續尋找。不要就此安頓，就像所有心中所愛的，你找到時自然就會知道。」[19]身為領袖，當你發現願景，這願景就會成為你的火、你的激勵、你的引導。如果你還沒找到，不要放棄，繼續尋找。你找到的時候必然心有靈犀。當你找到時，培養它、擁抱它、擁有它，為他人畫一幅引人注目的圖。因為願景是領袖不可或缺的特質。要是沒有願景，你永遠不會把內心的領導力發展到極致。

應用練習

發展你內在的「願景」

Developing the
VISIONARY
Within You

既然願景是領袖不可或缺的特質，希望你不會發現自己已經擔任了領導職位或有此責任，心裡卻沒有願景。

指認你的願景

如果你沒有清楚的願景，花點時間回答本章所提的問題：

觀看你的內心：「你感覺到什麼？」

觀看你的過去：「你學到了什麼？」

觀看你的周圍：「他人身上發生了什麼事？」

觀看你的上方：「神對你的期待是什麼？」

觀看你的前方：「那一幅大圖畫是什

麼？」

增加你的願景

你比你所帶領的人看得更多、看得更早嗎？你掌握那幅大圖畫了嗎？你比他人更早看到問題嗎？還是你常會看不見死角？你需要他人告訴你前面的問題與挑戰嗎？

如果你沒有走在你所帶領的人前頭，到後來，你就不會是他們的領袖了。你需要改進能力，看得更多、看得更早。要如此，請聚焦在下列三件事上：

- **花時間與能夠激勵你做更大的夢的人在一起**：你認識哪些想得遠、夢得大的人？與他們會面談談，或盡可能追隨他們。
- **問一些會幫助你「看得更遠、看得更廣」的問題**。看事情不要只看表面，培養追根究柢地思考，離開舒適圈。

・**發展一個願景的成長計畫：**在願景的成長上，你能做什麼？你會閱讀偉大領袖與發明家的傳記嗎？需要在專業上提升能力嗎？要探索其他的文化嗎？展開你的思考與期望，學習想得更大、更有企圖心。

第 9 章

自律

領導力的代價：

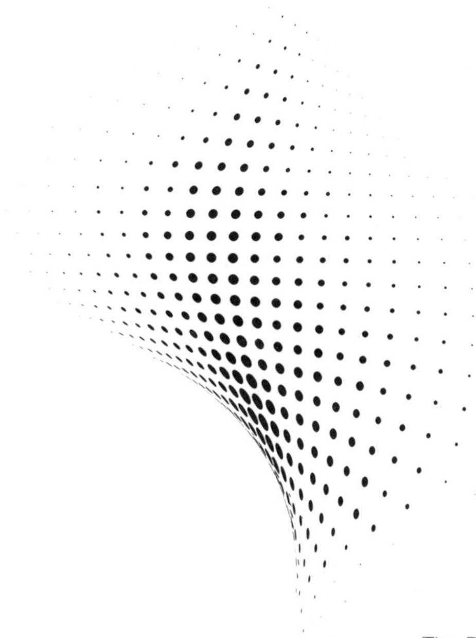

The Price Tag of Leadership :

SELF-DISCIPLINE

美國杜魯門（Harry S. Truman）總統說：「讀偉人生平，透過閱讀偉人生平，我發現『戰勝自己』即是他們的第一個勝利……自律是一切的首要之務。」這句話不僅對高成就的人來說很精準，要有效領導更需如此行。好領袖在管理他人之前，須先操練自我管理。在能夠成功領導他人之前，自律是領導的代價。

我讀大學時修了希臘文與希伯來文。希臘文中的自我控制是「**egkráteia**」，對於需要有效領導的人來說，我想這個字可加以深思。這個字的意思是抓住自己，[1] 形容一個人願意掌握自己的生命，掌握可能帶來成功或失敗的範疇。這是很關鍵的，因為我在領導他人之前，必須能掌控自己。

身為領袖，我們的最大挑戰是先領導自己。我們自己走多遠，才能帶領別人走多遠。我們旅行到哪兒，才能帶人旅行到那兒。許多很有天賦的領袖太早就停下來，沒有發揮潛力，因為他們並不想付代價。他們走快速道路達到領導位置之後才發現，長期來說，抄捷徑一點兒都不划算。

身為領袖，
我們的最大挑戰是
先領導自己。

☆

自律使領導的爬坡上行變得可能

我們需要認清一個真理，不只對領袖，對於生命中的每件事，這個真理都適用。差不多去年開始，我密集地對我的聽眾教導這一點。預備好要知道是什麼嗎？就是：**一切有價值的事都是上坡**。

也許你會說：「現在你指出來了，我看出來了，好吧，我們繼續往前，下一步是什麼？」但我要請你停一下，想一想。「一切」有價值的事都是上坡。「一切」就是包括全部，涵蓋所有。把它和「有價值的事」放在一起來看，也就是心裡想要的、合適的、對你來說是好的、吸引人的、有益處的事。這樣想很重要，因為生命中你想要的每一件事，要為之努力的每件事情，通通都是「上坡」，是有挑戰的、很累人的、費勁的、會讓人精疲力竭的、困難的。

這句話的涵義很簡單：沒有不勞而獲、意外成功這種事。沒有一個登山成功的人會說：「我也不知道怎麼就爬到山頂了，有天醒來，我就在這兒了！」沒有一個領袖帶著人完成大事，是沒有經過努力的。每個上坡的人都需要下決心、持續、意志堅強，要刻意如此，才能達成。

「一切有價值的事都是上坡」這句話，不僅描述了它在生活上的重要性，也解釋了自律對成功的重要性。因此，我想用本章的篇幅來解釋自律的道理，因為若你擁抱它，身體力行，就有能力活出精采的上坡旅程，也就付出了代價，可以得到領導力。讓我們開始吧！

一切有價值的事
都是上坡。

1. 自律讓你能爬坡上行

如果我問：「你想改善生活嗎？」你當然會答：「是的。」問題不是你想不想改善，而是你「如何」改善？答案是每一天都刻意而活。這就需要自律了。

自律可以驅動你將想法付諸實現。也就是把口裡說的、心裡想的與實際結果區分開來。生活中的鴻溝之一就是從「聽起來很好」到「做得很好」。最後，我們是被我們所做的事以及我們周圍的人所受到的影響來衡量。沒有結果的善意，最好的也不過是自娛，最壞的就是自欺。自律，鋪了一條會產生結果的道路。

你認識一些總是為了預備而預備的人嗎？你知道一些人總是有始無終嗎？我也認識這樣的人。他們需要聽聽詩人愛德嘉・格斯特（Edger A. Guest）的一首詩〈繼續下去〉（Keep Going）：

事情總有出差錯的時候，
你跋涉的旅途似乎都是上坡，
資金缺乏、債台高築，
你想微笑以對，卻只能嘆息。
當憂慮壓得你有點受不了，
如果必要，就休息吧——但你可別放棄！
生命有迂迴曲折的奇事，
就像我們有時學到的一樣。
許多失敗，如果當時堅持到底，
其實我們是能得勝的。
別放棄，雖然腳步似乎越來越慢——

再出一拳，就可能成功。
成功就是把失敗翻轉過來看——
是懷疑之烏雲上的銀色閃光。
你永遠不會知道，
成功還有多麼遠？
看似遙遠，實則很近，
所以繼續戰鬥。
尤其是你被擊打得最慘烈的時刻——
情況最艱鉅時，你可別放棄。[2]

身為年輕領袖時，我很專注於發展自律精神。我常常在想、常常在談我所經歷的事。我感覺領導的責任很艱鉅、上坡很困難，我想讓我周圍的人知道我願意付代價改進。也許那時，我希望我能逃去一個不用再往上爬坡的地方，但這樣是行不通的。今天，我仍在往上爬坡，但現在需要的自律不再費力，不再有那種感覺：「沒有人像我遭遇這麼麻煩的事，沒有人知道我這麼難受！」在旅程的重壓下，我變成熟了，我想這正像是登山專家所展現出來的訓練結果。我的視野改變了，不再聚焦於我經歷了什麼，而聚焦在我要去哪裡。山頂在呼喚我，吸引我往上爬。

我的朋友吉米．威泰克（Jim Whittaker）曾到世界各處登山，有天午餐時，他告訴我，身為登山者，他最大的成就在於他曾帶到山頂的人數。然後，他跟我分享了一些登山經驗，是我想傳達給各位讀者的。他說：「你去征服的永遠都不是山岳，你征服的只是自己。」這是我們必須擁有、最重要的領導力。

2. 自律能區分暫時的成功和持久的成功

在我這句「一切有價值的事都是上坡」的話中，我想加上兩個字：「一路」——「一切有價值的事都是一路上坡」。這有什麼重要性？任何人都可以爬一陣子的山，幾乎每個人都可以，至少爬一次。但你能持久嗎？你能每天、日復一日、年復一年地爬山嗎？我這樣問不是要打擊你的士氣，而是要讓你明白，身為人、也身為領袖，要花什麼代價才能發揮潛力。所以我說自律是領導力的代價。

勵志演說家布萊恩．特拉西（Brian Tracy）寫過，有一次他遇到成功的名作家克普．柯普梅爾（Kop Kopmeyer），他問作家：「什麼是眾多成功原則中最重要的？」作家柯普梅爾說：「赫胥黎（Thomas Huxley）多年前說過的成功原則最重要：『做你該做的，在你該做的時候做，不論你想不想做。』」柯普梅爾繼續說：「我讀到的，還有經驗到的另外999種成功原則，若沒有自律，一個也行不通！」[3]

我的朋友凱文．邁爾斯（Kevin Myers）是十二石教會（12Stone Church）牧師，他這樣說：「每個人都想快速解決問題，但他們真正需要的是去健身。只想解決問題的人，在壓力解除時就不再做該做的事了；而想要健身的人，不論情況如何都會做該做的事。」

我們每天都在面對選擇：是否要為領導力付代價？我喜歡《走樓梯》（Take the Stairs，中文暫譯）一書的作者羅利．魏登（Rory Vaden）的說法，他稱此為「弔詭痛苦」（Pain Paradox）。我們選容易的、短期「感覺」好的事情來做？還是選困難的、長期才真正是好的事情來做？魏登說，我們可以問自己：

「我該毫不猶豫就去買那個東西，還是把錢省下來，以備不時之需？」

「我要再吃個高級奢侈的甜點，還是今晚就到此結束，不再吃了？」

做你該做的，
在你該做的時候做，
不論你想不想做。
——赫胥黎

「我要額外努力，還是達到最低要求、應付過關就好？」[4]

魏登說這些問題顯示了做決定的弔詭痛苦，也就是：

短期的舒服輕鬆會造成長期的艱難，而短期的艱難辛苦帶出長期的安舒。最弔詭之處在於：我們以為簡單的方式、看起來舒服輕鬆的方式、看起來容易的方式，通常都會把我們帶向與其完全相反的生活。而我們以為比較艱難的、看起來最艱鉅的挑戰、最嚴格的要求，卻讓我們得到人人想要的安舒生活。[5]

魏登說我們的情緒和邏輯常常打架。一般來說，在事情的當下，情緒的力氣比較大，但看得比較長遠的卻是邏輯。這些話對我很管用，因我生性樂觀，很容易只活在當下，喜歡找樂子。我很早就認識自己這一點，所以我需要一個幫助自己把注意力放在長期的策略，為將來的成功打拚。我把這

短期的舒服輕鬆會造成長期的艱難，而短期的艱難辛苦帶出長期的安舒。
——魏登

部分的答案寫在《贏在今天——掌握成功的12個操練》（橄欖出版）一書中，這裡我只講幾個概要觀念。我根據自己的價值觀，把生命中的決策分成十二個主要部分，每部分都有深思熟慮、符合邏輯的決策，我稱之為「每日一打」，因為我的目標就是每天以這十二個價值觀作為那個時刻的決定。

只為了今天……我要選擇並展現正確的態度。
只為了今天……我要擁抱並操練美善的價值。
只為了今天……我要與我的家人溝通並照顧他們。
只為了今天……我要認識並遵守健康的指南。
只為了今天……我要決定並實踐重要的優先。
只為了今天……我要接受責任並展現負責任。
只為了今天……我要委身並守住恰當的承諾。
只為了今天……我要主動開始並投資穩固的人際關係。
只為了今天……我要賺取並恰當地管理財務。
只為了今天……我要深化並活出我的信仰。

只為了今天……我要渴慕並經歷自我改進。

只為了今天……我要計畫慷慨付出並作榜樣。

只為了今天……我要實踐這些決定並操練這些紀律。

然後有一天……我會看見好好活一天所產生利上加利的結果。

當我感覺情緒拉著我去做對我不頂好的事，我就做這十二項對我好的事，以操練自律。如果我前後一致地做下去，那麼有一天，我必定會在這幾個範疇看到成功。這裡強調的是前後一致，因為這樣才會利上加利，有複利的效果。

3. 自律使習慣成為你的僕人而非主人

每個人都有上坡的盼望與抱負，有上坡的夢想，但我們也有個問題，就是人都習慣下坡。這就讓我們無法有自律地爬到更高處。原因何在？因為習慣勝於我們，看一看丹尼斯．崁伯（Dennis P. Kimbro）寫的這段很有洞見的話，這是我幾年前看到的：

我是你經常的伴侶。
我是你最佳的幫手或最沉的重擔。
我會助你前行或扯你後腿讓你失敗。
我完全聽命於你。
你做的事情中的一半，
還不如交給我，
我會做得又快又好。
我很容易被管理——
你只需要對我異常堅定。
讓我知道你做事的確切方法，
幾次之後
我就會自動去做了。
我是所有偉人的僕人。
嗚呼，我也是所有失敗者的僕人。
對偉大的人，

我幫助他們偉大。
對失敗者，
我促進他們失敗。
我不是機器，
但我像機器一樣精準，
再加上，人類的智慧。
你可以利用我得著益處，也可以因為我得著毀壞。
對我而言，這並沒有什麼不一樣。
接受我，訓練我，對我嚴格一點，
我就把全世界放在你腳前。
對我太心軟，我就毀了你。
我是誰？
我就是習慣。[6]

我們的習慣會造就我們，或打碎我們。我們要選哪一個呢？

每個領袖都面對兩種挑戰：首先，我如何把我那下坡的習慣改成上坡？第二，我如何幫助我所帶領的人，把他們的下坡改成上坡？所以問題就是：我們如何把下坡習慣改成上坡習慣，使習慣為我們效力，而非奴役我們？

改變習慣的第一步是改變思想。如果你能幫助他人改變思想，也就可以幫助他人改變習慣。我們的思想決定我們是誰，而我們是誰又決定了我們成就什麼。壞思想結出壞習慣的果子，好思想結出好習慣的果子。我若可以為他人只做一件事情，我就去幫助他們的思想，使他們的選擇能結出上坡的習慣。

上坡思想就是刻意、前後一致、意志堅強。下坡思想則是不刻意、不前後一致、優柔寡斷。上坡思想帶領我們爬坡上行，下坡思想帶我們滑坡下行。來看看兩者的差異（見左圖）：

讓我解釋一下。如果我有一個問題或挑戰，而我認為沒有正向的解決方法，我如何回應呢？我可能會拖延，可能會開始找藉口說我為什麼沒有行動。但藉口只是個出口標誌，好讓我們離開進步這條道路。有時候，找藉口的結果是悲劇，或者變成鬧劇。舉例來說，當人想得到保險賠償，汽車保險公司會收到這類藉口：

爬坡上行	滑坡下行
每件事都值得	每件事都不值得
贏	輸
事前預備	事後修補
士氣高昂	士氣低落
高自尊	低自尊
自我改進	沒有改進
有目標	無目標
滿足	空泛
造成不同的影響	沒有影響
刻意的行動（做）	好的意圖（知）
上坡習慣	下坡習慣

「我開到交叉路口時，一個障礙忽然蹦出來，擋住我的視線。」

（難道你不討厭那種快速出現的障礙嗎？）

「一輛看不見的車不知道從哪兒跑出來，撞了我的車，就消失了。」

（就像超級英雄。）

「電線桿很快到我面前，我試著繞道，但它打到我的車頭了。」

（這些電線桿真有主見，叫人無法預測。）

「這車禍的間接原因是

有個開小車的矮個子，有一張大嘴巴。」

（這個我可以想像是什麼樣子。）

「這輛車我開四年了，這是我第一次開車時睡著，出了車禍。」

（真是創紀錄了。）

「我為了不要撞到前車的保險桿，只好撞倒路人！」

（這可真是個有意思的抉擇。）

「我因臀部問題正要去看醫生，萬用接頭出了問題，就出車禍了。」

（我可不想用十呎的竿子去碰那一頭！）

如果我的思想很負面，就會發展出拖延與找藉口的習慣。但如果我的思想正面，我就會負起責任並採取行動。我的思想決定了我的習慣。

我們思想的核心，是我們對生命的整個態度。許多人認為應該要過得輕鬆愉快，這樣的思想使他們期待每件事情都不需要努力就會得到。他們看著、等著，希望成功來臨。不會的。我們可以好整以暇地假設每件好事都會臨到我們，但我們也可以採取主動讓好事發生，以掌控自己的生活。如果我們不掌控，別人會的。他們可不一定讓我們過我們想要的那種生活。

丹・凱西（Dan Cathy）是美國漢堡連鎖店福樂雞（Chick-fil-A）的總裁與執行長，他最近跟我分享，內部改變率必須快過外部改變率。這是正確的想法。我們應該持續成長，內部要改變，就從你的思想開始，因為在思想方面的自律，能幫助你從下坡習慣改為上坡的盼望。古老智慧之言說得對：「**因為他心怎樣思量，他為人就是怎樣。**」[7]

4. 自律是發展出來的，不是被賜與的

我最喜歡的高爾夫球場之一在北卡羅萊納州高地的高地鄉村俱樂部，這是巴比・瓊斯（Bobby Jones）多年來打球的場地。事實上，他一九二八年打開了那個球場的第一球。

巴比・瓊斯是高爾夫球天才，後來成為傳奇人物。他五歲就開始打球，那時是一九〇七年。到十二歲時，他已經可以打出比標準桿低的成績，這是許多一輩子打高球的人無法達到的成就。他十四歲打進了美國業餘錦標賽，但那次瓊斯

在思想方面的自律，
能幫助你從下坡習慣
改為上坡的盼望。

沒贏。他的問題可以用他得到的綽號來形容：「摔桿手。」瓊斯常常失控發怒，也因此失去把球打好的能力。脾氣使他無法發揮潛力，但技術是沒問題的。自律不佳成為他走下坡的潛在因素。

瓊斯有位打高球的老前輩，瓊斯叫他巴特（Bart）爺爺。巴特因為風濕症無法再打球比賽，但仍在職業高球專賣店半職工作。有天巴特爺爺對瓊斯說：「巴比，你夠好，可以贏得這場比賽，可是你不改改你那脾氣，控制一下，就永遠贏不了。你打壞了一球——就沮喪——然後就輸了。」

瓊斯聽了老前輩的勸，開始努力操練情緒管理。瓊斯二十一歲時開花結果，球技超群，成為史上最偉大的高爾夫球手。他贏了高爾夫球賽的大滿貫之後就退休了，那時才二十八歲。巴特爺爺的評論道出了一切：「巴比十四歲就已經掌握了高球賽，但他二十一歲才掌握了自己。」

缺乏自律是許多人無法發揮潛力的罩門。這是壞消息，但好消息是：自律不是與生俱來，而是可以培養的。

自律是可以贏得的，而不是被賜與的。換句話說，如果缺乏自律是你的罩門，就像巴比．瓊斯一樣，你可以移除這個罩門，你有能力做到。

發展自律的第一步是自覺，你需要看到自己的缺點。瓊斯很幸運，有人願意點出他的問題，把話說進他的生命中。我們不是每個人都這麼幸運，我們可能需要尋找認識我們、願意對我們說真話的人。

如果自律這方面是你的困境，我想給各位三個祕訣來發展自律。

自律的人會避免試探

最近在我努力減重的期間，我的教練朋友崔西・摩若（Traci Morrow）說：「約翰，減重是否成功，在你買菜的地方就決定了！別把對你不好的食物帶回家，把它們留在店裡的貨架上，不要放在你家廚房的櫃架上。」

發展了自律與持有正向習慣的人，不會把自己放在火線上。他們如果要減重，不會把垃圾食物放在辦公桌的抽屜裡。如果要節省開銷，不會到購物中心閒逛。他們會**刻意地**避免試探。

自律的人知道何時使用精力

我們不可能每天都活出百分之百的好精神，也不需要如此。知道什麼時候要活出百分之百，對自律來說很重要。為什麼？因為你只有一定分量的精力，需要選擇何時使用。

我每天看著行事曆並問自己：「今天哪個時候我需要表現最好？」指認出那些時段之後，我就規劃自己的精力，努力在那段關鍵時刻中用到極致。我以自律來操練在最需要的時刻使用精力。

凱威地產（Keller Williams Realty）的創辦人蓋瑞．凱勒（Gary Keller）說：「你要確認每一天最重要的事情是什麼。」[8] 這真是個很棒的忠告。事先想清楚，把精力用在最重要的事情上。

> 你要確認每一天最重要的事情是什麼。
> ——蓋瑞．凱勒

自律的人明白並操練：先苦後甘的原則

在自律方面，有兩種人：一種人先甘後苦，寧願避開該做的事情；一種人先苦後甘，就算不喜歡也去做，寧願延後享樂。你需要知道的就是：每個人都必須付代價。延後才去做的事情會「利滾利」，要付出更多。如果延後享樂，則可以享受更多樂趣，玩得更多、更盡興。如果你一直拖延，以後就要付出更多。生命中，作弊是行不通的。

直覺上，你知道這是對的，就像你一直在存退休金並及早正確投資，晚年就有更多資金可用。如果年輕時把錢都用光，晚年就無福可享。如果年輕時持續吃得對、又有運動，晚年的健康就會比較好。如果你忽視這些事情，年老的時候就必須付出代價，這都是你自己的選擇。

最近我與一群學生分享：「如果你只做你想做的，就永遠不可能做你真正想做的。」自律的養成，就是在我們想說不的時候說好，想說好的時候說不。生命中的痛苦有兩種：一是自律的痛苦，但當我們做對的事情，這種痛苦就會緩解；一是後悔的痛苦，會一直痛，直到死亡。

5. 在你的強項與熱情上最容易養成自律

德國劇作家卡爾．楚克邁耶（Carl Zuckmayer）說：「生命一半是幸運，一半是自律，而這是重要的一半。因為缺了自律，就算幸運降臨，你也不知道該拿它做什麼。」你要到何處去找尋導向成功的紀律呢？就是每天都做「對的」事情。這個對的事情通常與你的強項與熱情有關。你喜愛的和你擅長的，通常就向你指出什麼是對的事情。

自律總是需要燃料。最強的燃料來自激勵與動力，這些通常與你的強項有關。你能做得好的事情，通常會激勵你和他人。而動力是熱情的副產品，如果你喜愛做某些事情，就總有動力去做。

如果你聚焦在強項與熱情所在去發展自律，生命的賽跑會感到容易些，你也會跑得快些。如果你聚焦在非強項與沒有熱情之處去發展自律，就會感到賽跑的道路又長又費力。以你的強項與熱情作燃料，比較容易養成正向的習慣，就算一開始你做什麼都沒做得特別好，若事情與你的天賦或熱情相關，你就會學習做得又快又好，技巧越加熟練。

多年來，我都在我的強項上操練自律，這花了我大部分的時間，但這樣可以輔助我達成目的。當我初始的熱情與興奮漸漸消退，還能繼續有動力，那是因為我在努力完成我之所以生在世上的目的。也許可以稱這種力量為「為何生存」的力量。當意志力不足以讓我們繼續下去時，這種力量可以幫助我們繼續向前。

如果你生命中的時間、精力、資源並沒有聚焦在你的強項或熱情上，我要鼓勵你重新思考你目前所做的。也許，現在是時候了，去——

- 放掉你做得不太好的，而去做你能做得好的
- 放掉你沒有熱情去做的，而去做你充滿熱情的
- 放掉可有可無的，而去做會造成不同、有影響的
- 放掉不屬於你夢想的，而去做你夢想的

那麼，如果你改變了所做的，就會總是很愉悅又容易嗎？不，但**每個人都該放掉好的，這樣才能去做最好的。**

6. 自律與自尊有關

很少有像自律這件事這麼能建立人的自尊了。作家兼講員布萊恩・崔西（Brian Tracy）說：「操練自己去做就你所知既正確又重要的事，雖然困難，還是去做，這就是一條通往值得驕傲、有自我價值、個人滿足的大道。」

自尊與被他人尊敬是自律的果實。當談到人際關係時，我常說，被人尊敬是從困境中贏得的。但自尊也是從困境中得到的。自律本身就是其報償。

以紀律驅動的人	滑坡下行
先做對的事，然後感覺很好	每件事都不值得
受承諾驅動	輸
以原則作為決策的基礎	事後修補
行動掌控態度	士氣低落
先信才看到	低自尊
創造動力	沒有改進
問「我有什麼責任？」	無目標
出現問題仍然繼續	空泛
很穩定	沒有影響
可以作領導者	好的意圖（知）

已過世的小說家路易斯‧拉摩（Louis L'Amour）是歷來最暢銷的作家之一，他的書在全球銷售超過九億本，他雖然在一九八八年過世，他的每一本書卻還在繼續發行銷售。[9]當他被問到寫作風格時，他回答：「開始寫，不論發生什麼事情。除非你把水龍頭打開，水不會流出來。」打開水龍頭是第一件事，受尊敬是繼續如此的結果。自律讓你可以做到這些。

自尊
也是從困境中得到的。

7. 自律使前後一致變為可能，而前後一致會利滾利

前後一致這個詞沒什麼吸引人之處。為什麼？前後一致並不會很快證明這樣比較好，也不會馬上就有報償。在今天的文化中，大家更受魅力、天才、興奮、創意、發明所吸引。但我以五十年努力前後一致的經驗可以告訴各位，紅利可是超乎想像地多！下列只是前後一致可以提供給你的幾點而已：

前後一致能建立你的好名聲

任何人都可以一時表現得很好，但只有自律者可以一直都很好。而這種的前後一致性會讓人注意你——也期待你的表現都會很好。一九九九年八月六日，我與女婿史提夫・米勒（Steve Miller）一起到加拿大蒙特婁，就是因為有個人的名聲一向很好。他是美國職棒聖地牙哥教士隊的外野手湯尼・關恩（Tony Gwynn），大聯盟最好的打擊手之一。關恩快要擊出他的第三千安打。在棒球史上，只有三十人有這樣的成就。[10] 這些人幾乎都列在名人堂中，湯尼怎麼辦到的？一棒一棒揮打，一場一場比賽，年復一年如此。

前後一致是達到卓越的先決條件

每次你開始嘗試一件新事，你不會做得多好。世事本來就是這樣，那為什麼還要嘗試呢？因為我們總要從某處開始。第一步就是要掌握最基本的。然後呢？你不會一下子跳到卓越的行列。達到卓越之路，就是前後一致。只有持續練習，才會有進步的可能。

前後一致能為他人提供安全感

身為領袖，我們能提供給我們所帶領者的諸事之一，就是安全感。也許我們能得到的最高恭維就是：「我可以信賴你。」當他人看到你前後一致，知道可以信賴你，就給了他們安全感。

前後一致能加強你的遠見與價值

有效率的領導力是高度可見的。為什麼？因人會做他看到的，而領袖是他人行為的楷模。當團隊成員看到領袖所做的，通常就會跟隨他的腳蹤行——無論是好是壞。如果領袖不走斑馬線，跟隨者也不會走；領袖遲到，跟隨者也會遲到；領袖只在想要表現好時才表現好，跟隨者也會如法炮製。而當領袖願意付代價、準時早到、遵守諾言、如期交貨，而且「前後一致」，那麼，多數團隊成員都會努力照做。

前後一致會利滾利

我公開演講是從一九六八年開始的，而我委身要訓練領袖則是在一九七六年。一九七九年我開始寫書，一九八四年開始發展並創造資源。每一次我增加一項領導力的目標時，並不會忽視以前的目標，而會繼續努力改進。如今回顧，我很驚訝竟已成就了這麼多！我公開演講了一萬兩千次以上，我的組織訓練了全球各國超過五百萬名領袖，我也寫了超過一百本書。這些成功來自我很年輕就出發，而且我前後一致，而現在我已經七十歲了。這就是前後一致會有的複利的可能性。

我記得，有幾次我受到要走捷徑的試探，那時我二十三歲，我以為在演講前可以不用下工夫預備，用即興式演講就可以應付。我**想要**走容易的路，因為這樣我就有更多時間做我想做的事。但我內心深處知道這樣是錯的。如果我只靠自己的天賦，就無法在天賦上建造與改進。於是我下工夫預備，這個決定，這麼多年來，這個決定每次都讓我覺得非常值得。

成功者每天都做的事，非成功者只偶爾為之。成功就是有好的開始也有好的結束，而中間是什麼呢？——前後一致。如果你要發揮「潛力」成為領袖，就要付自律的代價。

在我們進入最後一章之前，關於自律，我還有幾句話：我認識的多數好領袖都有強烈的意願要幫助他人。他們想投資在團隊成員身上，想讓組織成長，想領導他人做大事。你可能也有這種渴望，你可能有很強的動力想對世人造成影響，如果是這樣，有些事你必須知道。領袖要幫助自己，讓自己能改進，然後才能幫助他人。

如果你坐過飛機，就知道空服員說的安全守則。他們說什麼？先戴上自己的氧氣罩，然後才幫助孩童與其他需要者。為什麼呢？因為，除非你先幫助自己，不然不可能有效果地幫助他人。自律就使你有能力如此行。如果領袖只要為一件事努力，那就是這一件了！因為自律像開鎖一樣，可以打開許多能力之門：品德、優先順序、影響力、服務他人。如果你能贏得自己內心的戰爭，所有其他的勝利都將變得觸手可及。

成功者每天都做的事，
非成功者只偶爾為之。

應用練習

發展你內在的「自律」

Developing the SELF-DISCIPLINED PERSON Within You

自律並不是你努力一次就說：「哇，真高興我完成了！」的那種事，而是需要每天持續努力的。但好消息是：你贏得越多次自律的戰爭，後面的仗通常就越不難打。一個勝利帶來另一個勝利，一次自律幫助你下一次自律。

從某處開始——從已經學到的開始得勝

就如本章我所提的，自律不是被賜與的，每個人必須自己養成自律。如果紀律是你過去一直忽略或掙扎的範疇，你需要藉著一次一次小小的得勝，立志成功。試著從這些方面著手：

- **避免試探：**你在生命的哪方面可以畫一條安全線來遠離試探？崔西教練要我在購物場所別買垃圾食物，才不會在家裡被試探吃下不對的食物。你在哪兒可以畫一條界線？
- **先苦後甘：**先選一個小的、容易得勝的任務去做，完成後再獎賞自己去享樂。每當你能延遲享受、操練自律，你就贏了。你可以用這種以此為傲的感覺來幫助自己，使自己「想」操練自律。
- **屢敗屢戰：**我們會失敗，失敗讓人沮喪，但不要讓錯誤或缺乏紀律讓你放棄。承認失敗，從中學習，指認出該避免的試探，對自律屢敗屢戰。

在你的強項上發展紀律

你開始創造或增強紀律的根基時，可以從自己的強項開始。你能把什麼做得好？你的天賦何在？你對什麼有熱情？你如何把這些平衡地放入你的生命與領導力中？

選一項你生命中比較容易得勝的，指認一項你可以操練增強的紀律。好好計畫，加入行事曆中，有始有終，「前後一致」地去實踐。

第 10 章

領導力的擴展：自我成長

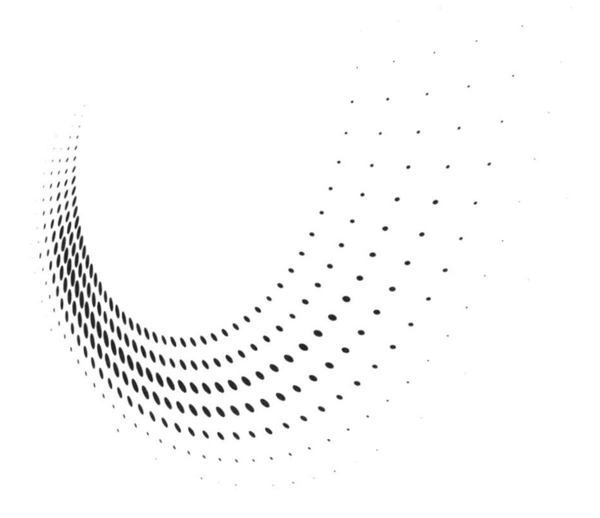

The Expansion of Leadership：

PERSONAL GROWTH

我四十歲生日時，寫了一個課程，標題為「我四十歲，還在努力中。」那課程是自我反省的課，我檢視自己的生命，評估我哪些地方做得差，哪些地方做得不錯，並教導讀者十件事，是我認為一個人四十歲前應該學會的。寫課程內容這件事讓我很滿足，而回應也非常正面，所以我五十歲的時候，又寫了一課，標題為「我五十歲，正在反思：我一生學到最重要的功課。」而當我六十歲……你可以猜到我下面要說什麼，我就切入正題：我又寫了兩課，標題分別是：「我六十歲，正在利滾利。」與「我七十歲，正在轉化。」如果我可以活到八十歲，你可以猜到我生日要做什麼了。

這些課程是我生命的里程碑，每十年回顧過去，我想我對真正重要的事情有了比較好的掌握。我現在七十歲，比起四十歲時，我很確定的事情變得比較少，但那少少的幾件事情，卻是我一輩子最確定的。其中一件，也就是課程中我寫的最大重點——成長是事關緊要的。我能成長多少，就決定了我能領導多少。相較於四十歲時的我，今天我的領導不一樣了，也更有效果了。不只是因為我領導了夠久，而是因為這些年來我把自我成長放在優先。

幾年前在我主講的一場研討會上，有位與我年紀相仿的男士，在中場休息時向我走來說：「真希望我二十年前就聽到你的演講。」

「不，你不會這樣希望。」我回答。

「你沒聽懂我說的，我說我希望二十年前就聽到你的演講。」他說。

「不，你真的不會這樣希望。」我又說。

現在他變沮喪了。「如果二十年前，我聽到你今天說的，就可能改變我的生命。」

「問題就在這裡，」我回答：「二十年前，我不可能教你今天我講的這些，那時我還沒學到呢。」他的表情從沮喪轉為理解，他笑了，我們都一起笑了。

我很喜歡談論和寫作關於自我成長的議題，這是我的熱情之一。我有第一手資料，看見委身於持續自我成長的人，生命會多有效地產生成果，超乎我們最狂野的想像。因為我看過成長的大能，就經常會燃起分享的熱情。我分享自我成長的原則與操練，幫助人將自我成長養成習慣。這些就是成長的指南。但在人學習「如何」成長之前，需要先歡迎成長的「理由」。

☆

成長是事關緊要的

你能成長多少，就決定了你能領導多少。成長是事關緊要的。如果你試著用過去所學來領導，而現在沒有成長，你能繼續作領袖的時間就在倒數了。要發展，要擴展，你未來的領導力就在於你對自我成長的委身有多少。所以我才這麼說：

1. 成長是唯一可以讓明天更好的保證

二〇一五年七月，我到俄亥俄州圓圈村參加第五十屆的高中同學會。高中畢業後很少見到老同學，所以我很興奮能在多年後重新建立關係，我也在心裡想像那些我很期待看到的臉孔。

太太瑪格麗特和我稍晚才抵達同學會場。我們走進大廳，我看了一圈就停住了。我來錯地方了嗎？

「瑪格麗特，那裡都是群老人！」我說。她笑了起來。

「約翰，你可能要照照鏡子。」她只說了這一句。

當晚，我開心地與老同學敘舊，和大家一起拍照。然而，到最後我有點沮喪。

這三個小時我都在聽大家聊自己的近況，懷念老時光，還有現在吃些什麼藥。我想：「這就是我們現在的光景嗎？」等我們走到租車旁，我也覺得自己很老。時光過去，保證我們一定會更老，但不保證會更好。我知道我比從前老些，但我還不想向歲月投降。我想要未來更好，這就需要繼續有自我成長。那天晚上，在旅館中，我坐下來寫了這些：

五個刻意不顯老的方法

1. **問問題**：老人沒有好奇心，當你不再問問題，就等於對生命失了興趣，我會保持好奇心。
2. **提高卓越的標準**：老人會把標準降低，他們疲憊了，滿足了。我會提高標準。
3. **以人為中心**：老人會變得自我中心，他們談自己，談自己的疾病和醫療，我要關注他人。
4. **注意姿態**：老人會彎腰駝背，如果挺背站直，會看起來年輕些。我會注意我的姿態。

5.聚焦在今日：老人只談過去，我要往前看，談論今日而非過去。

就在那個週末，我跟高中籃球隊友一起出去吃飯。我們吃得很開心，聊過去籃球隊的趣事。我們越談越變成更棒的球員。我們談到我們上籃有多英勇，我們進攻有多快，防衛多有力。結論就是：我們的球隊真是太棒了。

那時湯姆．史密斯說：「夥伴們，我帶了一次比賽的錄影帶。」

「我們來看！」大家一致同意，互相擊掌！

湯姆放錄影帶給我們看，現實立刻現形。我們剛才說的快速度在哪兒呀？還有人問：「錄影帶是用慢動作在放映嗎？」

「沒有！」史密斯說。

我看著十七歲的自己投壞球，我們失誤，我們誤傳，還把球給了對方，我們呆呆地上籃，而且沒中，我們的防衛也一蹋糊塗。錄影帶上所見，跟我們記得的英勇比賽完全不一樣。看到上半場中間，約翰湯姆站起來說：「我去吃些甜點。」其餘的人都跟他去了。那晚，我們體認到美好的過去並不那麼美好。這個經驗如果還有所取，就是教導了我們一件事：過去看起來沒那麼美好，就表示我們成長了。

追求自我成長有許多好理由，它會打開許多門，使我們更好。自我成長幫助我們達成生涯目標。在一段時間的成長之後，能創造我們生命的動能，從而鼓勵我們更加成長。我們會開始把更多重心放在成長上，而非抵達目的地上，這樣會讓我們更容易從失敗中學習。自我成長增加了盼望，這才是追求成長的最重要理由，因為這個理由有最大的能力改變我們生命的每個面向，其他理由相比之下都顯得不重要。自我成長帶來希望，它教導我們明天會比今天更好。下面就指出如何運作。

追求成長的心態是盼望的種子

想一想自然界，小樹苗長成高大橡樹，是靠長時間緩慢地成長。嬰孩長成幼童，最後長大成人，也是如此。盼望同樣是往前看，當我們有了盼望，就可以想像較好的未來。而盼望也不只是對可能之事的希望，而是對將要成的事有堅定的信念。是超越目前景況的遙望，確信會有正向的未來。

種下一顆成長的種子並不複雜，就像改變心態般的容易。當我們決定要相信成長是可能的，並且委身追求成長，

盼望就在我們內心開始升起。改變焦點只是第一步，卻可能是長途旅程的開始，而且這旅程會讓我們很有收穫。

追求成長的習慣增強盼望

選擇成長很重要，但這個決定本身還不足以創造改變。我們需要認知成長是個漸進的過程，要把這個過程融入我們每天生活的實踐中。這就意味著我們要養成持續一致的成長習慣。

當你操練成長的紀律，每天一點一點地盡到本分，你裡面的盼望就一點一點地增強。你踏出的每一小步，都往改進自己與周遭世界的目標前進。就像幽默作家蓋瑞森．凱羅（Garrison Keillor）曾說：「你能做的就那麼多，但你必須做那麼多，就算你也不知道那麼多是有多少。」當你成長時，就是把你的未來變成行動，而走向未來的每一個步伐，都強化了盼望。當你養成成長的習慣，這個過程就可以持續下去。

持續成長一段時間會使盼望實現

一段時間持續成長之後，會幫助我們的盼望實現。我們每天往前走一小步，一段時間之後，我們就會看見成果。如果你有夠多天持續成長，就會開始變了一個人。你會變得更好、更強、更有技巧，或者以上皆是。而你自己改變時，也可以改善環境，這樣就開始了一個正向循環：你的成長強化了你的盼望，你的盼望又強化了你的成長。如此一週接著一週、一個月接著一個月、年復一年做下去，想像的盼望就逐漸成為實現的盼望。

2. 成長的意思就是改變

在一次我的教學研討會中場休息時，一位年輕人走向我，說：「我想跟你做同樣的事。」我想我做的事大概看起來很不錯吧，他是兩千聽眾中的一員，很熱衷學習。感謝我的同工，這次研討會進行順利，大廳擠滿了買書的人群，許多人找我簽書。我想這位年輕人也想像自己在舞台上，對著大群聽眾演講，而且聽眾都很欣賞他，喜歡聽他演講。

「當然，誰能不享受這一切呢？」我說著，並環視禮堂，試著抓住周圍的一切。「但我有個問題，」我繼續說：「你願意做我以前所做的，以致你可以做我現在做的嗎？」

他的表情改變了，我想他沒想過的是，我一路走來是個漫漫長路，有時候還可說是痛苦的旅程，才能達到我當時的所在。

對我們大家來說這些觀念都很普通。我們看見運動明星或天才音樂家，在他們的領域中出風頭，卻不明白要達到那個境地需要付出的犧牲和努力。真有夢想又真踏上旅途的人，才知道需要些什麼。成長者與不成長者的區分，就在於是否願意付代價去改變，這也讓有些人實現了夢想，有些人停留在做夢的階段。

每個成長階段
都需要新階段的改變。
——傑若．布克斯

這些年來我很想寫一本助人實現夢想的書，但不只是空洞的激勵而已。我想鼓勵人，更想以實際而非空泛的方式助人打造未來。這讓我花了不少時間去想，有什麼好方法去寫，最後我終於寫了書名為《通往夢想的10個黃金法則》（天下文化）一書。此書包含十個你必須問與答的問題，以決定你的夢想是否可能實現。

十個問題中的一個，在能否達成夢想上具決定性，也就是付代價的問題：我是否願意為我的夢想付代價？有時候我想我該調整一下問題：「我是否願意為我的夢想不停地付代價？」就像我朋友傑若．布克斯（Gerald Brooks）常說的：「每個成長階段都需要新階段的改變。」不斷成長需要你付更多代價。我發現，改變要付的代價通常來得比你想像得還快，也比你想像得還高，比你想像得更經常要付出。事實上，持續成長就是不停地為那成長付代價。

從我們的舒適圈踏出去，才有生命的開始。要成長，我們就必須歡迎改變，並學習舒適地處在不舒適中。舒適圈的特徵就是：用相同的方式、與相同的人、在相同的時間、做相同的事，然後得到相同的結果。大家只願留在舒適圈，卻問說自己的生活怎麼都不會變得比較好，這真是癡人說夢。每天只做同樣的事情，不會讓你變得成功。成長總是需要改變。

《無價的15個成長定律》中有個橡皮筋理論說到：如果你所在之處與你應該在之處，兩者中間的張力失去了，成長就會停滯。[1]任何一條橡皮筋的用處在哪兒？就是它有伸展性。但橡皮筋除非被拉開，是沒什麼用處的。我們也是一樣。社會評論家兼哲學家愛瑞克侯福（Eric Hoffer）說：「在劇變時刻，學習者可繼承未來。以為已經學到的人常常發現他們裝備了自己去活在一個已經不存在的世界。」[2]

這形容很像我早期擔任領導時所發現的世界。跟我有關的那個機構抗拒改變，就喪失了很多可能成長的機會。（他們對成長的想法是慢慢往後移動）我發現我在兩難之間，一方面是我所愛的人他們希望我都不改變，一方面是我自己經驗到改變帶來的新成長，讓我渴望改變，並想冒險去達到潛力所及的境地。經過幾個月的內心掙扎，我決定要走自我成長之路。作家歌珥西海（Gail Sheehy）的話，說出了我的想法：

> 如果我們不改變，就不會成長。如果我們不成長，就不算真正活著。成長需要暫時放棄安全感。這可能意味著放棄熟悉卻受限的模式；放棄有保障的工作，去做沒有回饋的工作；放棄不再相信的價值觀，放棄失去意義的人際關係。正如杜斯妥也夫斯基說的：「踏出新的步伐，說出新的字眼，就是人最怕的。」但真正該害怕的，卻應該是反向的路徑。[3]

我走過的路程一開始很有挑戰，有高山有低谷，每個成長過程都顯示我還有很多要學的。心理學家賀伯哲朱（Herbert Gerjuoy）說：「對未來無知的人，不是無法讀或寫的人，而是無法學習的人，是那種無法把過去所學放掉而重新學習的人。」[4]這就是我必須一直做的：學習，打掉重練，重新學習。改變成為經常一直在進行的任務，因為每個新挑戰，每個新階段的成長，都需要一個更好的、不同於以往的我。

我用一個例子來說明以上這點，就是我如何成為一個更好作者的過程。一九七七年時我的導師嵐斯派瑞特（Les Parrott Jr.）與我分享，他是位作家，他說如果我想影響超過我個人所及的人群，應該開始寫書。他說此番話的那天，就是我決定要成為作者的一天。這個決定是即刻做成的，但學習寫作的過程卻是長而費力的。為了完成任務，我就照著：學習，打掉重練，重新學習的三個步驟來做：

學習：「今天我該學習什麼，是我昨天不知道的？」

我把自己沉浸在寫作的世界裡，我去上寫作課，我訪問作家。我請作者當我的導師。我讀書，研究作者的風格，發展可能適合我的風格。並且我持續寫作。在十年之間我寫了七本書。這些書有個共通點：銷路都不好。

打掉重練：「今天我該學習放掉什麼，是我昨天緊緊抓住的？」

在我決定寫書之前，我都是為了演講而寫。現在我必須學一套新的技巧，把演講與寫作區分開來。演講對我頗容易，我很年輕的時候就可以講得很有效果。我學會用聲音吸引人注意，發揮我最大的個性優點與魅力。我學會如何看懂聽眾的反應，並與他們拉關係。可是這些技巧都無法帶進我的寫作中。

重新學習：「今天我該改變什麼，是我昨天正在做的？」

我必須改以寫作與讀者拉關係，我必須學習讀者的思考，知道如何從我的書桌而非講台看出人的反應。這很難。當我努力去發現並發展出新的寫作方法時，還是會持續問自己：「讀者會翻到下一頁嗎？」經過多年努力與改變，現在我可以有自信地說，我學到如何與讀者拉關係有共鳴了。

從此地到彼處的成長旅程通常很孤單，因為你必須願意出錯，也願意改變。成長來自願意拋棄壞習慣，改變錯誤的優先次序，歡迎新的思考方式。不願意成長的人會停滯，因為他們不願意離開自己熟悉的，練習去做更好的。他們不願意冒可能出錯的險，再發現什麼是對的。很諷刺的是，他們緊緊抓住對的，但他們的生命最後變成錯的。

如果你想成長，不論是身為一個人或身為一個領袖，你必須願意把對的感覺放下，然後才能發現真正對的是什麼。要如此行，不需很聰明、很有才華、或很幸運，只要願意改變，願意不舒適就好。

3. 成長是成功者與不成功者的大分野

如果你有成功的渴望，就不能允許自己以平庸為滿足。為什麼呢？你如果去一家普通的餐館用餐，會覺得很興奮嗎？你曾經度了一個平淡的假期，而急著想跟人分享嗎？你如果擁有一段不怎樣的友誼，會有深刻的滿足感嗎？你會真心推薦普通的電影給朋友嗎？當然都不會。平庸／普通（average）就是不夠好，你必須努力達到卓越（excellence）。

最近我看到一篇文章，是電信業執行主管大衛路易（David Lewis）寫的，他形容平庸是什麼意思：

> 「平庸」是失敗者的藉口，當他們的朋友問為什麼不能比較成功時。

「平庸」是墊底的裡面最領先的，最差的裡面最好的，是領先群裡墊底的，最好的裡面最差的。你是這當中的哪一個？

「平庸」是普普通通、一般般、無足輕重、落選者、乏善可陳。

「平庸」是懶人不負責任的託辭；是缺乏採取立場的勇氣；是默認的存活方式。

「平庸」是佔據了空間卻無目的；是搭上了生命的列車卻不付車錢；是對神在你身上的投資交出了沒有利息的回報。

「平庸」是用時間打發生命，而不是用生命打發時間；是消磨時間，而不是善用光陰，直到死時。

「平庸」是一旦你死去就被人忘記。成功者被人記得他所貢獻的；失敗者被人記得他曾經努力過；但沉默的大多數——那平庸者，就只是被人遺忘。

「平庸」是一個人對自己、對人類、對他的神，所犯的最大罪惡。最悲慘的墓誌銘是：這裡躺著的是平庸先生與平庸太太，他們相信自己是平庸的，這裡就是除此信念之外所剩下的。[5]

目標意識	成長意識
聚焦在目的地	聚焦在旅途
能激勵他人	能助人成熟
目標只延續幾個季節	目標是一生之久
挑戰他人	改變他人
目標達成，我們就停下來	目標達成，我們還繼續成長
目標問題：這要花多久？	成長問題：我能走多遠？

這些思想太嚴厲了嗎？也許吧。但如果這樣能攪動你、激勵你，把你從舒適圈推出去，就達成高貴的目的了。對目前所擁有的感到滿意，這樣沒什麼問題，但不能對自己是誰，滿意到了停止成長的程度。

成長的最高報酬不是我們從中獲取什麼，而是因為成長，我們成為什麼。當我學到成長不是自動會有的那天，就把自我成長視為目標了，我們不會因為活著就自然成長。我在成長旅程之始，立下許多目標，但當我因成長而越加成熟與改變時，就越不迷戀目標，轉而對成長的本身越加熱情。結果呢？我現在經常都有成長的意識。兩者的差別見上方圖表。

成長的最高報酬
不是我們從中獲取什麼，
而是因為成長，
我們成為什麼。

我喜歡跟人說我是個登山者，很認識我的人就笑我，因為我的身材看起來不像爬過山，但在他們還沒說任何話之前，我就告訴他們：「我爬的山名叫成長。」每天我都往上爬幾步，向著我的潛力邁進。即使我現在七十歲，還在繼續登山。結果呢？

我超越了昨日，成長到明日。
我超越了舊期望，成長入新期望。
我超越了過去的勝利，成長到現在的勝利。
我超越了普通的關係，成長到更佳的人際關係。
我超越了以往的所是，成長到未來的可能。
我超越了成功，成長入偉大。

我希望你能看到成長能為你帶來什麼這幅圖畫，我希望成長的渴望在你內心開始熊熊燃燒。意願漸衰定律（The Law of Diminishing Intent）說，你現在該做的事

意願漸衰定律（The Law of Diminishing Intent）說，你現在該做的事情拖越久，就越可能永遠不會去做。

情拖越久，就越可能永遠不會去做。[6] 如果你還沒開始踏上這旅程，今天就開始登山吧。加入我的行列，我們一起攻頂，我們可以慢慢爬，但要穩定而持續，把平庸遠遠留在後面。

4. 必須有策略，才能讓成長最大化

你所做最大也是最重要的計畫就是你自己的生命。不幸的是，多數人的度假計畫還比生活計畫做得好。但就如作家兼講員吉姆羅恩（Jim Rohn）說的：「如果你自己不設計生活計畫，很可能你會落入別人的計畫。那麼你猜猜看，別人怎麼替你計畫呢？不會太多！」因此，你需要刻意去計畫，並且有策略。

《創業這條路》（久石文化出版）的作者麥克葛伯（Michael Gerber）說：「好系統能讓普通人獲得超凡的結果。」策略不過就是為了獲得具體成果的系統。我把系統想成高速公路，讓我很快速又有效率地到達我想去的地方。幾年過去，我從「成長計畫是什麼？」成長為「我有個計畫，是這樣運作的，這計畫帶給我這些成果。」這就是有策略性系統的力量。

當你發展自我成長策略時，請確認包含下列四元素：

大圖畫——我的成長需要聚焦在哪兒？

我一開始的成長計畫可以用一個詞總結：成長。非常不具體，但卻是我的起點。好消息是，當我開始成長，我就意識到領導力的一幅圖畫。問題從我心中開始浮現。我要在哪方面成長？我需要什麼資源？我去哪裡得到這些資源？每一方面的成長我應該花多少時間？我應該找哪些導師？我需要有哪些經驗才能助我成長？每個問題都擴展我的成長圖畫。我越成長，我的成長圖畫就變得越偉大。

我很早就學習到，活動並不代表成就。我需要有焦點。我開始把我要做的事以及何時去做列出優先次序。例如，我是早起型的人，早晨是我思考與做事的最佳時間，所以我就把最重要的成長計畫放在早上執行。我用最好的時間來執行最重要的成長計畫，以此為優先。

我也開始調整我過去所做的，並做得更精緻。我開始聚焦在三方面：

- **我的強項——我有天賦之處，也就是我與眾不同，非平庸之處**。在我的強項上成長，使我能達到擁有某種技巧的前百分之十。幾乎所有的成功者都必須在某個範圍內是前百分之十。只要你在前百分之二十，別人就已經會注意到你，並羨慕你了。如果你在前百分之十，就有人把你找出來，想跟隨你了。

- **我的選擇——為了我的整體進步，我選擇必須要改變的弱項。**成長的最快速方法就是做正確的選擇，因為選擇是在你的掌控之下。在弱項上成長，會增強你的力量。我寫了《點燃你的天賦》（橄欖出版社），我仍然認為我的想法正確（譯按：書名直譯為《天賦絕對不夠》），但我也相信，天賦加上好的選擇，就足夠讓你成功了。
- **我的信仰——我與神的關係，會影響我與他人的關係。**我的信仰是一切的基礎，包括我的所是與所做。在這方面成長，使我的生命豐富，也使被我影響的人生命豐富。

你的大圖畫包括些什麼？你想要去哪裡？你可以發展什麼強項？在基本領域上，你可以選擇哪些去改進？什麼核心價值你需要包括在成長過程中？如果你現在可以回答這些問題，就能助你在自我成長上更有策略。然而你也可能像我剛開始時一樣，我連哪些是我不知道的，都不知道。我要從看到大圖畫開始成長的過程。

如果你也是這樣，就從你所在之處開始吧，讓大圖畫展開，當圖畫越來越清晰時，調整你的成長優先次序。

衡量——我如何衡量成長，來影響我的成長？

能衡量，就能完成。如果不找出衡量成長的方法，怎會知道自己的進步呢？我必須說，去做很重要，但也很難，還需要有評估與反思。

我發現定期衡量進展，比每天測量容易，因為如果衡量得太頻繁，就像每天偵測小孩有沒有長高一樣不可行。你每天看自己的小孩，看不出他們有沒有長大，但如果三個月或一年沒見，改變就很突出了。

我每年底才衡量一次主要的個人成長。我會花時間思考，回顧過去一年的日曆，問自己兩個問題：「誰擴展了我？」和「什麼擴展了我？」

當我問第一個問題，我會列出在我生命中像催化劑的人的名字。我會想一想如何在來年花更多時間與他們相處。我也把一些人名寫下來，就是那些花了我的時間，卻對我們彼此的關係都沒什麼價值的，我會想一想如何在來年花更少時間與他們相處。

當我這樣檢視去年的日曆時，就想第二個問題。指認出哪些想法、經驗、事件、故事、資源、思想擴展了我。我用我的回答來評估過去的經驗，為將來設立目標，開始計畫新一年度的關鍵成長。在我成長的初期，每個人與每件事都能擴展我，但等我成長了些，也更有經驗時，我必須要更刻意選擇如何使用我的成長時間。但我的意圖沒變，我想要「被擴展」。理由如下：

- 頭腦一旦被擴展了，就無法回到初始的原版尺寸。
- 內心一旦被擴展了，就無法回到初始的原版尺寸。
- 想法一旦被擴展了，就無法回到初始的原版尺寸。
- 盼望一旦被擴展了，就無法回到初始的原版尺寸。
- 熱情一旦被擴展了，就無法回到初始的原版尺寸。
- 工作一旦被擴展了，就無法回到初始的原版尺寸。
- 團隊一旦被擴展了，就無法回到初始的原版尺寸。

一旦成長了，就永遠受影響了。而如果你可以看見自己的進步，就永遠不想停止成長。蝴蝶不能回頭作毛蟲，在四十五年的刻意成長之後，我無法回頭，我一點也不想回頭，你也不會。

持續一致——我如何每天成長？

多年來我教導人：一個人成功的祕訣決定於他／她每天做什麼。最近我聽到前第一夫人蘿拉布希說：「我們只擁有現在。」哇！說得簡潔而深刻。不會有另外一個現在了。顧好今日與每一日，就會在某一天，你的「現在」（now）變成令人驚訝的「哇」（wow）。

一個人成功的祕訣決定於他／她每天做什麼。

我刻意追求成長，每天都會做這幾件事：

- **我把成長放在第一優先**。我不能接受一天沒有成長。我對於自己需要每天二十四小時每週七天都有學習，十分有意識。

- **我在每個情況中找尋成長的機會**。我知道機會就在那兒，所以我會積極去尋找。我問自己：「看到機會了嗎？利用機會了嗎？」
- **我問一些助我成長的問題**。成長不會來找我，我需要主動去尋找成長。我用經常問問題的方式尋求成長。
- **我把每天所學歸檔**。最容易浪費時間的就是找東西。我會把想法、引用語、故事都歸檔，在需要時就會很快找到。
- **我把正在學習的也傳遞給人**。我「總是」想著要把所發現的分享給人，因為這樣會增強學習，也會增加他人的價值。

要如何確保一直在學習，每天都有成長呢？你可使用我的清單，或者打造專屬你的清單。只要確保成長是「每天的」，不是「偶爾為之的」。

應用——我能採取行動嗎？

知識不會使人更好，應用才會。沒有實際執行的東西都只是理論。但自我成長的目標是要變得更好——成為更好的人、更好的父母、更好的配偶、更好的員工、更好的雇主，或更好的領袖。我們可以經驗到改變，但仍然很消極被動。要能經驗到成長，我們必須積極主動。

對自我成長，我們自己要掌控，接受責任，實際執行。當他人以小小人生為足，我們不能。當他人視自己為受害者，我們不這樣。當他人把未來讓別人掌控，我們不是。當他人只是「走過」了一生，我要「成長」過一生。你需要選擇，別投降。

每次當我寫書或寫課程內容時，我會問自己：「別人能接受嗎？他們可以複製我所做的嗎？他們會應用嗎？這會幫助他們嗎？」我為什麼要問自己這些問題？因為要去應用才能激勵人轉化。若只有資訊，不會有什麼改變，除非應用這些資訊，實際去行。每次我獲得新的學習，我問自己：「我可以在哪裡運用？我什麼時候要用？誰需要知道這些？」我越快問這些問題，並採取行動，我和他人就得到越大的回饋。

5. 成長是喜悅

我三十幾歲時的一位輔導告訴我：「成長是快樂。」多年來，我心中一直重複著這句話，揮之不去。但我對這句話的看法改變了，今天，我對成長有更深刻的激賞。對我而言，成長不只是快樂，成長是喜悅。

我為何如此說？首先，成長經常充滿了我的人生，使我的內心比外在更強大。多數人到了我這年紀都已被工作消磨殆盡，然而我用成長了五十年的思想、點子、經驗、改變來充實自己，就不感覺耗盡，而覺得才剛熱身要起跑。

其次，我用熱情與使命在過日子，這會使帶領人增值的領袖增值。我得以每天以熱情來生活，而我的成長目標就是幫助自己更好地完成使命。

作家拿破崙．希爾說：「你等一下要去做什麼，不算數，你現在正在做什麼，才算數。」過去四十五年的每一天，我都聚焦在我使命中的「現在」。這就是我所能做最有報償的事。這使我獲得極大的喜悅。我能如此，是因為我把成長當成經常的陪伴。藝人桃莉芭頓（Dolly Parton）說：「找出真正的你，然後刻意去成為他。」[7] 這就是我做的，而且樂此不疲。原因為何？因這完全符合我是誰：

我要繼續造成不同。

我絕不想停止成長。

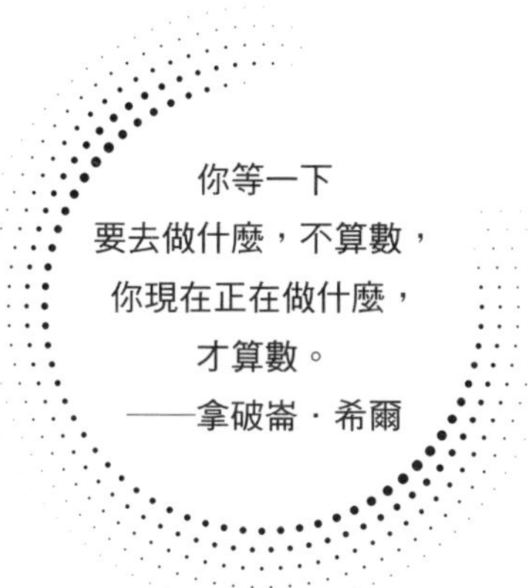

我想使用我最佳的天賦。

我感覺被神呼召。

我愛我的團隊。

我有強烈的責任感。

我愛面對新挑戰。

我在財務方面得到報償。

我正在創造傳奇。

我對我所做的仍然樂在其中。

我希望這一切也屬於你。我希望你找到成長的喜悅，把成長應用到你的人生目的上。我希望你能造成不同，我希望你能以開發你內在的領導力充分開展潛力，不僅在領導方面，也在生命的每個方面。

保羅哈維說：「你可以看出自己正在成功的路上，因為一路都是上坡。」這旅程可能是上坡，但就如我在前章所解釋的，一切有價值的事情都是上坡。

在領導潛力上成長，會花很多時間與力氣。你需要有很強的意願才行，你必須努力，你需要花時間與金錢才能獲得。成長不會自己來找你，你要去追求。有效領導不會自己發生，你必須去追趕。但過程與目的地一樣重要，旅程的每一步會帶給你新的發現，也有更多要學習的知識。

太多人還沒跨出第一步，就想知道故事的結尾。這會限制了他們。他們聽過：「日光之下並無新事」[8]，所以他們就不出門。他們不追求成長，他們等著生命中的發現來找他們，然後總感失望。

旅程中真正的喜悅在於我們走的每一步所展開的新發現。只有當我們學習新事之後回頭看，才會知道我們之前不知道的——以及還有這麼多要學習的。我們的新知與發現成為我們繼續旅程的動力。很快地，我們開始發現目的地並非我們的渴望，而是一路上我們經驗到的成長。而後我們發現並沒有一條終點線。

你的成長旅程會帶你去何處？我不知道。我走得很遠，做了很多，遠遠超過俄亥俄州圓圈村小鎮成長時的我能夢想的。那時我絕對無法想像現在所處之地。

所以，就踏上展開在你面前的路吧。開步走，養成每日個人成長的習慣。首先，讓路程帶著你，等你成長些，在每個交叉處做選擇。過一段時日，對於旅程帶你去什麼地方，你會更積極主動，更有方向，更刻意。但要一直保持態度敞開，且能受教。持續讓你自己每天都有驚喜，成長到你的潛力可及之處，你一定不會後悔。

應用練習

發展你內在的「學習者」

Developing the

LEARNER

Within You

因為自我成長是一生之久的，在這方面的成長還只是長途旅程的開始，旅途雖長，卻可以享受。從這裡開始，每六個月或一年，可以重新檢視這個過程。

採取學習者的心態

好領袖都是學習者，是刻意學習的人，他們從遇到的每個人學習。他們一直未到終點，不會認為自己什麼都懂。他們也不怕有時候要把過去學到的打掉重練，並重新學習其他東西。

你對學習的心態是什麼？要成為更好的學習者，你需要改變什麼態度？下決心今天及每一天，都學些什麼。然後告訴他人你已委身學習，讓他們知道你說話算話。

發展成長的具體策略

成長不是自動的，你需要努力，使成長成為每天的習慣。使用本章的指引，計畫你的成長策略：

- **大圖畫：我的成長需要聚焦在哪兒？**如果成長計畫對你來說是新事，從基本做起。（基本是什麼呢？你認為是什麼，就從那兒開始。請教一位輔導或你敬重的同事，他們認為基本是什麼，這就是你一開始的清單。）如果在自我成長上你已經是老手，那麼就聚焦在你的強項。在你想要成長的項目中選一個到三個，對其中一個下深功夫。
- **衡量：我如何衡量成長，來影響我的成長？**你如何知道自己在成長呢？你如何衡量成長？如果你的想法含糊不清，如「我要成長為領袖」，你不會知道自己是否進步了。然而，如果你要改善身為領袖的溝通技巧，你說：「在六個月後，我要能講一篇讓同事稱讚、優美的、有影響力的十五分鐘工作報告，而且我想以後開會被點到時，能說得清楚又果斷」，那麼你就有一個可衡量的靶心去射擊。

- **持續一致：我如何每天成長？**自我成長必須是每天的活動，這樣才能養成習慣。如果你不計畫、不排入行事曆、缺少資源，就永遠不會養成成長的習慣。把你那可以衡量的目標，分為一小步、一小步，這樣你可以每天跨一步而成長。
- **應用：我能採取行動嗎？**當你檢視資料、學習目標、指認成長經驗、找輔導、發展每日成長的其他策略時，總要根據你是否可以採取行動，來選擇時間的用途。

我建議你經常評估你的成長目標——每一季、每半年或每年。在每次的評估時期，針對上一個成長目標來衡量你的進步，然後決定要不要設立下一個新目標。如我前面解釋的，我每年十二月最後一週會如此行。我鼓勵你找到自己的步調，請記得，這不是做一次就完成的活動，而是生命中每年的例行。

下一步呢？

二十五年前，當我寫《Developing the Leader Within You》時，認為這將是我寫的唯一一本領導力書籍。沒想到對於這個題目，我還有很多話要說。但我應該更知道才對，因為我一直在努力成長，發展自我，對於這個題目，怎麼可能「沒有」更多要說的呢？因此我很感謝有此機會更新本書，當然，從一九九三年開始，我也寫了其他的領導力書籍。

開發你內在的領導力是個一生之久的過程。如果你花時間讀了本書，也做了每章後面的功課，我毫不懷疑你會開始看到，你在領導能力上有所改變。你對人的影響力增加了，你的優先次序更清晰了，你採取行動更果決了。你贏得了品格的戰爭，你可以主動開啟改變，以更大的能力解決問題。你的態度也成了助力，可以更相信人，更好地服事人。你對自己的領導有願景，在執行時更自律，且有始有終。而且你還會每天有更多學習。

但這只是起步而已，前面的旅程可能很令人興奮。我要鼓勵你在領導技巧上繼續開展，繼續成長。在本書討論的十個核心上繼續努力。利用www.MaxwellLeader.com的額外資源，聽播客，讀其他作者寫的領導力書籍。我也推薦《領導力21法則》，此書會提供具體的領導力原則，可據此行事。

我想不可能有人達到一個地步，把所有領導力的學問都學盡了。我現在七十歲，已經在領導力的研究與實踐方面學了近五十年，而我仍在成長。我覺得自己像大提琴演奏家卡薩爾斯（Pablo Casals），他在八十一歲時被問到，為什麼每天還花好幾小時練習？他回答：「因為我想這樣會進步。」[1]

學習卡薩爾斯的態度，繼續開發你內在的領導力，這是你能為自己做的美事一樁。

參考資料

第1章 領導力的定義：影響力

1. 1987年1月出版的《執行者溝通》（Executive Communication）雜誌對詹姆喬治（James C. Georges）的一篇專訪。
2. 米勒（J. R. Miller）著，《生活的每一日》（The Every Day of Life），紐約：Thomas Y. Crowell出版社，1892年出版，246–47頁。
3. Warren G. Bennis and Burt Nanus, *Leaders: Strategies for Taking Charge* (New York: Harper Business Essentials, 2003), 207.
4. Robert L. Dilenschneider, *Power and Influence: Mastering the Art of Persuasion* (New York: Prentice Hall, 1990), 8.
5. E. C. McKenzie, *Quips and Quotes* (Grand Rapids: Baker, 1980).
6. Fred Smith, *Learning to Lead: Bringing Out the Best in People* (Waco: Word, 1986), 117.
7. James Kouzes and Barry Posner, *The Leadership Challenge: How to Make Extraordinary Things Happen in Organizations*, 5th ed. (San Francisco: Jossey-Bass, 2012), 38.
8. "Influence," in Roy B. Zuck, ed., *The Speaker's Quote Book* (Grand Rapids: Kregel, 2009), 277.

第2章 領導力的關鍵：優先次序

1. Jamie Cornell, "Time Management: It's NOT About Time," *HuffPost's The Blog*, October 10, 2016, http://www.huffingtonpost.com/jamie-cornell/time-management-its-not-a_b_12407480.html?utm_hp_ref=business&ir=Business.
2. William James, *The Principles of Psychology* (New York: Henry and Holt, 1890), chap. 22.
3. Robert J. McKain, quoted in Tejgyan Global Foundation, *Great Thinkers Great Thoughts: One Thought Can Change Your World . . .* (N.p.: O! Publishing, 2012), chap. 44.
4. Dan S. Kennedy, "5 Time Management Techniques Worth Using," *Entrepreneur*, November 8, 2013, https://www.entrepreneur.com/article/229772.

5. Richard A. Swenson, *Margin : Restoring Emotional, Physical, Financial, and Time Reserves to Overloaded Lives* (Colorado Springs : NavPress, 2004), 69.
6. 參考John Maxwell, *The 21 Irrefutable Laws of Leadership*, 10th anniv. ed. (Nashville : Thomas Nelson, 2007), chap.12。
7. "About Emotional Intelligence," TalentSmart, http://www.talentsmart.com/about/emotional-intelligence.php.
8. 東尼・史瓦茲（Tony Schwartz）著，「放輕鬆，你會更有生產力」，2013年2月9日，《紐約時報》。http://www.nytimes.com/2013/02/10/opinion/sunday/relax-youll-be-more-productive.html.
9. 同上。

第3章 領導力的根基：品格

1. Paul Vallely, *Pope Francis : Untying the Knots : The Struggle for the Soul of Catholicism*, rev. and exp. ed. (New York : Bloomsbury, 2015), 155.
2. Summarized from Gary Hamel, "The 15 Diseases of Leadership, According to Pope Francis," *Harvard Business Review*, April 14, 2015, ttps://hbr.org/2015/04/the-15-diseases-of-leadership-according-to-pope-francis.
3. 同上。
4. David Kadalie, *Leader's Resource Kit : Tools and Techniques to Develop Your Leadership* (Nairobi : Evangel, 2006), 102.
5. Stephen M. R. Covey with Rebecca R. Merrill, *The Speed of Trust : One Thing That Changes Everything* (New York : Free Press, 2006), 14.
6. James M. Kouzes and Barry Z. Posner, "Without Trust You Cannot Lead," *Innovative Leader* 8, no. 2 (February 1999), http://www.winstonbrill.com/bril001/html/article_index/articles351_400.html.
7. Rob Brown, *Build Your Reputation : Grow Your Personal Brand for Career and Business Success* (West Sussex, UK : Wiley, 2016), 22–23.
8. Tim Irwin, *Derailed : Five Lessons Learned from Catastrophic Failures of Leadership* (Nashville: Thomas Nelson, 2009), 17.
9. Rosalina Chai, "Beauty of the Mosaic," Awakin.org, February 22, 2016,

http://www.awakin.org/read/view.php?tid=2138.

10. David Gergen, “Character vs. Capacity,” *U.S. News & World Report*, October 22, 2000.
11. Robert F. Morneau, *Humility : 31 Reflections on Christian Virtues* (Winona, MN : St. Mary's Press, 1997).
12. David Brooks, *The Road to Character* (New York : Random House, 2015), xii.
13. 同上。
14. Parker J. Palmer, *A Hidden Wholeness : The Journey Toward an Undivided Life* (San Francisco : Wiley, 2004), 5.
15. Brooks, *The Road to Character*, 14.
16. John Ortberg, *Soul Keeping* (Grand Rapids : Zondervan, 2014), 43.
（中文版：約翰・歐特伯格，《心靈守護者》，道聲出版社）
17. 同上，46頁。
18. *Webster's New World Dictionary*, 3rd college ed., s.v. “integrity.”
19. Ortberg, *Soul Keeping*, 103.
20. Tom Verducci, “The Rainmaker : How Cubs Boss Theo Epstein Ended a Second Epic Title Drought,” *Sports Illustrated*, December 19, 2016, https://www.si.com/mlb/2016/12/14/theo-epstein-chicago-cubs-world-series-rainmaker.

第4章　領導力的考驗：創造正向的改變

1. Gordon S. White Jr., “Holtz Causes Orderly Success,” *New York Times*, October 23, 1988, http://www.nytimes.com/1988/10/23/sports/college-football-holtz-causes-orderly-success.html.
2. Eric Harvey and Steve Ventura, *Forget for Success : Walking Away from Outdated, ounterproductive Beliefs and People Practices* (Dallas : Performance, 1997), 12.
3. 同上，2–3頁。
4. 摩康葛威（Malcolm Gladwell），「不會射籃的巨人」（播客節目），修正主義者歷史，第三集，http://revisionisthistory.com/episodes/03-the-big-man-cant-shoot, 2017年2月10日讀取。
5. 威爾・張伯倫（Wilt Chamberlain），籃球參考資料，http://www.basketball-

reference.com/players/c/chambwi01.html, 2017年2月10日讀取。

6. 瑞克貝瑞（Rick Barry），籃球參考資料，http://www.basketball-reference.com/players/b/barryri01.html, 2017年2月10日讀取。
7. "Transcript: Choosing Wrong," This American Life from WBEZ (website), June 24, 2016, https://www.thisamericanlife.org/radio-archives/episode/590/transcript, accessed February 10, 2017.
8. Gladwell, "The Big Man Can't Shoot."
9. 取材自 Lightbulbjokes.com, http://www.lightbulbjokes.com/directory/a.html，2017年2月8日讀取。
10. 華理克（Rick Warren），「你的方法為何行不通」（Why Your Way Isn't Working），2016年7月12日，Crosswalk.com網站，http://www.crosswalk.com/devotionals/daily-hope-with-rick-warren/daily-hope-with-rick-warren-july-12-2016.html.
11. "Madmen They Were. The Greatest Pitch of Them All. True Story," *StreamAbout* (blog), March 23, 2012, http://streamabout.blogspot.com/2012/03/madmen-they-were-greatest-pitch-of-them.html.
12. "Peter Marsh, Advertising Executive—Obituary," *Telegraph*, April 12, 2016, http://www.telegraph.co.uk/obituaries/2016/04/12/peter-marsh-advertising-executive-obituary/.
13. Samuel R. Chand, *8 Steps to Achieve Your Destiny: Lead Your Life with Purpose* (New Kensington, PA: Whitaker House, 2016), Kindle edition, loc. 997 of 1895.
14. Mac Anderson, *212 Leadership: The 10 Rules for Highly Effective Leadership* (Napierville, IL: Simple Truths, 2011), Kindle edition, 33–34.
15. 羅伯・甘迺迪（Robert Kennedy）於1964年5月在賓州大學演講的改寫。
16. Mac Anderson and Tom Feltenstein, *Change Is Good . . . You Go First: 21 Ways to Inspire Change* (Napierville, IL: Sourcebooks, 2015). Italics are in the original.
17. Winston Churchill, *His Complete Speeches*, 1897–1963, ed. Robert Rhodes James, vol. 4 (1922–1928) (N.p.: Chelsea House, 1974), 3706.
18. Maxwell, *The 21 Irrefutable Laws of Leadership*, 169.

第5章 領導力的捷徑：解決問題

1. M. Scott Peck, *The Road Less Traveled* (New York : Touchstone, 1978), 15.（譯註：中文版《心靈地圖》，天下文化，1991年初版。中文翻譯取自2008年版，9頁。）
2. 參考Paul Larkin, "3 Principles of Pragmatic Leaders," LinkedIn, July 19, 2015, https://www.linkedin.com/pulse/3-principles-pragmatic-leaders-paul-larkin/。
3. Jim Collins, *Good to Great*, (New York : Harper Collins, 2001), 8.
4. 「動機的期望價值理論」（Expectancy-Value Theory of Motivation），Psychology Concepts，http://www.psychologyconcepts.com/expectancy-value-theory-of-motivation/，2017年2月14日讀取。
5. Louis E. Bisch, "Spiritual Insight," *Leaves of Grass*, Clyde Francis Lytle, ed. (Fort Worth : Brownlow, 1948), 14.
6. Maxwell, *The 21 Irrefutable Laws of Leadership*, 103.
7. Victor Goertzel and Mildred Goertzel, *Cradles of Eminence*, 2nd ed. (Boston : Great Potential Press, 1978), 282.
8. Glenn Llopis, "The 4 Most Effective Ways Leaders Solve Problems," *Forbes*, November 4, 2013, http://www.forbes.com/sites/glennllopis/2013/11/04/the-4-most-effective-ways-leaders-solve-problems/#397e9edf2bda.
9. Max De Pree, *Leadership Is an Art* (N.p. : Crown Business, 2004), 11.
10. 亨利楊門（Henny Youngman）在巴菲特之公司1991年給股東的信中所說的笑話，http://www.berkshirehathaway.com/letters/1991.html，2017年2月9日讀取。
11. 羅匹斯（Llopis），「領袖解決問題最有效的四個方法」（The 4 Most Effective Ways Leaders Solve Problems）。
12. 拉肯（Larkin），「務實領袖的三原則」（3 Principles of Pragmatic Leaders）。
13. "John F. Kennedy and PT 109," John F. Kennedy Presidential Library and Museum, https://www.jfklibrary.org/JFK/JFK-in-History/John-F-Kennedy-and-PT109.aspx, accessed February 9, 2017.

第6章 領導力的加分：態度

1. "Charles R. Swindoll: Quotes: Quotable Quote," Goodreads, http://www.goodreads.com/quotes/267482-the-longer-i-live-the-more-i-realize-the-impact, accessed September 25, 2017.
2. Robert E. Quinn, *Deep Change: Discovering the Leader Within* (San Francisco: Jossey-Bass, 1996), 21.
3. 尼爾牟伲（Nell Mohney），「信念影響態度」（Beliefs Can Influence Attitudes），*Kingsport Times-News*，1986年7月25日，48頁。
4. Danny Cox with John Hoover, *Leadership When the Heat's On*, 2nd ed. (New York: McGraw-Hill, 2002), 88.
5. 「以利沙貴（Elisha Gray）與電話」，ShoreTel網站，https://www.shoretel.com/elisha-gray-and-telephone，2017年3月1日讀取。
6. 「成功原則：你是好運或幸福？」，取材自SuccessNet組織網站，http://successnet.org/cms/success-principles17/lucky-fortunate，2017年6月5日讀取。
7. Richard Jerome, "Charlton Heston 1923–2008," *People* magazine, April 21,
8. Tim Hansel, *Through the Wilderness of Loneliness* (Chicago: D. C. Cook, 1991), 128.
9. 彭比肯（T. Boone Pickens）著，《給教練與領袖的激勵手冊》（The Ultimate Handbook of Motivational Quotes for Coaches and Leaders），Pat Williams 與 Ken Hussar編輯（Monterey, CA: Coaches Choice, 2011），第2章。
10. 黛安卡圖（Diane Coutu），「創意步驟」（Creativity Step by Step），《哈佛商業週刊》（Harvard Business Review），2008年4月出版，https://hbr.org/2008/04/creativity-step-by-step。
11. 艾莉森・艾克（Allison Eck），「不要只完成計畫，要發展計畫」（Don't Just Finish Your Project, Evolve It），99U，http://99u.com/articles/52033/do-you-have-a-jazz-mindset-or-a-classical-mindset， 2017年9月25日讀取。
12. 同上。
13. 撒拉蕊普（Sarah Rapp），「為何成功總由失敗開始」（Why Success Always Starts with Failure），99U，http://99u.com/articles/7072/why-success-always-starts-with-failure，2017年2月21日讀取。

14. 荷福森（Heidi Grant Halvorson）著，「為何應該允許自己搞砸」（Why You Should Give Yourself Permission to Screw Up），99U，http://99u.com/articles/7273/why-you-should-give-yourself-permission-to-screw-up，2017年3月6日讀取。
15. 庫塞基（Kouzes）與波斯納（Posner），《領導挑戰》（The Leadership Challenge）。
16. Mark Batterson, *Chase the Lion: If Your Dream Doesn't Scare You, It's Too Small* (New York: Multnomah, 2016), ix.

第7章　領導力的心態：服務他人

1. 聖經以弗所書四章11～12節。（英文採NIV版聖經）
2. 「身為領袖的僕人」（The Servant as Leader），羅伯葛里（Robert K. Greenleaf）僕人領袖中心，https://www.greenleaf.org/what-is-servant-leadership/，2017年3月9日讀取。
3. Eugene B. Habecker, *The Other Side of Leadership* (Wheaton, IL: Victor Books, 1987), 217.
4. 聖經提摩太前書六章17～19節。（英文採信息版聖經）
5. 克斯・艾德蒙（S. Chris Edmonds）著，《文化引擎：促成結果，鼓勵員工，改造工作場所》（The Culture Engine: A Framework for Driving Results, Inspiring Your Employees, and Transforming Your Workplace），Hoboken: John Wiley and Sons出版社，2014年出版，67頁。
6. 古柏（Ann McGee-Cooper）和川彌（Duane Trammell），「從英雄領袖到僕人領袖」（From Hero-as-Leader to Servant-as-Leader），《領袖焦點：21世紀僕人領導》（Focus on Leadership: Servant-Leadership for the Twenty-First Century），Larry C. Spears and Michele Lawrence 編審，紐約：John Wiley and Sons出版社，2002年出版，Kindle edition, loc. 1623 of 4168。
7. "Pope to Deacons: 'You Are Called to Serve, Not Be Self-Serving,' " Vatican Radio, May 29, 2016, http://en.radiovaticana.va/news/2016/05/29/pope_to_deacons_' you_are_called_to_serve,_not_to_be_self-se/1233321.
8. 允准使用的歌。

9. Dan Price, "Become a Servant Leader in 4 Steps," *Success*, January 25, 2017, http://www.success.com/article/become-a-servant-leader-in-4-steps.
10. Alan Loy McGinnis, *Bringing Out the Best in People: How to Enjoy Helping Others Excel* (Minneapolis: Augsburg Books, 1985), 177.
11. Jim Heskett, "Why Isn't 'Servant Leadership' More Prevalent?" Working Knowledge (Harvard Business School), May 1, 2013, http://hbswk.hbs.edu/item/why-isnt-servant-leadership-more-prevalent.

第8章 領導力的要件：願景

1. Andy Stanley, *Visioneering: God's Blueprint for Developing and Maintaining Vision* (Colorado Springs: Multnomah, 1999), 9.
2. James Allen, *As a Man Thinketh* (N.p.: Shandon Press, 2017), Kindle edition, loc. 329 of 394.
3. 同上，75 of 394。
4. William P. Barker, *A Savior for All Seasons* (Old Tappan, NJ: Fleming H. Revell, 1986), 175–76.
5. Luis Palau, *Dream Great Dreams* (Colorado Springs: Multnomah, 1984).
6. Kenneth Hildebrand, *Achieving Real Happiness* (New York: Harper & Brothers, 1955).
7. 華理克（Rick Warren），「管理與帶領的關鍵差異」（The Crucial Difference Between Managing and Leading），2015年7月31日，http://pastors.com/the-crucial-difference-between-managing-and-leading/.
8. 拿破崙・希爾（Napoleon Hill）的話，被作者Barry Farber在書中引用，此書為《鑽石力量：美國最偉大經銷商的智慧之言》（Diamond Power: Gems of Wisdom from America's Greatest Marketer），Franklin Lakes, NJ: Career Press出版社，2003年出版，53頁。
9. As quoted in Michael Nason and Donna Nason, *Robert Schuller: The Inside Story* (Waco: Word Books, 1983).
10. Judith B. Meyerowitz, "The Vocational Fantasies of Men and Women at Mid-life" (doctoral dissertation, Columbia University, 1989).

11. See John Maxwell, *The 15 Invaluable Laws of Growth* (New York : Center Street, 2012), chap. 7.
12. 引用自Dianna Daniels Booher, *Executive's Portfolio of Model Speeches for All Occasions* (New York : Prentice Hall, 1991), 34。
13. John Maxwell, *Good Leaders Ask Great Questions* (New York : Center Street, 2014), 6.
14. See chapter 1 in John Maxwell, *Put Your Dreams to the Test* (Nashville : Thomas Nelson, 2011).
15. 參考 Maxwell, *The 21 Irrefutable Laws*, chap. 19。
16. "Andy Stanley—Chick-Fil-A Leadercast 2013," The Sermon Notes, May 10, 2013, http://www.thesermonnotes.com/andy-stanley-chick-fil-a-leadercast-2013/.
17. Donald T. Phillips, *Martin Luther King, Jr. on Leadership: Inspiration and Wisdom for Challenging Times* (New York : Warner Books, 1998), 97.
18. George S. Patton, "Mechanized Forces: A Lecture," *Cavalry Journal* (September–October 1933), in J. Furman Daniel III, ed., *21st Century Patton : Strategic Insights for the Modern Era* (Annapolis, MD : Naval Institute Press, 2016), 142.
19. Tim Worstall, "Steve Jobs and the Don't Settle Speech," *Forbes*, October 8, 2011, https://www.forbes.com/sites/timworstall/2011/10/08/steve-jobs-and-the-dont-settle-speech/#4a2544f87437.

第9章 領導力的代價：自律

1. 「Temperance (1466) egkrateia」，希臘文字義研讀，SermonIndex.net 網站，http://www.sermonindex.net/modules/articles/index.php?view=article&aid=35940. 2017年4月17日讀取。
2. Edgar A. Guest, "Keep Going," *Brooklyn Daily Eagle*, February 24, 1953, 8, https://www.newspapers.com/clip/1709402/keep_going_poem_by_edgar_a_guest/.
3. Brian Tracy, *The Power of Discipline : 7 Ways It Can Change Your Life* (Naperville, IL : Simple Truths, 2008), 6–7.
4. Rory Vaden, *Take the Stairs : 7 Steps to Achieving True Success* (New York : Perigee, 2012), 35–36.

5. Ibid., 38.
6. 感謝丹尼金博（Dennis P. Kimbro），2010年12月16日洛杉磯前哨報，Jeorald Pitts and Lil Tone, “Can You Identify What I Am?”（你認得出我是誰嗎？）一文，http://www.lasentinel.net/can-you-identify-what-i-am.html.
7. 箴言二十三章7節。
8. Gary Keller with Jay Papasan, *The ONE Thing: The Surprisingly Simple Truth Behind Extraordinary* (N.p.: Bard Press, 2013).
9. “Biography,” LouisLamour.com, http://www.louislamour.com/aboutlouis/biography6.htm, accessed April 20, 2017.
10. “3,000 Hits Club,” MLB.com, http://mlb.mlb.com/mlb/history/milestones/index.jsp?feature=three_thousand_h, accessed April 19, 2017.

第10章 領導力的擴展：自我成長

1. Maxwell, *The 15 Invaluable Laws of Growth*, 156.
2. Eric Hoffer, *Reflections on the Human Condition* (New York: Harper & Row, 1973), 22.
3. Gail Sheehy, *Passages: Predictable Crises of Adult Life* (New York: Ballantine, 2006), 499.
4. Quoted in Alvin Toffler, *Future Shock* (New York: Bantam Books, 1970), 414.
5. David D. Lewis Jr. Personal Development Page, Facebook, November 12, 2014, https://www.facebook.com/DreamUnstuck/posts/743099232444718.
6. Maxwell, *The 15 Invaluable Laws of Growth*, 5.
7. 桃莉芭頓（Dolly Parton），2015年4月8日讀取之推特。https://twitter.com/dollyparton/status/585890099583397888?lang=en.
8. 傳道書一章9節。

下一步呢？

1. 引用自Leonard Lyons, Lyons Den，《芝加哥保衛者日報》（Daily Defender），1958年11月4日，第5頁，第1欄。

NOTE

NOTE

NOTE

NOTE

NOTE

NOTE

NOTE

NOTE

國家圖書館出版品預行編目(CIP)資料

從內做起 : 頂尖領導大師淬鍊 25 年的 10 堂課 / 約翰. 麥斯威爾(John C. Maxwell) 著 ; 天恩編譯小組譯. -- 初版. -- 臺北市 : 天恩, 2020.11
面 ; 公分. -- (領導管理叢書)
譯自 : Developing the leader within you 2.0
ISBN 978-986-277-305-5(平裝)

1. 領導 2. 組織管理

494.2 109014718

領導管理叢書

從內做起——頂尖領導大師淬鍊25年的10堂課

作　　者／約翰・麥斯威爾（John C. Maxwell）
譯　　者／天恩編譯小組
譯　　審／錢大柱、劉如菁、丁懷慈
執行編輯／鄭斐如
文字編輯／李懷文、吳繪鈞、徐欣嫻、劉理霖
美術編輯／林韋志
行銷企劃／莊堯亭
發 行 人／丁懷箴
出　　版／天恩出版社
10455臺北市中山區松江路23號10樓
郵撥帳號：10162377 天恩出版社
電　　話：（02）2515-3551
傳　　真：（02）2503-5978
網　　址：http://www.graceph.com
E-mail：grace@graceph.com
出版日期／2020年11月初版
年　　度／23 22 21
刷　　次／12 11 10 09 08 07
登 記 證／局版臺業字第3247號
ISBN 978-986-277-305-5
Printed in Taiwan.

Developing the Leader Within You 2.0

Originally published in the U.S.A. under the title:
Developing the Leader Within You 2.0

用閱讀搭起您與上帝的天梯

三联人文

失衡的利维坦

美国分裂的文化与政治根源

欧树军 著

生活·讀書·新知 三联书店

图书在版编目（CIP）数据

失衡的利维坦 : 美国分裂的文化与政治根源 / 欧树军著. —北京 : 生活 · 读书 · 新知三联书店 , 2024.1
ISBN 978-7-108-07710-3

Ⅰ. ①失… Ⅱ. ①欧… Ⅲ. ①政治制度 – 研究 – 美国 Ⅳ. ① D771.221

中国国家版本馆 CIP 数据核字 (2023) 第 169414 号

责任编辑　王晨晨
装帧设计　何　浩
责任校对　张　睿
责任印制　宋　家
出版发行　生活 · 讀書 · 新知　三联书店
（北京市东城区美术馆东街 22 号 100010）
网　　址　www.sdxjpc.com
经　　销　新华书店
印　　刷　河北鹏润印刷有限公司
版　　次　2024 年 1 月北京第 1 版
2024 年 1 月北京第 1 次印刷
开　　本　880 毫米 × 1092 毫米　1/32　印张 8
字　　数　147 千字
印　　数　0,001 – 5,000 册
定　　价　59.00 元
（印装查询：01064002715；邮购查询：01084010542）

目 录

前言　美国往事

美国是世界的风景。世上风景，可分两种，走不出的和走得出的。对洛克而言，新英格兰是旧英格兰走不出的风景，它就像上帝应允的福地，宛若世界刚开始的样子。对于洛克以降的自由主义者而言，走出旧欧洲，走进新世界，需要美国这个成功反抗英帝国强权的大英雄，美国当为世界的立法者。对于柏克来说，旧英格兰是新英格兰走不出的风景，新旧英格兰人始终同文同种，打断骨头还连着筋。新英格兰人用了两百年时间才走出旧欧洲，又用了近两百年时间缔造新世界，却在内饱受社会分裂之苦，在外深陷帝国沉沦之险，不得不回到旧英格兰寻根，用文化筋脉疗救实力损伤，跳出大国兴衰的自然律。

为世界立法，以理服人，道阻且长。控制世界，以力服人，为霸道常规。在长达320年（1620—1940）的扩张道路上，先英后美，帝国战车滚滚，开疆拓土，由北向南，从新英格兰出发，越过梅森－迪克森线，直至佛罗里达海峡，再到大洋洲的东萨摩亚。自东而西，翻越阿巴拉契亚山脉，辗过百千万印第安人、墨西哥人、美洲人、欧洲人、亚洲人，向西北直至白令海峡，向西南直至墨西哥湾，向西直达马里亚纳海沟诸岛。

除直辖领土外，还有海外基地。美国从1940年9月用50艘第一次世界大战时期的旧驱逐舰换得英国八个西半球军事基地起步，至1945年9月二次世界大战结束之际，短短五年就在全球各地建立了2000个享有治外法权的军事基地。基地数量在冷战期间随美国战事起落消长，2001年10月打响反恐战争后一度超过2000个，至今仍在大约85个国家或地区设有800个军事基地。美国以全球基地网络为锚，以强大军力为剑，制定外交政策，推行对外战略，展开全球权力竞争，维持国际联盟，保护本国企业利益，迫使他国开放市场并接受不公平的政治经济条件，竭力扩大势力范围，维系全球帝国霸权。

自第二次世界大战以来的这80余年中（1940—2021），美国这个两洋之间的"大陆岛"，取代了英国这个孤悬于欧洲大陆之侧的"世界岛"，从"本土帝国"走向"全球帝国"。凭借软硬两手的实力地位，包括世界最强的军力，世界最多的军费，世界影响最大的军事工业复合体，遍布全球的军事基地，极具毁灭性的核武力量，几无间断的频繁对外战争，数十次以推翻外国政府为目标的政变，对全球主要航线的实际控制权，以及，在先进技术研发、尖端技术教育、宇航技术、航天工业、国际通信系统和高科技武器工业上的领先位置，美元的世界主要储备货币地位，对国际政治经济体系和诸多国际组织的主导权，还有好莱坞、流行音乐、互联网等文化霸权，美国将帝国变成了自己走不出的风景。

四百年，弹指一挥间。冷战结束以来的30年间，历史终结论与文明冲突论的激烈斗争，撕裂了美国，也撕裂了世界。福山用历史终结论宣示冷战自由主义的浪漫主义，将自己从保守主义推向自由主义，把美国变成整个世界走不出的风景，美国不是美国人的，美国是世界的，世界也是美国的。亨廷顿用文明冲突论延续美国保守主义的现实主义，告诫美国要想逆转美国人的国家认同衰颓，避免帝国坍塌，必须从自由主义回到保守主义，将美国自由主义变成自己走得出的风景，美国不是世界的，世界也不是美国的，美国只是美国人的。

如果人们俯瞰美国这幅风景长卷，不难发现，历史终结论与文明冲突论的斗争，既凝结了晚近五六十年来美国两大政党、两种意识形态、两种例外论之间南辕北辙的精神撕裂，也延续了240余年来"两个美国"之间势如水火的政治斗争，更接续了四百年前"两个新英格兰"之间背道而驰的文化分歧。

在英帝国殖民时代（1620—1776），天主教的詹姆斯敦与新教的普利茅斯，"新教中的旧教"盎格鲁宗与"新教中的新教"公理宗，复古的国教派与开新的分离派，

“两个新英格兰”之间的分歧，奠定了“两个美国”的底色。

美国独立建国以来（1776—2021），忠于英国君主的保王党与希望独立建国的爱国者，西部南方的新边疆与东北的新英格兰新世界，乡村党与城镇党，共和主义者与联邦主义者，南方保守主义者与加里森废奴主义者，州权派与国权派，上层精英领导国家论与普罗大众自由意志论之间的冲突，深深嵌入美国历史，在美国的独立建国时代（1776—1859）、内战重建时代（1860—1889）、进步时代（1890—1920）、“黄金十年”（1920—1929）与大萧条（1929—1939）、新政时代（1933—1945）、冷战时代（1946—1991）和帝国反恐时代（1992—2021），塑造出不同版本的“两个美国”。

“两个美国”既是美国的历史记忆，也是美国的文化记忆，更是美国的政治记忆。美国究竟是共和德性的特殊堡垒，还是个体自由的世界典范？美国例外论究竟是保守主义的，还是自由主义的？“两个美国”可谓贯穿了美国的古今之争。二者均可在世界叙事上主张美国是上帝垂青的民族，因而注定成为世界各国的立法者，但在美国叙事上很难调和，双方都在“一个少数族裔的美国和一个多数白人的美国”与“一个（多数）穷人的美国和一个（少数）富人的美国”之间进退失据，也都因此试图将美国历史从建国以来的两百年拉长至殖民以来的四百年，把各自版本的“美国例外论”追溯至“两个新英格兰”：自由主义的美国例外论延续了“新英格兰例外论”，将新英格兰视为不同于旧欧洲的新大陆，将美国视为个体自由和民主意愿的示范区，美国就是世界；保守主义的美国例外论延续了“新旧英格兰同源论”，将新英格兰和美国的体制、制度、道路溯源至英格兰和欧洲，将美国视为共和主义的保留地，美国只是美国。

大国盛衰无常。在过去的20世纪，美国继承欧洲列强构建北大西洋帝国的梦想，沿着西班牙、葡萄牙、荷兰、英格兰、法兰西、德意志开辟的帝国型民族国家道路，先是在冷战时代成为西方世界的牧羊人，又在后冷战时代成为向全球扩张的独孤霸权。其“新罗马”的自我期许不断强化，但强化的不是共和而是帝国，不是大众民主而是寡头僭主，不是多数的统治而是少数的专政。

美国的衰变，不仅反映在政治、经济、社会上，而且反映在思想、观念和文化上，不公平的经济增长引发并强化了社会财富分配、思想观念、文化认同、政党政治、议会政治、国家治理的分化、极端化和两极化，放大了“两个美国”。

21世纪刚走了1/5，历史终结论的乐观情绪就在残酷的现实面前所剩无几，文明冲突论不仅支配着美国对外反恐战争的战略，而且主导着美国内部西方文明与非西方文明之间的角逐，“两个美国”愈加鲜明。

故此，本书以“两个美国”为主线，由美国社会分裂的文化起源入眼（“一　两个美国”），纵观美国如何将社会格式化为透明的可治理之物（“二　透明社会”），概览美国如何先以军政立国，复以军政治国，终以军政持国（“三　军政立国”），描摹美国如何步欧陆后尘构筑适应现代生活的超级政府（“四　超级政府”），继而总括美国这个帝国型国家的浮沉（“五　帝国浮沉”），余部则分述美国人所思考的“美国与世界”（“六　一人一世界”），所见证的“美国政治”（“七　隐身的国家”），所忧虑的“美国危机”（“八　认同的荣枯”），所阐发的“美国道路”（“九　失衡的利维坦”），进而探究美国兴衰之门户、进退之虚实、变化之得失、损益之轻重，管窥人类社会治乱兴衰之源。

昨天已经古老。

往者不可谏，来者犹可追。

那走不出的风景，终将定格成必得走出的画卷。

一　两个美国

2020年，距离英国人殖民北美开拓“新大陆”已过去四百年，美国人独立建国两百余年。在这一年的美国总统选举中，参选双方所获选民票均创历史新高，美国因此陷入第三世界发展中国家常见的“选举战争”：败方特朗普指控选举舞弊，拒不认输，不出席拜登的就职典礼，还怂恿支持者围攻国会；胜方拜登不甘示弱，上任当天就下令废除了特朗普的17项政策。政权交接的长期默契被束之高阁，国家形象一落千丈，美国政治的种种乱象昭示着社会的大分裂。但是，这并不是晚近六七十年才有的事，两大政党、两大意识形态之间的当代角力，既延续了240余年来“两个美国”之间的历史斗争，又接续了四百年前“两个新英格兰”之间的文化分歧。

1

美国社会的大分裂有一条清晰的地理界线，这就是北纬39度43分的梅森–迪克森线。梅森–迪克森线最初只是英国两大北美殖民地宾夕法尼亚和马里兰之间的分界线，后来发展成为美国最著名的南北政治分界线。梅森–迪克森线以北、阿巴拉契亚山脉以东，是英国人最早的六大北美殖民地：缅因、佛蒙特、新罕布什尔、马萨诸塞、罗得岛和康涅狄格，史称“新英格兰”。这块从今天的科德角到佩诺布斯科特湾，南北不到三个纬度、东西不到三个经度的狭小地带，因形似英格兰，最早由英国殖民者约翰·斯密制图并命名。北欧新教徒、法兰西新教徒和英格兰清教徒们，出于阶级、经济或宗教的考量，叛出老迈衰朽的天主教旧欧洲，怀揣斯密地图，来到这块充满“光荣与梦想”的“新大陆”，希望建立一个“美丽新世界”。新英格兰，这块不同于旧欧洲的新大陆，这块美国的“兴国之地”，既是美国历史记忆的起点，也是美国文化记忆的起点，更是美国政治记忆的起点。

在英格兰清教徒看来，新英格兰在历史、文化和政治上都是虽脱胎于旧英格兰但又不同的新世界。在历史上，新英格兰是“新英格兰人”的，新英格兰人是暴力、征服、战争、牺牲的产物，新英格兰人的身份认同是在与形形色色来自旧世界和已在新世界的他者长期斗争的过程中建立起来的：从种族上灭绝“不开化的”印第安人，从宗教上放逐不守旧约的反律法主义者，从法律上打压忠于英国君主的保王党和忠于英帝国的效忠派，从文化上隔离不说英语的法裔加拿大人，从心理上排斥出身荷兰的纽约人，等等，[1]这个过程主要是政治的，宗教则寓于政治之中。在文化上，新英格兰是清教主义的，这种文化记忆从精英视角出发，希望从新英格兰新教领袖的神学文献或活动轨迹中书写新英格兰历史，探寻"新英格兰心智""新英格兰道路""新英格兰民情"和"新英格兰例外论"。[2]"新英格兰人的新英格兰"和"清教主义的新英格兰"，共同造就了政治意义上的"创建美国的新英格兰"。新英格兰人是清教徒，清教主义是新英格兰文化，新英格兰清教徒是摆脱英帝国、缔造新国家的美国建国者。

但是，这并不是说新英格兰没有内在的张力、矛盾和冲突。相反，"两个新英格兰"，即"新旧英格兰同源论"与"新英格兰例外论"之间的分歧，贯穿整个殖民时代，构成了美国社会分裂的文化起源。二者都是新英格兰清教主义的遗产，分别以国教派与分离派为代表，前者强调新英格兰是旧英格兰的复制品，主张政教合一，教会高于国家，国家从属于教会，清教徒要在新世界重

---

〔1〕John McWilliams, *New England's Crises and Cultural Memory: Literature, Politics, History, Religion, 1620–1860*, Cambridge University Press, 2004, pp. 8-20.

〔2〕Ibid.

建旧英格兰国教，政治必须动用一切手段捍卫宗教的纯洁、虔诚和使命，代表人物包括马萨诸塞的约翰·温斯洛普（John Winthrop）等人；后者强调新英格兰在各方面均应以崭新的姿态告别旧英格兰，主张政教分离，国家独立于教会，教会不同于国家，教会有捍卫自己的精神武器，不需要政治力量来捍卫，代表人物包括罗得岛的罗杰·威廉姆斯（Roger Williams）等人。在清教主义统治新英格兰的殖民时代，国教派长期压制分离派，形成了以牧师集团为主体的统治阶级，教徒资格成为公民资格的前提。这一点，很可能被在天主教徒引导下考察新英格兰九个月（1831年5月10日—1832年2月20日）的托克维尔忽略了。

梅森–迪克森线见证了美国社会的大分裂。从1763—1767年勘定后不久，到美国内战前后的近百年间，此线以南为奴隶州，以北为自由州。内战后的百年间（1865—1964），美国的总统–副总统沿此线南北搭配，支持共和党的保守主义红州和支持民主党的自由主义蓝州也由此分界。晚近五六十年来，美国政治地理版图又沿此线南北逆转。巴里·戈德华特（Barry M. Goldwater）代表共和党历史性地赢得民主党在南方腹地的五个铁票州，与之相应，民主党也历史性地赢得美国东北部共和党的六个铁票州，过去一百年乃至两百年的美国地缘政治版图从此乾坤倒转，两大政党、两种意识形态、两种例外论、两个美国之间的分裂态势渐成水火。

天主教的詹姆斯敦与新教的普利茅斯，“新教中的旧教”盎格鲁宗与“新教中的新教”公理宗，复古的国教派与开新的分离派，“两个新英格兰”奠定了“两个美国”的基调。忠于英国君主的保王党与希望独立建国的爱国者，西部南方的新边疆与东北的新英格兰新世界，乡村党与城镇党，共和主义者与联邦主义者，南方保守主义者与加里森废奴主义者，州权派与国权派，以及上层精英领导国家论与普罗大众自由意志论之间的冲突，深深嵌入美国社会。美国究竟是共和德性的特殊堡垒，还是个体自由的世界典范？美国例外论究竟是保守主义的，还是自由主义的？这些争论成为贯穿美国古今之争的主轴。二者并非没有共通之处，它们均可在对外叙事上主张美国是上帝拣选的民族，声称美国注定成为世界各国的立法者，但其美国叙事很难调和，“两个美国”由此贯通了美国的独立建国时代（1776—1859）、内战重建时代（1860—1889）、进步时代（1890—1920）、“黄金十年”（1920—1929）与大萧条（1929—1939）、新政时代（1933—1945）、冷战时代（1946—1991）和帝国反恐时代（1992—2021）。时代不同，主角各异，但又分别自成一脉。

在独立建国时代，“两个美国”的主角是分离主义的爱国者与反分离主义的保王党。爱国者从宗教的分离派变成了政治的分离派，主张新英格兰脱离英帝国建立新国家，新英格兰人就是新世界公民自由的共和主义捍卫者，清教徒的异端德性可以适应更文明的新时代，清教主义足可充当新国家的新价值观。保王党对反抗英帝国的中央集权和奢靡之风没有兴趣，坚持新国家仍要植根于旧世界。这一分歧既隐含在主张现代共和主义的联邦党人内部，也彰显于它与主张古典共和主义的反联邦党人之间的斗争。这场斗争不是温柔的法律之争，而是狂暴的政治斗争，爱国者对保王党的驱逐、追捕和肃清，贯穿整个独立建国时代，美国历史学者因此将美国的建国史称为暴力史。[1]以爱国者和保王党为主角的“两个美国”之间的斗争，将独立战争变成了美国的“第一次内战”。

在内战重建时代，主角变成了加里森废奴主义者与南方白人保守主义者。美国建国后，梅森–迪克森线成为自由州与蓄奴州的分界线。1820年后，随着美国向西部和西南部扩张，奴隶制的政治经济影响日趋扩大，作为美国发源地的新英格兰的政治经济地位受到挑战，加里森废奴主义者因此接过联邦党人的现代共和主义和国家主义旗帜，主张捍卫新英格兰就是在捍卫美国，指控为奴隶制辩护的南方白人保守主义者意图分裂美国。这一分歧，很快演化成弗朗西斯·黎白（Francis Lieber）、丹尼尔·韦伯斯特（Daniel Webster）、约翰·伯吉斯（John

〔1〕Holger Hoock, *Scars of Independence: America's Violent Birth*, Crown Publishing, 2017.

W. Burgess）直至亚伯拉罕·林肯所代表的国权派，与亨利·克莱（Henry Clay）、约翰·卡尔霍恩（John C. Calhoun）、霍雷肖·阿尔杰（Horatio Alger）所代表的州权派之争。1825年，伊利运河将纽约变成了五大湖区的出海口，纽约在美国的地位由此上升。1849年，乔治·班克罗夫特（George Bancroft）卸任美国海军部长，他把家从波士顿搬到纽约，回归历史学者本行，继续撰写十卷本的美国史。这两个事件，标志着美国地缘政治、经济和文化中心的历史性大转移，“作为共和德性特殊堡垒的美国”开始胜过“作为个体自由世界典范的美国”，“新罗马”逐渐压倒“新英格兰”。随着南方在内战中的失利，南方白人保守主义和州权派在美国一度偃旗息鼓，但“两个美国”的斗争仍在持续，只是主角从印第安人与白人变成了黑人与白人，这是因为，伴随内战结束的只是形式上的奴隶制，对印第安人的种族清洗，对黑人的种族奴役、压迫、歧视和隔离，并未受到多大撼动。

在进步时代，主角是地方主义的乡村党与国家主义的城镇党。新英格兰地区在美国国内率先完成工业化和城市化，在其人口密集聚居的小城镇模式扩散至全国之后，新英格兰地区走向“去工业化”和“逆城市化”，生活方式也回归传统，现代化的农村民居稀疏分布在广阔农村和城市郊区，取代奋斗的“山巅之城”，成为新英格兰也就是美国生活方式的典范符号和美国梦的核心景观。这种生活方式以稳定的高收入为前提，并不是每个人都能过得上，有能力过上这种生活的和没有能力的人形成了内外城之间以及城乡之间的社会隔离，同一种族内部，尤其不同种族之间的阶层分化进一步固化。阶层分化和社会隔离变成了自然而然的社会政治现象，二者交织叠加，让“鸡犬之声相闻，老死不相往来”的小国寡民状态成为美国人想象人际关系、文化关系和政治关系的基点，人与人之间、大众与政党之间、人民与政府之间的关系往往是契约性的而非伦理性的，美国人往往从个人主义角度去强调个人隐私和个人自由，社会和政治联系看上去很热闹但实质上非常松散。正如美国人所熟知的那句街头谚语所说：自由不是免费的（Freedom Is Not Free）。尽管只有少数人有能力过上这种生活，但并不妨碍大多数人将这种生活方式和与之相应的社会政治关系视为理想模板。1920年，美国向西部和南部扩张的进程结束，50个州的政治版图奠定，美国人口也迈过一亿人大关，工业化和城市化推动美国的生产方式、生活方式和国家政治初具现代雏形。随之而来的，是新英格兰在美国的相对衰落。作为美国历史、文化和政治记忆的母体，新英格兰地区不再是一个代表美国的文化共同体，新英格兰文化在持续了250年之后宣告瓦解，清教徒在新英格兰成为宗教少数，新英格兰清教牧师集团对新英格兰和美国的统治开始发生转变，新英格兰成了失落的伊甸园。不过，新英格兰的政治、经济、文化、大学和教育模式的影响也正是在此时从偏安一隅发展到遍及全国。在思想上，新英格兰清教主义如何塑造新英格兰在美国成为显学，新英格兰新教徒走出东北，走向全国；新英格兰清教主义的美国例外论推动了美国社会科学的兴起，[1]美国社会科学开始超越英、法、德等欧洲师父，酝酿着世界级的影响力。在内政上，内战后就已出现的阶级、收入和种族分层变得更加明显，阶级运动在全国范围内此起彼伏，美国的国家机器随之大大强化。在外政上，现实保守主义或原则现实主义与自由国际主义或理想世界主义之间开始绵延至今的百年缠斗。

在大萧条至第二次世界大战结束之间，主角是自由放任主义者与政府干预主义者。进步时代的现代国家制度构建，自由放任的资本主义市场经济的发展，共同造就了20世纪20年代的经济繁荣，但自由放任资本主义这匹脱缰野马很快就将美国带入史无前例的大萧条，百业凋零、危机四伏、人心惶惶，罗斯福政府的新政自由主义更彻底抛弃了进步主义零敲碎打的自由放任主义，将政府干预主义视为扭转乾坤的关键，给美国套上了“大国家，大市场”“大政府，大企业”的政治经济缰绳，改变了美国人的政府观念，“军政立国”的美国变成了“军事福利国家”[2]，影响蔓延至今。

---

〔1〕［美］多萝西·罗斯：《美国社会科学的起源》，王楠等译，生活·读书·新知三联书店，2019，第41—143、207—247页。

〔2〕［英］迈克尔·曼：《社会权力的来源（第四卷）：全球化（1945—2011）》，郭忠华等译，上海人民出版社，2015，第49—89页。

2

在第二次世界大战结束之后的30余年间，“两个美国”开始转向“一个美国”。美国与苏联、北约与华约、资本主义与共产主义核威慑的对峙格局，促使美国直面“两个美国”的困境，着力处理美国的精神分裂症，将美国打造成一个“自由主义社会”。[1]在这个“光荣与梦想”的时代，战后经济持续发展，新政自由主义对社会财富进行强力再分配，这使各阶层之间的贫富分化大幅缩小，美国开始步入真正的现代社会，思想界得以建构“自由主义社会”的共识。但是，这一共识本质上是政治自由主义、市场自由放任主义和社会达尔文主义的混合体。在建国至进步时代之间，市场放任主义和社会达尔文主义主导着美国道路，奠定了美国自由主义和保守主义的思想底色。新政自由主义的成功，为美国自由主义加入了政府干预主义，总统强权也被视为个人自由的保障。不过，飞鸟尽，良弓藏，新政自由主义在战后30余年中成为大萧条和第二次世界大战创伤的救世良方，但其鲜明的大政府倾向也受到来自新自由主义和新保守主义的强烈批判。

在法国思想家米歇尔·福柯（Michel Foucault）看

---

〔1〕代表作如［美］路易斯·哈茨：《美国的自由主义传统》，张敏谦译，中国社会科学出版社，2003。

来，自由主义是美国的建国思想，美国新自由主义意味着现代西方社会的治理术达到了历史的顶点，美国政治的正当性是被市场经济授予的，美国的大政府干预是为了重建资本主义市场经济，并在50年代把经济人假设变成笼罩一切经济、社会、政治和文化关系的思想方式。[1]在匈牙利社会思想家卡尔·波兰尼（Karl Polanyi）看来，市场社会就是美国的建国思想。当然，福柯和波兰尼所说的自由主义和市场社会根本就是一回事儿，都是市场自由放任主义和社会达尔文主义的变体。新政自由主义拉开了美国"光荣与梦想"时代的序幕，却成就了新自由主义。美国人既普遍接受新政自由主义的大政府观念，又普遍接受新自由主义的自生、自发、自我调节市场的乌托邦观念。自由主义的社会共识成了这个悖论的产物，它站在新政自由主义的对立面，热情拥抱新自由主义这一新的公民宗教。

波兰尼道出了美国社会及其宪制的实质。美国宪法之所以没有经济条款，就是为了将经济领域完全独立出来，进而将私有财产置于最严格的保护之下，从而创造出世界上唯一一个具有明确法律基础的市场社会。因此，美国的所谓分权就是将人民从支配经济生活的政治权力体系中分离出去，人民空有普选权，却始终无力对抗那

〔1〕［法］米歇尔·福柯：《生命政治的诞生》，莫伟民、赵伟译，上海人民出版社，2011，第216页。

些私有财产的大所有者。[1]这也正是美国政治学者谢尔登·沃林（Sheldon Wolin）所说的，美国所代表的发达工业国家民主制的反民主实质：通过消解人民来保障少数人的权力。[2]就此而言，美国社会结构中贫富两个阶级之间的斗争始终存在，大规模中产阶级支撑的自由主义社会共识只存在于第二次世界大战后的第一个20年间（1945—1965），此后少数大利益集团就压倒大量小利益集团进而重新支配美国政治。塞缪尔·亨廷顿（Samuel Huntington）试图用"信念政治"来超越进步主义、共识主义和多元主义，因为它们都强调经济利益而忽略政治理念，不过，与其说"信念政治"给美国政治找回了灵魂，倒不如说它只是揭示了美国社会根深蒂固的大分裂，美国因此成为一个失衡的利维坦。[3]

20世纪70年代的两次石油危机让整个西方世界陷入经济滞涨，阶层分化愈加严重，美国的社会分裂不断加剧，自由主义社会共识逐渐破产，自由主义的价值多元走向逆向种族主义，保守主义的文化寻根开始赢得更多人心，蕴含于二者之中的平民主义也愈益极端化。美国

〔1〕［英］卡尔·波兰尼：《大转型：我们时代的政治与经济起源》，冯钢、刘阳译，当代世界出版社，2020，第232页。

〔2〕［美］谢尔登·沃林，《难以抓住的民主》，载于《选主批判：对当代西方民主的反思》，王绍光主编，欧树军译，北京大学出版社，2014，第135—151页。

〔3〕［美］塞缪尔·亨廷顿：《失衡的承诺》，周端译，东方出版社，2005，第14页。

社会的大分裂，在20世纪50、60年代激起了自由主义与保守主义之间的“文化内战”。在新政自由主义的助力下，自由主义原本在教育、医保、社保、扶贫和平权等社会经济领域，以及家庭稳定、严惩犯罪、尊重传统地方关系和邻里关系等文化价值观领域，都拥有更大的政治优势，但自由主义者并未将其与多数美国人，尤其是美国中下层白人的价值共识融合起来，反倒把重心放在对少数群体或族裔的平权补偿上。反对失衡的平权补偿因此成为保守主义的大纛，保守主义者正是从自由主义者那里认识到：“所谓社会保守主义者，就是有一个女儿正在上高中的自由主义者”；俄亥俄州代顿小镇上的47岁家庭主妇，这些“既不穷，也不黑，更不年轻”的人，才是手握美国未来的真正多数，并因此在犯罪率、禁毒、宗教、同性恋、堕胎、贫困、就业等社会经济议题上代表多数美国人，与代表少数群体的自由主义者分道扬镳。新政自由主义的大政府、监管资本、社会开支和福利制度曾经占据绝对优势，但高涨的犯罪率、严重的社会骚乱和公共权威的危机，让自由主义陷入困境，让保守主义回潮。双方在政府与市场、政府规模、社会开支、减税政策、国防政策等政治议题上也互不相容。自由主义与保守主义的巨大分歧，既成就了尼克松、里根、老布什、小布什和特朗普，也成就了卡特、克林顿、奥巴马和拜登。

后冷战时代美国的政治衰败，正是其市场社会本质和新自由主义实质的周期性产物。正如亚当·斯密在18世纪后半叶基于英国工业革命的教训所看到的，市场经济的赢家总是希望把财富支配力转换成政治影响力。美国宪法所框定的分权体系固化成了少数富人把控政治体系的合法渠道，利益集团游说成为合法的政治腐败，少数精英自上而下地掌控政治、法律与公共政策的制定执行，多数民众对政治、法律和政策过程的影响力微不足道。职能的混同取代了权力的分立，不仅立法部门攫取行政部门的职能，对行政部门发布自相矛盾的复杂任务；行政部门也丧失决策自主性，政府变得僵化、失去创造力、朝三暮四、效率低下；司法部门也希望扩大政府职能，高度专业化、终身任职的法官享有立法权、政策制定权并通过司法权干预政策执行，诉讼成本大增，美国公共政策的质量严重下滑。在现实政治世界中，美国政府三个分支的分权并未带来良性的制衡，反倒走向相互否决，少数商业精英、政治精英和利益集团借助权势操纵政治经济规则，占据政治经济支配地位，他们的权力失去制约，“少数的统治”在21世纪的美国复活了。[1]美国政治学者弗朗西斯·福山（Francis Fukuyama）因此把美国政治的衰败概括为19世纪家族制的复辟，其根源在于中产阶级的规模大幅萎缩。美国政治学者雅各布·哈

〔1〕［美］弗朗西斯·福山：《政治秩序与政治衰败》，毛俊杰译，广西师范大学出版社，2015，第413—476页。

克和保罗·皮尔森（Jacob S. Hacker & Paul Pierson）则将其概括为20世纪80年代以来财阀统治借助平民主义在两极化美国的复兴，其主要表征为：选举重心从参议院和选举人团向农村州倾斜，参议院阻止法案通过的作用不断强化，联邦和州政府选举极易受党派势力操纵，保守主义者控制法院。这些因素都再次昭示着美国宪法的核心特征，即，立场坚定的少数人足以合法地压制多数人的意愿，并更有能力统治多数人。[1]简言之，在美国的现代共和政体中，僭主制、寡头制、暴民制超过了君主制、贵族制、民主制，坏政体的成分压倒了好政体。

事实上，上层精英在美国社会结构中的规模很小。美国政治学者托马斯·戴伊（Thomas R. Dye）和社会学者查尔斯·默里（Charles Murray）研究发现，美国上层人士约有4102人，其中4037人来自商业、金融、保险企业及其所控制的媒体、政治捐款组织、律师和说客职业、教育机构、基金会、民间和文化组织，65人来自美国的行政、立法和司法部门。这四千余人控制着美国一半以上的工业资产，一半以上的银行资产，四分之三以上的保险资产，还控制着美国的电视网、投资公司、有影响力的报纸和主要的媒体集团，以及超过一半的私人基金会资产和三分之二的私立大学捐赠基金，掌管着位

〔1〕［美］雅各布·哈克、［美］保罗·皮尔森：《推特治国》，法意译，当代世界出版社，2020，第185—210页。

于纽约和华盛顿的美国最大、最著名的律师事务所和美国主要的民间和文化组织，他们的政治竞选捐款也最多。[1]因此，晚近40年来，市场资本主义的高歌猛进，既是冷战时代的美国向其市场社会本质的回归，也是后冷战时代的美国社会分裂、共识崩塌的最大病灶。洛克菲勒、摩根、杜邦、福特、沃尔顿、梅隆、杜克、哈特福特、奥林、华生与费尔菲尔德等三四十个家族化的资本集团，以及高盛、雷曼、所罗门兄弟等犹太金融集团，借助法治武器，把利润来源建立在对消费者的牢固绑定上，形成了坚不可摧的垄断帝国，控制着美国经济。美国的华特迪士尼、菲利普-莫里斯国际、纽蒙特矿业、Facebook、宝洁、万事达卡、亚马逊、苹果、微软、谷歌等跨国企业不仅左右着美国国内经济，对世界经济也有很大影响。美国25个私立大学垄断了上层精英的教育和培养机制，社会的向上流动之路拥堵严重。美国的医保支出占GDP的比例全球最高，但美国人的健康水平却并不高，人均寿命在医保支出超过8%的12个国家中排名垫底，婴儿死亡率最高，还有4000万人没有医保，这是因为，美国资本集团自20世纪80年代以来大举攻破医疗、养老等专业领域，将后者的知识权威变成了取之不尽、用之不竭的利润源泉，专家的职业伦理及其与普通

---

〔1〕 Thomas R. Dye, *Who's Running America?*, Routledge, 2015, pp. 10-11.

大众之间的关系大大恶化。[1]信息巨头通过颇具社会主义色彩的公司福利鼓励自由创新，借助技术权威，形成罗伯特·卡普兰（Robert D. Kaplan）所说的更牢不可破的“高科技封建割据”，[2]推动着信息资本主义帝国在美国的兴起，将监控资本主义变成美国现代社会的一大特征，也让美国手握信息资本霸权，使之在“去工业化”之后，仍能凭借金融资本的信息化和全球化，继续在全球经济和价值链条中攫取高额利润。商业垄断帝国、专业领域的资本化和“高科技封建割据”，这些市场资本主义在美国的现代堡垒，让社会财富源源不断地流向最顶层的1%的富人，普罗大众在四五十年间止步不前，社会流动性严重流失。美国的“新钱”与“旧钱”、民族资本与跨国资本之间的斗争，左右着美国的前途命运。

机理不调，行之不远。20世纪60年代中期至今，“一个美国”又重回“两个美国”：这次的主角是自由主义与保守主义，双方都试图将美国历史从两百年拉长至殖民以来的四百年，把各自版本的“美国例外论”追溯至“两个新英格兰”：自由主义的美国例外论延续了“新英格兰例外论”，将新英格兰视为不同于旧欧洲的新大陆，

---

〔1〕Paul Starr, *The Social Transformation of American Medicine: The Rise of a Sovereign Profession and the Making of a Vast Industry*, Basic books, 1982, pp. 379-449.

〔2〕Robert D. Kaplan, *The Coming Anarchy: Shattering the Dreams of the Post-Cold War*, Vintage, 2002, pp. 3-58.

将美国视为个体自由和民主意愿的示范区，美国就是世界；保守主义的美国例外论延续了“新旧英格兰同源论”，将新英格兰和美国的体制、制度和道路溯源英格兰和欧洲，将美国视为共和主义的保留地，美国只是美国。双方紧紧围绕“一个少数族裔的美国与一个多数白人的美国”展开斗争，竭力绕开“一个（多数）穷人的美国与一个（少数）富人的美国”。

尽管美国社会分裂的实质在于阶级政治而非身份或文化政治，[1]但自由主义与保守主义之争却总是围绕种族问题展开。自由主义认为资本主义是万恶之源，种族歧视是美国的原罪，大政府干预是补偿赎罪之必需；保守主义则主张大政府才是症结所在，少数族裔受益过多，多数白人遭遇逆向种族主义。自尼克松政府以来，美国自由主义与保守主义、精英与大众之间的政治、经济和社会分歧，总是被民主党和共和党两大政党转化成种族政策分歧，政策的制定执行总是建立在对美国各种族尤其是少数族裔的细分之上，人们的注意力总是被牢牢锁定在各种“种族竞标”策略之上，两党政客也总能靠激发种族愤怒、文化分歧的政治路线进而获得更多政治资源。[2]政治竞争的高度市场化，既依赖又放大了“两个美

〔1〕深入的分析，参见魏南枝：《美国的文化认同冲突和社会不平等性》，《学术月刊》2021年第2期。

〔2〕《推特治国》，第10—17页。

国”之间的斗争。经济生活被家族化的新旧资本利益集团把持，政治生活被权贵化的垂垂老者掌控，文化生活被种种政治正确斗争撕裂，种族问题依然无解，少数族裔的下层地位日益结构化，多数白人的中产梦想摇摇欲坠。总之，正是收入分配的严重不公和阶级分化的日益加深，让美国在晚近40余年，尤其是21世纪第一个20年中变成了一个“无共识社会”。

3

在这个“无共识社会”中，自由主义与保守主义的分歧成为贯穿美国政治、经济、社会和文化生活的主线，个人主义、自由、平等、民主等“美国信念”，以及上帝选民论、美国例外论，都有自由主义和保守主义两个版本。无论哪个版本，30年前的苏东剧变冷战终结都是它们的高光时刻，也是多数美国人对美国精神和美国道路最有信心的时刻。“历史终结论”名噪一时正是因为抓住了三十年前美国精神的时代特征。

在21世纪的第一个20年中，2001年9·11事件、2007年次贷危机、2008年全球金融危机、2011年占领华尔街运动，以及2020年美国成为全球新冠肺炎疫情最严重的国家，让卡特时代的迷茫感、失落感、挫败感、不自豪感重新回到美国人的精神世界。尽管特朗普政府意味着某种杰克逊民族主义或小罗斯福式平民经济民族主义的回归，但特朗普本人却没有杰克逊，更没有小罗斯福那样的政治能力和政治威望，美国社会由来已久的分歧、分裂、分化仍然看不到缓和的可能。自由主义者更加寄希望于多元主义；保守主义者更加认为美国需要回归美国自身，放弃不切实际的自由主义国际秩序幻想，目光向内，解决内在社会问题，让美国复兴。马车的两个车轮依然行进在不同的方向上，都希望按照自己的变革意愿前行。需要注意的是，特朗普政府的保守主义内外政策代表的是多数美国人的利益和意志，拜登政府所代表的自由主义者晚近50年来逐渐失去代表美国多数人的能力，这就意味着，美国社会的大分裂更可能让多数美国人在整体上更趋于保守化，两极分化越严重，社会心态总体上就越保守，内政如此，外交也如此。美国社会问题，尤其是阶级分化问题的种族化处理方式，已经变成一种结构化的铁笼，其内部弹性目前来看仍不足以推动形成美国政治、经济和社会的根本性重组。

在这20年中，只有9·11事件让美国各个阶层达成了短暂的反恐共识。尽管反恐共识赖以存在的敌人既模糊又脆弱，但深刻改变了当代美国，拉开了美国政府部门持续至今的紧急状态序幕，也让美国再次寄希望于通过对外侵略战争来缓解内部困境。国内的反恐共识稍纵即逝，国外的反恐战争债台高筑，收入分配不公加剧阶层分化，阶级问题种族化的政治路线坚不可摧，美国社会的大分裂变成了美国思想界的最大共识。美国政治学家罗伯特·帕特南对美国社会的大分裂忧心忡忡，他在新作《浮沉世纪》(2020）中将其概括为美国社会的倒U型发展。[1]但这恐怕并非美国一国的问题。世界银行经济学家莱克纳–米兰诺维奇（Lakner-Milanovic）的大象曲线(2013)，法国经济学家托马斯·皮克迪（Thomas Piketty）的《二十一世纪资本论》(2013）和《资本与意识形态》(2020)[2]所揭示的，正是晚近50余年来以美国为代表的西方发达国家社会财富的分配不公：工人阶级停滞、中产阶级萎缩和顶层富人大增，以及非西方世界低收入群体的收入持续增加。[3]不平等时代的美国与世界将何去何从，变成了时代之问。

对于世界各国而言，美国社会的裂变所形成的“无共识社会”并不是有益的经验，而是需要记取的教训。美国社会陷入了恶性循环，政治体制的寡头化，经济生活的“去工业化”，资本金融化的货币主义反革命通过牺牲工人权益来换取经济复苏，巩固世界金融中心地位，又反过来加强了美国政治经济的寡头化。因此，尽管美国仍然是世界上唯一的军事和金融霸权大国，可以借此向世界各国征收铸币税，但这一帝国霸权收益却并未用

---

〔1〕 Robert D. Putnam, *The Upswing: How America Came Together a Century Ago and how We Can Do It Again*, Simon & Schuster, 2020.

〔2〕 Thomas Piketty, *Capital and Ideology*, Harvard University Press, 2020.

〔3〕 崔之元:《“大象曲线”、“婆罗门左派”和“参与式社会主义”》,《经济导刊》2020年第7期。

来平衡美国国内的社会财富分配不公，这推动后冷战时代的美国从全球化趋势的受益者变成受损者。今天能让美国人继续团结在一起的，是美国的帝国结构带来的国家利益和美国人的低生活成本、高生活水平，而支撑这一点的又是美国的国家实力。考虑到其孤悬于两洋之间优越的地理位置，地广人稀的人口－资源禀赋优势，高度分化的社会结构，以及社会达尔文主义的思想传统，如果没有外力作用，美帝国怪兽及其国家利维坦的衰落仍然会是一个相对漫长的过程。

这个“无共识社会”将会走向何方？这也许是留给整个21世纪的大问题。

二　透明社会

1918年，由美国统计协会主席约翰·科伦（John Koren）领衔，来自美国、英国、法国、德国、意大利、俄罗斯、澳大利亚、加拿大、比利时、丹麦、荷兰、挪威、瑞典、奥地利、匈牙利、爱尔兰、日本、印度18国的统计官员和学者济济一堂，回顾各自国家的官方统计史，共同纪念美国统计协会成立75周年。[1]所谓官方统计史，主要是现代国家如何获取社会事实、发现社会进而建构“透明社会”的历史。统计学原本就是一种国家的科学，透明社会的建构史也就是国家统治术的历史。

80年后，美国耶鲁大学政治学与人类学者詹姆斯·斯

---

〔1〕John Koren, *The History of Statistics: Their Development and Progress in Many Countries, in Memoirs to Commemorate the Seventy Fifth Anniversary of The American Statistical Association*, American Statistical Association, 1918.

科特超越统计史的技术描述，从政治人类学入手，将现代国家建构透明社会的努力，称之为“国家的视角”（Seeing Like A State）。如果说国家的统治术是一个连续谱，国家的视角就是这个谱系的开端，至关重要。但是，斯科特告诫说，这种国家的视角如果追求“极端的现代化”（High Modernization），将社会事实过度简单化、标准化、清晰化，忽视地方的传统性、多样性、复杂性以及社会的原生实践知识，就可能导致苏联集体农庄、坦桑尼亚强制村庄和巴西巴西利亚建设之类社会工程的失败，无法实现改善人类境况的初衷。90年后，斯科特又区分了平原居民和山地居民在可治理性上的诸多差异，他从东南亚山地居民身上看到了一种逃避国家统治的艺术。[1]

100年后，反观美国自身的现代国家建构史就会发现，美国的国家统治术在与美国人逃避国家的统治术之间的斗争中占了上风，美国借助传统的普查调查和现代的信息技术如饥似渴地汲取着社会事实，将透明社会变成自己作为现代国家的鲜明特征。

1

没有社会知识，就无法提升国家能力，无法改善国

---

〔1〕James C. Scott. *The Art of Not Being Governed: An Anarchist History of Upland Southeast Asia*, Yale University Press, 2009.

家治理，但在国家面前，社会并不是完全被动的。国家治理借助社会知识将触角伸向社会的各个角落，社会也出于自身理由配合或逃避国家的认证需求。外在的显性国家行为，有着内在的隐性知识需求，认证与反认证的斗争，影响乃至左右着国家与社会成员之间的关系。

如果仅仅把收集社会事实称为“认证”，那可谓由来已久，有国家的地方，就有认证。然而，这种侧重收集社会事实的认证往往只是一种“前现代的”认证，组织化、系统化、标准化和制度化的程度不高，这主要体现在下述三个方面。一是功能混杂，身份认证与财产认证往往拧在一起，基本缺乏福利认证和社会经济认证，这与前现代认证主要用于国家的征兵、征税、征役事务有关，古希腊的“公餐礼”和“取洁礼”、古罗马执政官图利乌斯开创的定期人口普查均属此类。二是可信度不高，人口、土地调查偶一为之，各类事实往往模糊不清，只有估算，没有确数，只有估计，没有统计。三是既不互联也不互通，政府部门将自己掌握的社会事实视为专有财产，专“款”专用，其他部门只能另起炉灶。用于地方事务的，不能为全国事务所用。用于征派赋税劳役的，不能用于福利保障和社会治安，彼此之间隔绝交通。因此，如果只是收集社会知识，社会不必然得到发现，政治的失灵、国家的失败在所难免，对强力的依赖也就与日俱增，从而直接或间接导致大众不堪其扰，国运多舛。

如何避免前现代认证的种种弊端，发现真实的社会，认识一个真实的世界？理想达成的程度取决于判断标准的设定，理想有多远大，标准就有多严格。让我们姑且再次诉诸现代性思维，把现代认证制度视为构建透明社会之国家能力的标尺，把“认证国家”界定为基于可靠事实建立统一规范进而拥有现代认证制度的现代国家。这就是说，所谓“现代认证”必须是在可靠事实基础上建立统一规范的有效认证体系。它必须是包括人、财产、物品、行为和事务五种知识来源的全面的体系；它必须掌握这些社会事实的准确名称、数量、位置、流动方向和真假优劣等基本属性，进而赋予唯一标识，可供准确识别；它必须是特征化的，人和物是认证的落脚点，对身份、财产、产品、行为、事务的认证，最终都要归结到人和物上，归结到人和物的各种物理特征、社会特征和经济特征上；它必须是分类明确、规则精细、标准一致的，必须在全国范围内贯彻执行统一的规范，在不同政府部门之间互联互通，不仅可用于地方治理，更可用于国家治理。只有遵循这些认证原则的国家，才算是“认证国家”。“税收国家”“预算国家”“福利国家”与“监管国家”等“善治”理想型，都离不开成熟的“认证国家”。因此，构建“认证国家”，是发展中国家现代化道路上绕不开的历史任务。但是，作为一种适应复杂大型社会状况的现代治理机制，“认证国家”不是在某个单一转折点上瞬间生成的，不同政策领域的生成时间也不一样，但总体上是工业化国家率先实现的。

与英法德等欧洲国家相比，美国向“认证国家”的转型具备后发优势，下文就让我们依据约翰·科伦等人所回顾的统计史概要梳理美国构建透明社会的经验。殖民时代，英国贸易局对13块北美殖民地分别做过38次人口调查，但没做过全境普查。独立战争时期，大陆议会决定由各殖民地按人口比例分摊300万元军费和一般开支，各殖民地均须普查并上报所有白人、黑人和黑白混血儿等人口数量。但是，最终只有马萨诸塞和罗得岛两地遵照执行，其他各邦均置之不理。这个时期的认证制度也存在不少问题，社会事实分散在各州，没有统一记录，结果常常只是总数，不同部门之间又相互矛盾；分类也很简单，只有种族、性别、年龄和婚姻状况等少数几类，各州之间标准不一。[1]因此，美国建立认证制度的过程有两个明显的特点，一是通过统一规范提高事实的可靠度，二是“强中央，弱地方”。

美国认证制度的第一个特点是通过统一规范提高社会事实的可靠度，美国从建国之初就力图以中央政府立法形式统一制度规范，设定执行机构及其具体职责。从独立建国开始，美国对社会事实的兴趣就比英国、法国等欧洲国家更为浓厚，这主要是因为确保财政资金来源的稳定事关新国家的生存大计。1789年独立建国直至内战时期，美国在财政上属于关税国家，与很多欧洲国家

〔1〕 John Koren, *The History of Statistics*, pp. 711-712.

一样，它的政府收入主要来自外贸关税。因此，收集对外贸易的信息就成了联邦政府的首要职权。

1789年7月4日，美国第一届国会批准了汉密尔顿关税法，要求政府部门自当年8月1日起收集对外贸易的全部基本事实。美国第一部关税法以汉密尔顿命名，这是因为，汉密尔顿不仅是美国宪法最好的宣传——《联邦党人文集》的三位作者之一，而且是美国财政部的创始人，这部关税法正是他起草的，财政部当时最重要的职责就是征收关税。汉密尔顿关税法是美国第一届国会自成立以来通过的第二部法律，第一部是行政宣誓法，在这两部法律之前就是美国历史上的第一部法律，美国宪法。由此可见，美国非常重视社会事实的可靠性。麻烦在于，汉密尔顿关税法并未指明由哪个部门收集这类社会事实。美国国会不想让蚁穴噬空认证大坝，就在汉密尔顿关税法生效的前一天，即1789年7月31日，批准通过一部专门分配对外贸易信息收集责任的法律，第二天与汉密尔顿关税法同时实施。这部法律将收集社会事实的权力赋予美国的关税征收机构即财政部，授权财政部"收集所有报告、乘客名单、货运清单文件，并保存书面档案，列明所有此类清单、包裹、记录以及货物具体数目，审批船舰报关和离境手续，审查原始票据，估计应纳税额并接收税款，雇用合格的过磅官、计税官、度量官和核查官，以及提供仓库"。该法还要求财政部保留所有交易的确切账目并提供连续记录，翌年又通过另一部相关法律，要求收集更为详细的社会事实。

但是，此时的社会事实并不怎么可靠。原因有这么几个，首先，收集对外贸易事实是个累人的活儿，各港口需要很长时间准备提交给财政部的报表。其次，资料本身数量庞大，最终往往只能提交估算的总数。再次，分类标准混乱，有些资料有价额无数量，有些则有数量无价额。国会对此很是不满，于1820年2月24日通过一部法律，名字就叫“获得准确的美国对外贸易陈述法”，要求财政部的年度报告必须按照国别列明进出口贸易涉及的商品种类、数量和价值，并在进出口报关审批时核定或派员实地复核。从此，财政部长向国会提交的工作汇报，从概要简报改为详细报告，但报告的大框架仍然是概要陈述，〔1〕尽管此后40年间报告的细节逐年增多，但这一点并未改变。1866年，国会终于忍无可忍，决定在财政部设立统计局，统计局专司所有对外贸易、航运和进出口报告工作，并从年度报告改为每月报告。不仅如此，统计局还要准备年度船舶登记、注册和许可报告，国内公共事业报告，并将触手伸到了国内贸易：报告国内制造业的处所、原材料来源、市场、交易、运输、工资以及影响产业繁荣的其他事项。统计局首任主任亚历克斯·德尔马在第二份报告中就坦率批评财政部过去的年度报告阙漏过多，财政部恼羞成怒，立马撤销了统计

〔1〕 John Koren, *The History of Statistics*, pp. 577-581, 584.

局，将其职责转交给国内税务总局专员。[1]

身份认证制度在美国的建立，也是从统一规范开始的。前面说过，1776年邦联宪章为了让十三邦分摊独立战争军费和其他一般开支，要求各地进行人口普查。各殖民地谁都不想因为人口被高估导致比别人掏钱多，所以大家商定开展一次全国人口普查，来获得准确的人口数字和土地价格，作为分摊赋税的依据。[2]但这一全国人口普查计划最终还是因为大多数州不配合而不了了之。美国历史上第一次普查是由联邦政府依照宪法授权在各州进行的，第一步就是统一规范。但是，光确立规范还没用，可靠的事实不会自动上门，还是要一点一点收集。在这个问题上，美国认证制度建构之路走了一百多年。

这条道路可以细分为两段。第一段是1790年至1840年之间的50年，此时的身份认证制度名为普查，实为清查，这主要是因为事实层面太过简单，可信度很成疑问。1790年普查只包括16岁以上和以下的自由白人数，不区分年龄的自由白人女性数，其他自由人和奴隶（不分年龄、性别）。到了1800年和1810年，才划分了五个年龄组，按年龄区分白人女性，1810年同时做了制造业调查。1820年按四个年龄组和性别统计了奴隶和自由有色人种，计入农业、商业和制造业人数以及未归化外国人

---

〔1〕John Koren, *The History of Statistics*, pp. 585-587.

〔2〕John Koren, *The History of Statistics*, p. 670.

数。1830年首次采用统一普查清单，按五岁一组统计白人，按六年一组统计奴隶和自由有色人，不区分种族的聋哑人、盲人和外国人也统计在内。[1]在农业国家，个人的身份与财产特征相对固定，易于确定，不需要更细致的区分。一旦从农业国家转变为工业国家，需要国家认证的个人特征越来越多，就需要针对个人的特殊性建立明确的认证分类和精细的认证规则。

这50年中，每次普查的范围都超出宪法要求，但仍相当简单。然而，国家对社会事实的需求不断扩大。1838年，时任总统范布伦在向国会提交的年度国务报告中，建议取消对联邦政府获取社会事实的权力限制，认为只要符合美利坚共同体的一般福利，就符合宪法，就应该获得准许。[2]国会随即在1840年美国第六次普查法中顺应了总统的意愿："执法者应上报与矿产、农业、贸易、制造业、学校有关的全部信息，全面展示国家的工业、教育和资源状况。"国会甚至还详尽列明所有必须收集的信息内容。然而，事与愿违，对社会事实的巨大渴求超出1840年普查执行者的能力范围，1840年最终的普查报告以不准确闻名于世。比如，受教育机会最多的人群中却出现了更多的文盲，大学数量也夸大了一倍，有些地方根据户主职业来划分人口。还有更过分的，三份

〔1〕 John Koren, *The History of Statistics*, pp. 670-682.

〔2〕 John Koren, *The History of Statistics*, p. 672.

普查记录原稿登记的屋主姓名各不相同。[1]

1850年至1910年之间的60年是美国认证制度的改革期。参众两院对事实阙漏忧心忡忡却又意见不一。众议院知足常乐，认为这些事实错误正好说明有必要设立普查局，参议院却说只要在1850年普查中改进准确性就可以了，不必新设政府部门，改革变成了一场持久战。1849年3月，内政部获授普查权，并设定了1850年普查的六大内容：自由居民、奴隶居民、死亡率、农业生产、工业生产和社会统计。[2]1850年普查是美国首次重要的认证制度改革，要点有二。一是认证单位开始从社会组织、生产组织变为社会个体、生产个体；二是个体面貌在国家眼中越来越清晰。首先是认证单位的个体化，在人口认证中，调查单位从家庭变成个人；在农业和工业认证中，调查单位也从调查区细化到每个农场、工厂和社会机构。其次，社会事实开始从总数变成细目，个体面貌变得丰满起来：以往只调查性别、年龄、肤色，现在同时覆盖职业、不动产、出生地、识字能力、教育状况、婚姻状况、健康状况（是否聋哑疯呆）、受救济状况和犯罪状况。与奴隶有关的资料按个体上报，死亡率事项也极尽详细。农业表划分为46个细目，包括每个农场的面积增减、价值、作物和机械价值、特定农畜数量、

〔1〕 John Koren, *The History of Statistics*, pp. 673-674.

〔2〕 John Koren, *The History of Statistics*, p. 674.

29种庄稼产量和宰杀动物价值。工业表也不例外，不仅覆盖制造业、矿产业、渔业、商业，还要求收集价值总额达到500美元的所有产品或交易，还有投资、产品数量和价值、物质和燃料、动力以及男性和女性雇工的平均数。社会统计表则覆盖不动产估价、年度税收、大学、学院和学校、农作物、图书馆、报刊、宗教、符合救济资格的穷人、犯罪和平均工资等诸多社会事实。从1850年开始，普查报告的汇总和最终撰写也做出改革，所有分类和编制都集中统一到位于华盛顿的普查局完成。美国的认证制度具有了现代特征，美国真正开始转向“认证国家”。

在30年后的美国进步时代（1880—1920），认证制度的第二次重大变革登场，围绕是否设立常设认证机构进而将认证制度彻底现代化展开。早在1869年，众议院普查委员会主席加菲尔德就向国会提交法案，批评1850年普查法缺陷太大，主要表现为享有调查职权的执法官都有繁忙的本职工作，不是由普查总监任命的，不完全听命于他，普查方式和组织过程也都需要做大调整。最终，众议院通过该法案，但被参议院挡在门外。参议院不批准的原因很简单，因为这部法案建议设立专职普查督察官取代原来的兼职执法官，普查督察官的任命权被授予众议院，而原来执法官的任免权则属于参议院。尽管权力斗争很激烈，但加菲尔德的实质变革建议还是被纳入1880年第十次普查法。第十次普查法任命了约150个普查督察官，两倍于从前的执法官，由他们负责选择合格的普查员。因此，第十次与第十一次普查表达了美国对社会事实可靠度的高度关注，不仅普查问题超过13000个，最终报告也分别长达19305页和21410页，因此需要在普查结束后用六七年时间整理才能向社会公开（第十次：1881—1888，第十一次：1891—1897），第十一次普查还设立了25个正式分部。考虑到之前的普查往往是普查总监单枪匹马，每次都从零开始重新招募普查员，每次普查结束普查办公室就关门大吉，美国政府毫不关心普查档案的保存，有些被当废纸卖了，有些被烧掉了，有些找不着了，这种组织变革的影响着实深远。第十一次普查的总监就曾抱怨说，在1890年普查启动时，他手里什么都没有，只有一些上次普查的空白表格。美国国会坚持认为，仅靠临时组建普查机构，无法避免类似错误。1896年3月，劳工专员受命准备了一份《建立常设普查局计划草案》，总结了临时组织普查的三大缺陷：同一时期问题太多，普查缺乏连续性，人们对整个普查机制很不满。之后，这份草案被提交给国会，并形成了与之相关的几个法案，不过这些法案都没成为正式法律。[1] 1899年，美国最终成立常设的普查局，1903年编制法又将普查局从内政部划归商业劳工部也即后来的商务部。

---

〔1〕 John Koren, *The History of Statistics*, p. 681.

随着商务部常设普查局的成立及其承担的第十三次普查的开展，美国在20世纪10年代正式成为“认证国家”。1910年普查涉及人口、农业、职业、制造业、矿产几大类。在两次普查的间歇期，普查局还做了制造业普查，渔业普查，财富、债务和税收普查，被抚养人、残疾人和少年犯普查，以及宗教组织普查。普查局还开始了两年一度的美国官员普查，覆盖47万公务员。普查局每年还为登记区统计死亡率、结婚和离婚率，当时的美国有6300万人，每年死亡人口为90万。普查局每年还收集人口超过3000人的约200座城市的财政数据。[1]普查局还承担社会经济认证，包括女性就业者、工薪阶层薪酬、童工、黑人、文盲、工业区、移民、市政电子火警和治安巡逻体系、儿童比例和性别比例、年龄、生命统计、森林产品、人口估算、铁路资产评估、海盗与市级财政、波多黎各矿产与电力工业、人口地理分布、教师、8000—25000人的城市。普查局还负责发布“一个世纪以来的人口增长”报告以及其他相关小册子，比如1915年长达200页的黑人人口手册，这类手册在1914财政年度有250个之多。

美国认证制度的第二个特点是“强中央，弱地方”。中央一直领先于地方：联邦层面的全国性普查始于1790年，尽管其事实可靠度有待提升，联邦层面也早就设立

---

〔1〕 John Koren, *The History of Statistics*, p. 682.

了普查机构，尽管前50年是临时机构，而美国的第一个地方普查机构到了1869年才成立，即马萨诸塞州劳工统计局。联邦层面的国家认证涉及国计民生的方方面面，地方认证的主要职责是一般行政事务、生命登记、最低工资、地方农业和矿产以及堕胎事务等，地方认证的质量远不如联邦，地方的统计体系也不大统一、可靠。因此，美国普查局还承担了“中央支援地方”的职责，帮助各州县市镇政府改进认证制度。

常设认证机构的建立，认证单位的个体化，身份、财产、福利和社会经济认证兼容并包，认证技术的改进，这些大大提高了收集社会事实的准确性，推动美国从规范不统一、事实不可靠的低效认证状态，转向以国家犯罪信息数据库、税收数据库和社会保障数据库为三大支柱的强大“认证国家”，社会在国家面前变得更加透明了。

2

现代国家往往依赖犯罪、税收和社保三大基础数据库来保障法律与秩序，信息技术革命让“通过数据库的治理”成为现代国家的显著特征，现代国家的认证能力大幅强化，现代社会的各个角落事无巨细地展露在国家面前。

20世纪60年代，在美国即将迈过“现代社会”的门槛之际，其社会、经济、文化各层面都处在剧烈的大转型之中。婴儿潮一代长大成人，大量南方农村人口涌向城市，非本地出生的外国移民迅速增加。城市化率快速上升，郊区加快都市化，内城则加速衰落，城市中的少数族裔迅速增加。城市的衰落与经济的衰退推高了失业率，尤其是少数族裔的失业率。“民权运动”席卷美国，政治抗议此起彼伏，警方的逮捕行动急剧增加，被捕人数逐年飙升，有犯罪倾向的未成年人不断增加，其中中上阶层的青少年数量也居高不下。〔1〕在时代巨变的大潮中，人员流动性很大，人的身份、财产等基础信息却无法跟着人走，不仅社会安全状况非常糟糕，福利欺诈也频频发生。这些信息不对称现象表明，美国城市化、工业化、信息化、农业现代化这四化建设的关键期存在不容小觑的社会问题。美国的经验教训表明，解决这些问题的出路，不仅在于堪称“第二次权利革命”的社会立法，〔2〕还在于走向现代国家的基本制度创新，美国“信息时代”（The Information Era，1960—1990）的全国犯罪认证制度建设就是一个典型的例子。

正是在1960年至1990年的30年中，美国借助信息技术进行了一系列影响深远的国家基础权力结构重塑和国

〔1〕 Kenneth C. Laudon, *Dossier Society: Value Choices in the Design of National Information Systems*, Columbia University Press, 1986, pp. 32-69.

〔2〕［美］凯斯·R.桑斯坦：《权利革命之后：重塑规制国》，李洪雷等译，中国人民大学出版社，2008，第50页。

家基本制度创新，转变成为真正的现代社会。在1994年互联网民用化之前，美国已经成为高度整合、互联互通的“数据库国家”（Database Nation），[1]美国社会已经变成了标准化、清晰化的“档案社会”（Dossier Society）。[2]没有信息技术所带来的制度创新，没有把分散在各个政府部门的公共档案整合成永久常设的全国数据库，罗斯福的“新政”、杜鲁门的“公平施政”、约翰逊的“向贫困宣战”和“伟大社会”，都很可能陷入身份欺诈、财产欺诈、福利欺诈和社会经济欺诈的泥沼，尼克松也无法兑现其控制犯罪、恢复秩序的政治承诺，里根无法掀起经济新自由主义与文化保守主义的“新公共管理”的惊涛骇浪，布什更无法布下全球反恐战争的“天罗地网”，[3]奥巴马政府也无法建设“家长制自由主义”的“简化政府”。[4]简言之，没有社会的透明化，美国联邦政府所代表的国家权力不会如此强大。

“信息时代”也是美国现代犯罪认证制度的成熟期。

---

〔1〕Simson Garfinkel, *Database Nation: The Death of Privacy in the 21st Century*, O' Reilly Media, Inc., 2000, pp.13-36.

〔2〕Kenneth C. Laudon, *Dossier Society :Value choices in the Design of National Information systems,* Columbia University Press, 1986, pp. 3-31.

〔3〕［美］格伦·格林沃尔德：《无处可藏：斯诺登、美国国安局与全球监控》，米拉、王勇译，中信出版社，2014，第三章，以及Joseph W. Eaton, *The Privacy Card: A Low Cost Strategy to Combat Terrorism*, Rowman & Littlefield, 1986，pp.1-23。

〔4〕［美］卡斯·桑斯坦：《简化：政府的未来》，陈丽芳译，中信出版社，2015，第1—28、219—242页。

20世纪20年代的第一次全国犯罪浪潮，催生了美国第一个非电子化的全国犯罪记录系统。这十年既是美国自由放任资本主义和社会达尔文主义大发展的“繁荣十年”，也史无前例地受到工人运动、种族骚乱、城市犯罪等所谓“有组织犯罪活动”的威胁。在这种氛围下，1929年，联邦调查局局长胡佛（迄今为止任职时间最长，1924—1972）成功游说国会批准将该局认证部升级为常设部门，正是认证部建立了美国第一个非电子化的全国犯罪记录系统。但是，这个时期的美国犯罪记录仍然处于“信息孤岛”状态，大多不准确、不全面甚至模棱两可，名字、罪名和处置错误随处可见。就政治意愿而言，在传统分权思想束缚下，不仅地方、州与联邦政府之间无法互联互通，各州内部也分散为几百个部门，一些大城市还有独立的系统，没有全国统一的标准，彼此之间无法协作，联邦政府的各分支之间无法达成建立全国犯罪记录系统的政治共识。就国家基础能力而言，这一时期犯罪记录的传输渠道仍然是非电子化的，依赖邮路传送，常常耗时数月。尽管20世纪40年代末，地方、州与联邦之间首次通过电报传输犯罪记录，但内容仅限于大案要案。20世纪50年代末，刑事司法部门开始使用电脑，但主要用于内部审计和工资发放。全国犯罪记录系统仍然是海市蜃楼、空中楼阁。

在1960—1990年的信息时代，美国彻底改造了犯罪认证制度。在政治意愿方面，从约翰逊到福特，作为全国公共意志、公共福祉的最高代表，美国总统开始就建立国家犯罪认证制度寻求政治共识。1965年，美国总统约翰逊宣布建立总统执法与司法行政委员会，专门研究犯罪原因及其预防、控制，他还提议制定《执法协助法》进行联邦一级的治理创新，建立新型联邦伙伴关系，并很快获得国会批准。1968年，执法与司法行政委员会发布报告称，美国有20万科学家和工程师在帮政府建立军事信息系统，对犯罪预防和控制的投入却很少，必须尽快建立国家电子犯罪记录系统。[1]但是，围绕全国电子犯罪信息究竟是由行政部门还是立法部门控制，以及如何对刑事司法信息进行宪法约束，联邦和各州的行政部门、立法部门、司法部门、地方刑事司法部门、各种社会经济团体之间争论不休。阻力主要来自国会。从20世纪60年代到70年代初期，美国国会反复拒绝批准建立全国数据中心和联邦电脑系统。但在1974年11月，美国国会准备通过隐私法时遇到了阻力。隐私法虽名为隐私法，但却授权联邦调查局、国内税务总局、社会保障局和国防部自建数据库，限制只有一个，它们彼此之间不得以“政府一般利益”为由互联互通。时任美国总统福特威胁国会说，如果不把监督执行该限制条款的隐私委员会从政府机构降级为研究小组，就动用特权否决该法。国会被迫妥协，但隶属于总统的白宫行政管理与预算局拒绝执行上述隐私法条款，高度整合的全国信息系统最终因

〔1〕 Kenneth C. Laudon, *Dossier Society*, pp. 41-42.

此在美国大行其道。[1]美国的两大政治力量自由主义者和保守主义者都从各自的立场出发，支持建立各种国家信息系统。自由主义者认为，这是延续新政自由主义各种经济社会政策的重要法门。保守主义者虽然反对大政府和“福利国家”，但同样依赖国家信息系统来预防福利欺诈及其他犯罪现象。

在制度能力方面，犯罪认证系统最重要的变化在于，内部与外部实现双重互联互通。20世纪60年代中期，各州和地方警察部门试图建立现代刑事司法信息系统、涵盖犯罪历史信息和通缉犯信息并向上集权的州数据库和警务数据处理部门，并推动信息格式的标准化以及部门之间的高速信息沟通网络。这一趋势，很快从地方蔓延到州警察部门。根据执法协助法，美国建立了一个跨州搜索引擎（Project SEARCH），可在各州之间实现犯罪记录的标准化和及时交换，这也是美国历史上首次出现与联邦调查局犯罪记录系统竞争的系统。美国此时形成了三个全国性的犯罪信息系统：始于1925年的联邦调查局认证部认证系统，始于1966年联邦调查局的国家犯罪信息中心，根据执法协助法建立的跨州搜索引擎。三个系统都是全国性的，但前两个集权于联邦，第三个分权于34个州。三个系统相互独立，不互联不互通，美国没有形成一个唯一的国家犯罪记录系统。

---

〔1〕 Kenneth C. Laudon, *Dossier Society*, pp. 365-401.

20世纪60年代末，美国新一轮保守主义政治周期到来，这为国家犯罪历史数据库的兴起提供了思想动力。经过50、60年代“文化内战”的洗礼，尼克松率领保守主义阵营接过戈德华特开启的南方战略，高举“法律与秩序”（Law and Order）的大旗，将矛头直指新政自由主义者，赢得总统职位。为了处理严峻的社会安全危机，美国联邦调查局建议改变过去犯罪信息分散掌握在各级政府的状况，建立国家犯罪信息中心和犯罪记录系统。1970年，联邦调查局正式获得授权，组建以国家犯罪信息中心（National Crime Information Center）和国家犯罪记录数据库（National Computerized Criminal History System）为主的全国统一的犯罪信息系统，将分散在各级政府的1.95亿份犯罪记录史无前例地整合在了一起，包括联邦政府的2500份，各州政府的3500万份和地方警察局的1.35亿份。

1984年，国会通过《1984年减少赤字法》，彻底放弃1974年隐私法的保护立场。为了减少赤字，国会未经任何辩论，就立法要求各州均须加入联邦的全国数据系统，通过整合、比对与关联，来识别食品券、医疗补助、儿童补贴及其他福利项目的受益人资格。全国信息系统从此崛起，记录在案的人群包罗万象，有5000万社保受益人、9500万个体纳税人、7500万法人纳税人、2120万食品券领取人、1060万家庭哺育儿童补助受益人、2400万罪犯和6000万份公民的指纹、3900万老年人特殊保障受益人、2140万医疗补助受益人、6180万私人医保计划的被保险人，以及私人信用数据系统中的5100万信用卡持有人和6200万份信用记录。[1]

在这些国家信息系统中，联邦调查局的全国犯罪历史系统不仅仅是一个高度整合的全国刑事司法行政身份信息系统，囊括6万个刑事司法机构及其50万从业人员，几千个其他政府机构以及从地方学区到美国银行等各主要部门的雇员，还有7000万现役和退役军人、国防承包商和从业人员、核工业从业人员、联邦雇员以及其他需要联邦调查局备案的人员，这个系统还是美国最大的就业筛选工具。联邦调查局的认证部（Identification Division）这一美国历史最悠久的国家认证系统，拥有2400万份指纹卡，以及1.9亿平民和军人的指纹，涵盖超过半数的美国成年人。在2400万份个人指纹和犯罪记录中，超过一半的调阅使用量是为了就业筛选，这也使之成为美国最大的“黑名单”系统。[2]此外，美国的基础信息认证机构还包括商务部普查局、国内税收总局、社会保障局、公共卫生局全国卫生统计中心，它们分别掌握1790年以来的人口和个人身份信息，1933年以来的公民收入和纳税申报信息，1937年以来近2亿人次的医生收入、医保、教育、福利和社保信息，以及1960年以来的公共卫生、医疗和人口学记录。国家信息系统推动了“地方

---

〔1〕 Kenneth C. Laudon, *Dossier Society*, p. 7.

〔2〕 Kenneth C. Laudon, *Dossier Society*, p. 32.

职能的国家化”，让美国社会变得愈加透明。

信息之于美国的重要性，在美国商业史学者钱德勒等人的鸿篇巨制《信息改变了美国》中展露无遗。这部历史跨度达三百年的鸿篇巨制，依据工业资本主义的发展，将美国历史分为三段。始于18世纪晚期的英国工业革命，即改变了生产过程的第一次工业革命时期，为商业时代；19世纪40年代始于欧美，即改变了运输和通信方式的第二次工业革命时期，为工业时代；20世纪50年代至今，始于美国的电子信息技术革命时期，为信息时代。他们秉持纵深三百年的大历史视野，将报纸、邮政、铁路、电报、电话、无线电、广播、电视、电影、互联网、条形码等信息基础设施，视为美国社会、经济和政治生活的关键支撑，视为推动美国从殖民时期到20世纪国家转型的基础力量。

在商业时代，美国形成了全国出版印刷业发行网（1760—1791）和全国邮政系统（1792—1851），美国人的识字率超过75%，知情权成为公民权利，自上而下的传统殖民决策体制受到挑战，殖民地精英得以动员大众反抗殖民统治，美国政府则通过财政补贴干预信息的传递主体、方式和内容。在工业时代，美国形成了全国铁路网（1845—1900），全国电报网和全国公共信息系统雏形（1860—1910），全国电话网（1876—1984），全国书面信息系统（1880—1950），全国广播、电视和电影网（1907—1967），信息的传递时间不断缩短，国家则限制大公司垄断，通过政府补贴和基础设施建设许可监管提供信息流的大企业，与少数关键企业形成松散但有效的联盟，并以人口普查为依据，通过主导全国性公共信息的记录、存储、检索、分析和交流，制定公共政策，解决社会问题。在信息时代，美国形成了全国计算机网络（1952—2001），全国条形码追溯网（1970年至今），国家成为科学研究的最大资助方，社会生产和配送过程得到监管，国家干预经济社会事务成为各界共识，国家基础权力得以全面提升。在这种大历史视野下，识字率、邮局覆盖率、铁路里程、电报局数量、大众广播网覆盖率、电话装机量、人均电话拥有量、人口普查频率、信息真实度、社会公开度、条形码流程监管度，这些信息渗透美国社会的方方面面，意味着自由在美国的扩展。[1]如果说美国是一个自由主义的国家，那么，正是信息定义了自由，信息的边界就是自由的边疆。如果说美国是一个现代国家，那也正是信息推动了现代国家的构建，信息的疆域就是国家的领地。

3

就信息之于美国而言，自由的故事只是一面，监控

〔1〕参见［美］阿尔弗雷德·D. 钱德勒、［美］詹姆斯·W. 科塔达编：《信息改变了美国：驱动国家转型的力量》，万岩等译，上海远东出版社，2008。

的故事则是另一面。"'他们'知道我们的一切，我们却常常不知道他们了解我们什么，不知道他们为什么要了解我们，不知道他们和谁分享他们所知晓的。这对我们的身份认同、生活机会、人权和隐私有何影响？对于政治权力、社会控制、自由与民主又有何意义？"大约30年前，监控研究专家、加拿大社会学者大卫·里昂（David Lyon）在监控研究的开山之作《电子眼：监控型社会的崛起》中反复追问的上述问题，值得人们深思。信息技术何以推动了监控型社会的崛起？40多年前，管理控制论的开创者、英国学者安东尼·斯塔福德·比尔（Anthony Stafford Beer）形象地描绘了人的电子形象相对于人之本相的巨大优势，点出了个中究竟："我在机器里的电子形象也许比我本人更真实。它是我的全景，很周全，在统计意义上可以追溯……所有细节清晰可见，全部历史毫无遗漏，绝不模棱两可。我是一团乱麻，我茫然无措。在统计意义上，机器比我了解得更多。因此，我的镜像比我的实在更真实。这个事实让我黯然神伤。"信息技术让治理者掌握了前所未有的针对治理对象的认证能力，匿名不再可能，隐居不复存在，混沌得以初开，"监控型社会"所需要的社会事实史无前例地有可能获得全面到无以复加的收集，社会的透明度到了人们难以感知的地步。

一旦身份识别被视为一种低成本的反恐战略，就有了美国犹他州的全球数据监控中心，斯诺登所揭露的棱镜工程、上游工程以及更为野心勃勃的内外监控工程，事无巨细地通过关键词过滤追踪技术，识别、筛选、存储、记录人们的语言轨、行动轨，将“监控型社会”升级为“信息帝国”。

监控型社会的构想，发端于英国思想家边沁的全景敞视监狱，形象化为奥威尔《1984》里的“老大哥”，集大成于福柯的“监控社会”之说。1785年至1834年，处于原始资本主义进程的英国，爆发了人类历史上最严重的贫富分化，如何强制大量赤贫化穷人劳动而不浪费劳动力，进而实现“社会福利的最大化”，这正是边沁设计全景敞视监狱的初衷。这是自由主义与监控的第一次重要结合，边沁兄弟没有光说不练，他们后来在英国建立并运营了多个全景敞视工厂。奥威尔在《1984》里让主角温斯顿的日常生活遭遇全天候监控，道出了信息技术时刻注视人类生活的极致。福柯批判深入毛孔的权力技术的经典名著《规训与惩罚》中的“规训”，法文原词就是“监控”，一旦监控导致监控对象对自身行为的自我规训，细致入微的纪律也就成为无所不在的监控。

晚近30年来，正是秉持着对监控型社会的强烈批判和深刻反思，大卫·里昂孜孜不倦地写了一本又一本书，2001年的《监控型社会：对日常生活的监视》（*Surveillance Society: Monitoring Everyday Life*, Open University Press）堪称《1984》的新世纪版，还有2003年的《作为社会分类的监控：隐私、风险与数字歧视》（*Surveillance as Social*

Sorting: Privacy, Risk and Digital Discrimination, Routledge）和《9・11后的监控》（*Surveillance after September 11*, Polity），以及2009年的《识别公民》（*Identifying Citizens: ID Cards as Surveillance*, Polity），2015年的《斯诺登之后的监控》（*Surveillance after Snowden*, Polity），2018年的《监控文化》（*The Culture of Surveillance: Watching as a Way of life*, Polity），2021年的《流行病监控》（*Pandemic Surveillance*, Polity）。里昂反复思考的是同一个问题：现代国家治理越来越依赖基于个人资料的数据库，这会产生什么样的后果？不过，他多年研究得出的结论其实与吉登斯一样，他们都认为监控能力及其扩张是现代性的一部分，是自由主义的一部分，绝非可有可无，而是必不可少。

当然，值得反思的并不仅仅是现代国家滥用监控权的"血泪史"。一枚硬币有正反两面，事物也总是一体两面的。如果监控是现代性的一部分，那它如何在一个自由主义世界里自我证明？它的正当性从何而来？

回答这个问题，可以说是福柯晚年法兰西学院系列讲演的核心。他用"治理"这一核心概念把监控与自由主义关联起来，监控与人口、安全相关，共同指向现代国家的治理化，目的是解决大型社会的生产、消费和安全等问题。在他看来，这就是整个自由主义治理逻辑的基石，其中就包括对人性的假设，对市场自由的假设。因此，"晚年福柯"对"现代国家的治理化"的探讨，可以说是对"中青年福柯"的一种补正，不再仅仅着眼于批判，而是力图深挖自由主义的内在逻辑，这本质上是一种最深刻的批判。这种批判的好处在于，促使人们回归问题本身，思考类似问题是否只是自由主义世界的逻辑，如果不是，那它作为一种治理逻辑的普遍性有多大。

英国社会学者迈克尔·曼（Michael Mann）的《社会权力的来源》、我国政治学者王绍光和胡鞍钢的《中国国家能力报告》都是这样一种思路，即探寻现代国家治理所必需的基础权力、基础能力、基础制度，拙著《国家基础能力的基础》也是这种努力的一部分。为了实现现代国家的治理化，需要在人、物与数据之间建立一一对应关系，这种对应关系可以具体化为某个数字、代码或符号，这种规范化、标准化赋予人和物准确、唯一、整合的身份，可以大幅改进政治决策、国家立法和政策制定执行的回应性与均等化。如果借用“以事实为依据，以法律为准绳”这句法谚，认证就是“以全面的事实为基础，建构统一的规范”。这种学术抽象从区分认证与监控开始，把人和物与数据之间的对应关系也看成是一体两面的，监控是负面，认证是正面。认证本身更是监控的前提，但并不能就此简单化地把认证也打入冷宫，一票否决。

“认证是权利的诸多成本之一”，与凯斯·桑斯坦和斯蒂芬·霍尔姆斯在《权利的成本：为什么自由依赖于税》中所做的努力一样，这种论证意在探寻必须正视和坚守的政治共识，这种共识在政治层面更多地指向“现代国家的治理化”。这是一种超越时间空间限制的、普遍的治理逻辑。所谓“国家基础能力的基础”着力彰显的正是“国家的治理化”或“政治的治理化”。这当然不是在否认现代国家的治理化；相反，必须强调，在现代条件下，正是自由主义首先走向了国家的治理化，并调整了自己的政治哲学和政治科学，将其转化为政治正当性的一部分。

法治建设是国家治理、国家建设的一部分，国家治理、国家建设需要诸种基本制度。如果人们追求俭省的法治，国家认证制度能力就不仅是权利的成本，而且是法治建设的必要条件。国家认证制度能力越强，法治成本就越低，就越可能实现“法治的俭省化”。这里的成本是指在立法、司法、执法过程中——诸如发现违法、预防犯罪、识别犯罪嫌疑人和逃犯、预防与惩治贪污腐败等重要方面——所必需的各种基本条件，其中，发现、识别、确定即认证公民和法人的身份财产无疑是基础的基础，前提的前提。

如前文所述，在利用基础数据库推进法治的俭省化上，美国是现代国家的先行者。美国社会学者肯尼斯·劳顿专门写了一本书来讨论美国是如何完成这个过程的，书名就叫《档案社会：国家信息系统设计的价值选择》(Kenneth C. Laudon, *Dossier Society: Value Choices in the Design of National Information Systems*)。这位肯尼斯·劳顿可不是局外人，他本人参与过美国三大机构——联邦调查局、国家税收总局和社会保障局——的基础数据库的系统设计或评估。他计划就这三个领域分别写一本书，目前面世的只有这一本。劳顿首先讨论了这样一个问题：在20世纪80年代，美国人为什么会接受运用最先进信息技术建立起来的全国信息系统？这难道不是与据说素来喜好自由、权利与隐私的美国精神不同吗？劳顿把原因归结为美国在自身政治发展和国家建设过程中不得不做的一件事，也就是汉密尔顿和杰伊在《联邦党人文集》中所呼吁的：美国必须建立一个强有力的中央政府。强有力的中央政府追求的是控制与效率，个人追求的是自由与多样性，当建立在信息技术基础上的档案社会这一新治理工具出现之后，二者之间就再也不可能平衡了。劳顿说，这是因为“档案社会”的核心特征，在技术与结构上是将原本用于单一政府项目和政策的独特文件整合为永久性的全国数据库；在政治与社会意义上则是联邦政府的权力史无前例地强化。劳顿回溯了美国公民如何丧失了约束“档案社会”的机会，美国为什么全面放弃隐私保护立场，倒向支持强化国家认证能力，以及，为什么美国的保守主义者和自由主义者就此达成难得的一致。这是全国信息系统在美国诞生的简史，也是美国联邦调查局设立全国犯罪信息中心和全国犯罪历史数据库的时代背景。

国家认证的强化的确推动了法治的俭省化。然而，成本降低了，并不意味着犯罪的审查、检控、矫正效率的自然提高，劳顿也坦率地承认，这套系统在这方面收效甚微，问题的关键也许在于，全国犯罪历史系统本身成了一个墙内开花墙外香的政府工程，如果不那么苛刻地看，它对于犯罪控制的效率和有效性的提升是显而易见的。它也许太有效了，效率太高了，也许要为美国成为世界上监狱人口最多的国家承担部分责任。不过公允地说，犯罪率的提升、安全状况的恶化还有着更多更为深层的动因。如果更多地从经济社会结构层面反思刑事司法政策的导向，如果不是像美国这样过度依赖国家强制机器维持法律与秩序，国家认证制度能力的提升，完全可以在其他国家实现真正俭省化的法治状态，这也可能是所谓“后发国家的落后优势”之一。国家认证制度能力的扩展当然有可能缩减地方生活的长期传统和多样性，然而这也许是现代人生活在现代国家所必须接受的成本。国家认证体系的低效、软弱和无力，放任普通人作为弱者暴露于种种自然灾害、社会风险、法治溃败和政治失灵之中，只会降低现代人的生活质量，损耗现代国家的政治正当性。

就此而言，迈克尔·曼的基础权力理论值得重视。迈克尔·曼根据现代国家的显著特征区分了两种国家权力：国家精英不与各社会群体协商即可实施的横暴权力（Despotic Power），以及国家向社会渗透并在整个辖域内合理贯彻政治决定的实际制度能力，也就是基础权力（Infrastructural Power）。现代国家的横暴权力逐渐弱化，国家干预的强制程度和广度不断削减，惩罚越来越成为福柯意义上细致入微的规训；现代国家的基本权力则不断提升，国家干预越来越有效，国家向社会“渗透”的制度能力越来越强。需要注意的是，基本权力是一种双轨权力。行之有效的基本权力意味着集体性权力的组织方式和后勤保障发生了革命性的转变，得到扩展的不仅仅是国家基本权力，所有权力组织的基础性渗透能力都得到加强，现代国家与现代社会生活之间实现了极为紧密的相互渗透。一方面，国家基本权力行之有效的前提是为公民和社会提供便利、服务和福利，现代社会控制国家的能力因此提升。另一方面，国家基本权力对社会生活的建构作用越来越强，国家制度对日常社会生活的协调作用越来越重要。如果不能对社会行使有效的控制权，国家必然走向混乱与消亡之路。[1]今天，西方发达国家的基本权力最为强大，几乎无处不在，其渗透日常社会生活的能力远远超过历史上任何国家和当代第三世界国家，其公民甚至难以找到“一块现代国家的基础权力不入之地”。相比之下，其他时代和其他地区的政府的横暴权力也许更大一些，但却常常在深入社会和经济生活上遭遇巨大困难。[2]

信息基础权力就是这样一种国家基础权力，也可称

〔1〕 Michael Mann, *The Sources of Social Power: A History of Power from the Beginning to AD 1760,* Cambridge University Press, 1986, pp.1-32.

〔2〕 Michael Mann, “The Autonomous Power of the State: Its Origins, Mechanisms and Results,” in John A. Hall ed., *States in History*, Basic Blackwell, pp. 109-136.

之为国家认证能力，即国家针对人、财、物、事所进行的大规模信息收集、储存、整合、共享、识别、比对和利用，处理出生、教育、婚姻、身份、资格、职业、收入、房产、汽车、荣誉、劣迹、流动、出入境、疾病、死亡等等行为流、信息流和事务流，实现保证政府廉效、领土安全、维护秩序、保障权利、塑造共识、监管经济社会和福利供给等等理性化的国家目标。信息基础权力，对于加强国家的强制、汲取、濡化、廉效、规管和社会保障等能力具有基础性的密切联系和重要作用。从信息基础权力出发，可以观察国家转型过程中强制、税收、濡化、再分配、廉效、规管等国家基本权力的触角如何向下延伸，如何深入社会的各个角落，如何渗透个人的生老病死、衣食住行，如何干预经济和社会运行。在这个意义上，如果说钱德勒的早期贡献在于用"看得见的手"（职业经理资本主义）推翻了亚当·斯密的"看不见的手"（自生自发的市场力量），那么他晚期的贡献就在于展示了信息基础权力在国家转型中的作用，以这种"看得见的权力"为出发点思考当代世界的政治、法律与公共政策问题，将会丰富人们对知情、隐私等等公民权利保障、社会规管、福利国家等政府公共服务职能的理解，提醒人们审慎反思公民权利的成本和国家权力的边界。

互联互通的基础认证制度是社会治理的重要抓手，它可以重塑权力的组织、控制、后勤和沟通方式，它几乎是所有政治行动的前提。从政治意愿和制度能力两方面实现基础信息的互联互通，是识别公民身份、军人身份、福利受益人、罪犯、嫌疑人，提高社会透明度，减少偷税、漏税、逃税行为，减少福利欺诈，缓解信息不对称与权力不对称所带来的“监管失灵”，提升政府公共服务能力，增强国家基础能力的制度前提。如果基础信息不能互联互通，无论社会治理还是国家治理，都很可能出现“治理失灵”。推动公民身份、财产、信用等基础信息互联互通的过程，是国家治理的现代化过程。此外，改造国家认证体系、实现互联互通也是国家治理现代化很好的切入点。它非常迫切，尤其是为解决一个大型社会所面临的各种大规模治理困境所必需；它相当可行，可以在短期内极大地改善政府的公共服务能力；它争议较小，更容易达成政治共识。

高度整合、互联互通的国家认证体系，最可能受到的质疑在于，它是否会导致国家认证权力的过度膨胀。为了预防这一后果，现代国家通常采取以下几种方式。首先，在认证体系中设计“消除个人可识别性”的必经步骤，[1]除具体负责的认证机构以外，其他政府机构所获得的认证资料，通常都是消除个人身份信息后重新编码

〔1〕Gary T. Marx, “Identity and Anonymity: Some Conceptual Distinctions and Issues for Research,” in Jane Caplan and John Torpey, eds., *Documenting Individual Identity: The Development of State Practices in the Modern World*, Princeton University Press, 2001, pp. 319-321.

的纯净版，即匿名版，[1]向社会公开的认证版本更是如此。其次，建立相对严密的隐私保护法，防止个人隐私因为不必要的公开而受到干扰或侵害。还需要第三种限制，也就是政府信息公开，排在最前面的是官员财产申报、政府预算公开并接受社会舆论监督，接下来是涉及国民福利、公共服务、公共卫生、食品安全、药品安全、产品安全、生产事故、工程质量等重大认证事务的信息公开。不过，这些原则的具体适用范围，关系国家、社会组织与人在认证过程中的相互关系，需要放在具体语境下具体分析处理。

看似微不足道的基础认证制度创新，极大地提高了美国联邦政府的国家能力。一方面，它把社会事实向政府敞开，增强了政府处理现代社会困境的制度化能力，从而让政府的服务界面变得更友好，增强了政府政策的正当性。另一方面，它打破了僵化的分权思维，让政府有能力在该集权的领域集权、在该分权的领域分权，联邦政府获得了前所未有的组织、控制、后勤与沟通优势，从而大大提高了政府治理的有效性。认证制度改革前，社会对国家来说是不透明的，国家对社会的治理往往是瞎子摸象，难免头疼医头，脚痛医脚。认证制度改革将政治与治理所必需的海量社会事实汇聚到政府手中，提

〔1〕 David H. Flaherty, *Privacy and Government Data Banks*, Mansell, 1979, pp. 66-68, 102-104, 164-166, 186-200.

高了国家政府通过信息沟通技术改造政府过程、把握社会问题、回应大众诉求的可能性。

人们往往只关注信息时代的技术创新、商业进展、社会影响，而忽略信息基础权力对于现代国家构建的基础作用。美国经验表明，国家建设很可能只有进行时，没有完成时。换言之，国家建设始终在路上，没有信息化就没有现代化，四个现代化，哪一化也离不开信息化，离不开社会的透明化。在这一点上，美国不仅不是一个例外，而且还是一个典范。

三　军政立国

1944年1月22日，美国史无前例连任四届的新政总统小罗斯福，通过广播向国人发表了他任内倒数第二份国情咨文，提出了美国著名导演迈克尔·摩尔在其政治纪录片《资本主义：一个爱情故事》中所说的“革命性的第二权利法案”。之所以加上“革命性”这个前缀，主要是因为，第二权利法案对第一权利法案做了重大修正。第二权利法案是经济权利法案，或曰经济安全法案；第一权利法案是政治权利法案，或曰政治自由法案。在小罗斯福看来，没有经济独立和经济安全，没有政府权力对个体经济权利的恰当保障，就无法实现真正的个人自由，自己之前提出的“四大自由”（言论自由、宗教信仰自由、免于贫困的自由、免于恐惧的自由）也就无从谈起。

空谈政治自由，不顾经济安全，这样的自由观念往往会走向依赖社会控制、诉诸大众情绪、渲染政治悲情。

这不仅仅是这位美国自由主义领导人对“没有同情心和同理心”的保守主义意识形态的抨击，也意味着这位新政总统希望把“进步时代”开启的从古典自由主义向现代自由主义的大转型写进美国宪法，将福利从一种临时性的恩赐救济转变成一种制度化的基本权利，从而为新政自由主义的政治、法律与公共政策盛筵画上圆满的句号。这个句号在某种程度上已经初具轮廓。在这篇国情咨文中，小罗斯福为美国设定了前进方向，将保障个体的经济权利和经济安全当作衡量国民福祉的实质标准。具体来说，如果个人没有充分的就业权和充足的报酬权，没有自由种植权，没有自由贸易和公平竞争权，没有获得体面住宅的权利，没有享有适当医保和健康生活的权利，没有享有合理经济保障免受年老、病痛、事故和失业威胁的权利，没有接受良好教育的权利，就没有个人的自力更生、家庭的美满生活和国家的安定繁荣。但是，这个句号最终并未画好，因为这部有可能革命性地再造美国的“第二权利法案”并没有正式成为法律，“革命性”只停留在纸面上。

1

不过，虽然经济安全远未成为全体美国人普遍享有的基本权利，但至少成了一部分美国人的基本权利，这部分人就是复转军人。1944年6月22日，沿着自己设定的这条道路，小罗斯福签署生效了1944年《复转军人安置法》（the Servicemen’s Readjustment），这部法律在美国又以“士兵权利法”著称，在小范围内落实了小罗斯福几个月前的国情咨文提出的政治纲领。对当时的美国而言，第二次世界大战即将结束，如何解决1575万军人中绝大多数人退伍后的安身立命问题，避免庞大的复转军人群体变成失业大军，拖垮美国经济，扰乱社会秩序，进而将美国拖入法西斯军国主义的泥潭，成为美国上上下下考虑的首要议题。毫无疑问，要解决这样一个史无前例的巨大难题，不能再走过去以范围窄、门槛高、补偿少为主要特点的复转军人救济模式。在20世纪以前的美国，复转军人救济主要参照英国伊丽莎白时代的济贫法，只照顾那些最该获得照顾的人，奖励军功的主要方式是给予补偿或授予土地，只有在服役期间生病或受伤的士兵和阵亡军属才能获得国家照顾。

战争改变了美国，重新塑造了国家与社会、市场和个人的关系，内战、第一次世界大战后的养老金体系无论在多大程度上是成功的，至少都扩大了国家政府在美国人生活中的作用。美国政治学者格伦·阿特休勒（Glenn C. Altschuler）和司徒·布鲁明（Stuart M. Blumin）指出，如果能够扩大内战后形成的养老金体系，使之覆盖全国所有老年人，第一次世界大战后的美国原本有可能成为欧洲式的福利国家。遗憾的是，对福利国家的恐惧粉碎了这种可能。福利国家的重负可能会压垮美国，这种担心在美国由来已久，不仅仅保守派这么想，自由派也忧心忡忡，最终导致美国人的福利水平普遍落后于西欧国家。[1] 1882年12月，一幅名为《贪得无厌》(The Insatiable Glutton)的漫画，形象描绘了这种忧虑：很多双手伸向财政部，要吃要喝要钱花，这些人专事福利欺诈，冒领救济，榨干政府。这种恐惧感导致1917年战争风险法破产，为了避免政府对复转军人的救济过度膨胀，财政支出被整整压缩了九成，从400亿美元直线下降到40亿。美国第一次世界大战后的470万复转军人的经济安全程度之低可想而知，正是这一点导致1932年6月17日近三万复转军人在穷困窘迫之下走上华盛顿广场，向联邦政府讨要生活救济，并于7月28日遭到麦克阿瑟指挥巴顿将军发动的武力镇压。

为了避免重蹈覆辙，必须保障复转军人的经济权利，尤其是面临1575万军人的退役大潮，这一点在两党、两种意识形态和社会各界中间成为一个越来越清晰的共识。阿特休勒和布鲁明描述了这个共识的形成过程：自建国以来，党派冲突和两极化政治就成了美国的痼疾，只有在国家最危急的时刻，两党、两种意识形态才有可能达成共识，1944年《复转军人安置法》就是这种危急时刻的共识立法。自由派总统与保守派国会在危机时刻暂时

---

〔1〕 Glenn C. Altschuler and Stuart M. Blumin, *The GI Bill: A New Deal for Veterans*, Oxford University Press, 2009.

放弃了政治斗争，史无前例地在复转军人利益和国家长期利益上达成一致，国会参众两院均全票通过该法，没有一张反对票。《复转军人安置法》成为很多美国人实现所谓美国梦的动力引擎，赢得广泛赞誉，这其中就包括美国历史上任职时间最长（因为自由派长期占据国会多数席位）的国会少数派领袖，包括那些原本不想通过“大政府”解决社会问题的人，比如商业管理学者彼得·德鲁克就称之为美国20世纪历史上最重要的事件，它标志着美国向知识社会的转型。还有美国最高法院著名的保守派首席大法官威廉·伦奎斯特（William Hubbs Rehnquist）。1944年6月22日，在该法签署生效的现场，围绕在小罗斯福周围的，并不是他的同盟，而是他的政敌，这种场景透露出自由派在推动重大政治、法律和政策变革上的统领能力，彰显了两党、两种意识形态在这个问题上的空前团结。1954年5月17日，在开启美国废除种族隔离进程的布朗诉教育委员会案宣判时，联邦最高法院的自由派首席大法官厄尔·沃伦（Earl Warren）就刻意追求这种仪式化的共识，为了确保判决由九个大法官“全体一致”通过，连原本生病住院的大法官罗伯特·杰克逊（Robert Houghwout Jackson，曾任纽伦堡审判美方首席检察官）也被用担架抬上法庭，见证这一历史性的团结时刻。

作为新政时代的收官之作，1944年《复转军人安置法》是美国历史上最具包容性、最全面的福利方案，是国家对经济社会生活的又一次深度渗透。美国政府为复转军人提供包括教育、培训、医疗、住房、创业、置地、就业、失业救济等项目在内的全面支持，并在11年的有效期内，成功帮助千万年轻复转军人实现自力更生，推动了美国的经济发展，堪称美国社会立法、社会政策的里程碑。阿特休勒和布鲁明还生动描绘了另一幅画面。1995年7月，在小罗斯福逝世50周年纪念仪式上，克林顿将这部法律视为小罗斯福影响最为深远的遗产，这份殊荣没有给其他新政立法，也没有给为美国带来结构性变革的二次新政，甚至第二次世界大战的胜利也落选了。克林顿认为，正是这部法律深刻改变了美国的社会面貌，让美国经济强劲增长，给美国带来和平繁荣，这一切都是因为该法让几代复转军人有机会获得良好的教育，建立稳固的家庭，过上健康的生活。这是一部为了复转军人利益的新政立法，复转军人们也视其为重新融入平民生活的最重要纽带。

1575万军人为国流血牺牲、前线杀敌，他们退伍后的经济安全必须得到政府保障，这在第二次世界大战末期的美国得到社会各界一致认可，无论自由派还是保守派，都视之为不可触碰的政治底线。没有这种底线共识，任何制度都不会有什么修复能力。当然，在接受这种共识底线的前提下，仍然可以辩论，以便更好地执行既定共识下所产生的政治决策、法律和公共政策。罗斯福死后，保守派和自由派很快就在对该法的解释上出现分歧，保守派担心它可能无法完成将1575万士兵转变成平民的艰巨任务，他们认为国家的帮助只能是临时性的，不能变成另一项新政措施。自由派则将其认定为一项社会工程，如果成功，可为其他国内政策所效仿。1944年《复转军人安置法》的基本功能，从提供一张安全网变成提供各种均等化的机会，就是这种共识底线下激烈辩论的结果。

1944年《复转军人安置法》颁布实施前，美国联邦政府已为参加第二次世界大战的军人提供不少补贴，包括充分的抚养津贴、退伍金、综合医疗、医疗护理、就业振兴与培训、服役期间死亡或伤残补偿金、战争风险寿险、服役期间商业政策保费担保、公民权保障、在服役期间暂停特定民事责任执行、军属紧急妇幼护理以及再就业权。可以看出，这些保障主要是为了向复转军人提供一张包罗万象的安全网。第二次世界大战接近尾声时，作为维护复转军人利益的重要社会组织，美国复转军人协会向全社会公开并当面向小罗斯福陈述了下述六项要求：（1）复转军人的诉求必须得到迅速处理，所有士兵必须在退役前获知自己有哪些权利；（2）为帮助复转军人适应平民生活，根据服役时间发放一次性退伍金，最高500美元；（3）复转军人局提供学费，帮助复转军人接受教育或技能培训；（4）不必额外补偿军人服役期间津贴与平民职业之间的差额，但各州和复转军人局须为复转军人提供购买住房、田地和做生意的政府担保贷款；（5）复转军人就业与美国就业司剥离，单独划归复转军人局管理；（6）向失业的复转军人每星期最高支付25美元，最长52周。尽管小罗斯福总统并没有逐条采纳这些诉求，但却完全接受了这些诉求所蕴含的基本原则，为复转军人提供全面的经济安全保障，这也正是1944年《复转军人安置法》的立法精神。下面就让我们看看所谓全面的经济安全保障到底全面到什么程度。这部法律形式上只有六条主要内容，但涵盖之广前所未有。

第一条，教育补贴。军人，无论男女，均有机会在退役后继续原来的教育或技术培训，或申请新的进修或再教育课程，不仅不用交学费，政府补贴每年最高500美元的学费，求学期间还有权每月获得一笔生活补贴。政府补贴复转军人的学费、书本费、教育资料费。复转军人自由选择自己想入读的学校，高等院校自由接纳符合自己入学要求的复转军人。根据这条法律，在1944—1954年间，约800万复转军人接受了大学、大专、准大学教育补贴和职业培训补贴，其中，约230万人进了大学或大专院校；350万人接受了学校培训；340万人接受了职业培训。美国政府为此耗资约140亿美元。

第二条，政府担保个人置业贷款。复转军人如果购买或新建住房、农场或者产业，可获得政府担保贷款，最高不超过所需款项的50%。最终，400万复转军人获得了复转军人事务局担保的住房、农场和生意贷款。

第三条，失业补贴。对于没有找到工作的复转军人，提供合理的失业补贴，每周发放，最长发放一年。最终，

830万复转军人接受了失业补偿，作为融入平民生活的阶梯。

第四条，就业培训。提升复转军人就业咨询机制的有效性。

第五条，增加军人医疗设施。授权足额建设一切必要的医疗设施。1930年，复转军人局已经拥有54家医院、171个医疗中心、350多个门诊和社区诊所、126个家庭护理小组和35处居所。今天，这些设施的数量都大大增加了。

第六条，复转军人局专司其责。扩大复转军人局的职权，使之专注于及时有效地处理复转军人事务。1989年，复转军人局升格为复转军人部。

尽管1944年《复转军人安置法》只有六条主要内容，但却因为美国历史上前所未有的大规模教育资助和置业担保计划，为复转军人提供了自力更生、重新融入平民生活的均等机会。这部法律因此成为一个开始美好生活的引擎，一个机会均等的平台，复转军人安置的重心，从为复转军人提供一张包罗万象的社会安全网，变成了为他们自力更生提供机会。这部法律的基本原则即全面的经济权利保障，能否推及平民而非仅限于军人，成为自由派和保守派之间的核心争论。这场争论旷日持久、无疾而终，小罗斯福的"第二权利法案之梦"随之成为泡影。不过，安置重心从社会安全网向机会均等平台的转变，表明保守派的批评并非没有道理。如果只是一味地用财政资金全面救济复转军人，不仅长期看来政府可能无以为继，也很可能把复转军人变成“永远的福利依赖者”，这实际上降低了复转军人的经济社会地位，这种把问题留给未来的方式无助于真正解决问题，尤其在国家内部经济缓慢复苏，国家外部安全压力巨大的情况下。可以想见，这也正是雄心勃勃的自由派之所以最终妥协的原因所在。

但是，从社会安全网到均等机会平台的转变，仍然让这部法律成为美国社会各界公认的美国历史上最宏大、最全面、最成功的法律与公共政策创新。美国史家指出，正是因为这部法律，美国才出现了复转军人进大学求学潮、复转军人置业潮、郊区城市化浪潮，进而，才出现了后来的复转军人进大学教书潮、复转军人做工程师潮、复转军人进法院潮。1954年，美国普查局调查发现，1575万复转军人成功回归平民生活的约1240万人，占78%，他们都直接受益于《复转军人安置法》，四分之三的受访者认为这部法律改变了自己的生活。剩下的330万人不少是听从了保守派自力更生的劝告，不接受政府的帮助。这部法律成为此后类似立法的样板，比如解决朝鲜战争570万复转军人问题的1952年《朝鲜战争复转军人安置法》，1966年《越南战争复转军人安置法》，90年代《海湾战争复转军人安置法》，2008年《9·11事件后复转军人安置法》，以及2017年《复转军人教育援助法》等。值得注意的是，2017年《复转军人教育援助法》取消了教育援助的有效期限制，因此被称为士兵永久权利法，并以1944年《复转军人安置法》起草者哈里·科尔默里（Harry W. Colmery）命名。

1944年《复转军人安置法》开始的军人经济社会权利保障之路，在此后的美国不断延展。在2005财政年，退伍军人事务部支出了712亿美元，其中315亿美元花在医保上，371亿美元花在各种福利补贴上，1.48亿美元花在国家公墓体系上。2006财政年年初，美国有2430万复转军人，占美国人的四分之一，还有约6300万人作为复转军人或其家属、遗属，成为退伍军人事务部福利和服务的受益人。今天，已有2130万复转军人、现役军人及其家庭成员接受了退伍军人事务部提供的728亿美元的教育和培训资助，受益人包括780万第二次世界大战复转军人、240万朝鲜战争复转军人、820万后朝鲜战争和越南战争复转军人和现役军人。退伍军人事务部发出了1800万份住房贷款担保，总值高达8920亿美元。最终，退伍军人事务部成为美国最庞大、最全面的福利项目提供者，美国最大的医疗教育和医护培训管理机构，以及美国最有效的医疗保障福利项目即复转军人医保项目的福利提供者。

从提供一张安全网到提供全面的均等机会，这样的“俭省治理”原则，让美国在整体上并不像欧洲那样的普惠福利国家，但美国人大可不必失望伤心，因为美国并非不存在北欧那样从摇篮到坟墓的高福利体系，这个体系就在他们身边，每八个人中就有一个受益于这个体系。

1944年《复转军人安置法》的全面经济安全保障原则及其对美国经济社会的巨大影响，的确引人深思。美国真的是“小政府，大社会”吗？公益性的福利项目真的只会一败涂地吗？一张无所不包的安全网和一个机会均等的平台，到底哪个更适宜？抑或有兼得的可能？以及，更为重要的，为什么美国这样的自由主义社会却出现了一支人数高达1575万人、堪称人类社会有史以来最庞大的正规军队，美国是一个军政国家吗？美国的军政关系，即庞大的军事力量与行政、立法、司法三个政府分支之间的关系究竟如何？

2

美国学者塞缪尔·亨廷顿的《军人与国家》（1957）回答了这个问题。亨廷顿针对第二次世界大战前美国社会对强大军事力量的恐惧，基于欧洲军政关系从贵族制到民主制的大变革，以及军事建制的地位、角色、影响力和伦理在此过程中所发生的巨大变化，提出了一种新的军政关系理论。由于欧洲军政关系的这个转变也是美国、第二世界诸国和第三世界亚非拉各国已经、正在或需要经历的，可以说是一个历久弥新的经典问题，即什么样的军政关系有利于维护国家安全。

军政关系，即军队与政府之间或军事权力与行政、立法、司法三种权力之间的关系，具体来说就是军官群体与文官群体之间的关系。亨廷顿以韦伯主义的口吻断言，军人和军队是科层制的职业和组织，军人“管理暴力”，表达国家对军事安全的需求，运用军事视角评判国家的行动方案，并实施国家的军事安全决策。简言之，军人直接代表国家垄断合法暴力的行使权，维护国家的军事安全。在欧洲，以军官群体的职业化为首要特征的军事专业化，是其经济、社会、政治和军事现代化进程的产物，尤其是现代国家常备军需求的产物。崛起的欧洲民族国家需要由职业化军队构成的常备军，并为之提供充足的财政和人事资源，职业化的军官群体成为国家官僚体系的组成部分，军事制度成为国家的政治制度。欧洲军事专业化兴起于19世纪的普鲁士、法兰西和英格兰，这些先行者在准入、晋升、教育、能力、精神和参谋体系六个方面从贵族制转向专业化，催生了军政关系问题。普鲁士在欧洲首创了职业化的军官群体、总参谋部和义务兵役制，并接受了克劳塞维茨的文官控制理论，把保守主义和现实主义作为军事伦理，[1]强调军人必须假定“政策是全社会整体利益的代表”并坚决服从，并把服从文官控制作为军人的天职。通过推动军人、军队与军事的专业化，并坚持文官对军队的有效控制，普鲁士

〔1〕亨廷顿将保守主义界定为军事伦理核心特征的思想渊源，参见Allen Guttman, “Political Ideals and the Military Ethic,” *American Scholar* 34: 2 (Spring 1965): 221-237。

炼成了一支由共同纽带与共识团结起来的“新常备军”，成为欧洲军队的楷模。

亨廷顿在此基础上提出了一种新的军政关系理论，主张从军官群体相对于文官群体的权力、专业化军事伦理与其他主流政治意识形态之间的关系这两大方面，谋求军事专业化与“客观文官控制”的最大化。但是，在专业化的性质上，欧洲与美国不同。亨廷顿认为，在欧洲，专业化挑战的是占统治地位的贵族制，因此是民主制的。而在美国，专业化挑战的是占统治地位的民主制，因此是贵族制的。从独立战争直至20世纪上半叶，得天独厚的地理优势和地缘优势使美国人几乎无须担心安全，自由主义始终主导着美国及其军政关系，美国人只知道自由主义及其少数几种变体，而自由主义反对维持大规模的常备军，认为军事制度和军事职能必然威胁自由、民主、繁荣与和平，与之相对，他们只关心什么样的军政关系能与美国的自由民主价值兼容。

这一点也体现在宪法上。亨廷顿强调，尽管美国宪法是保守主义的，但制宪者既没有预料到大众民主的兴起，也没有预料到军事职业的兴起，因此，美国宪法完全没有触及政党问题，也没有规定文官控制，它延缓了英国式的强大政党体制在美国的形成，也阻止了英国式的有效文官控制在美国的形成。这是因为，美国宪法的民兵条款分割了州与联邦政府对民兵的控制权，分权条款分割了国会与总统对军队的控制权，统帅条款分割了总统与内阁部长对军队的控制权，政治分权和刚性宪法相结合，导致美国无法建立英国那样有效的文官控制。因此，美国军官群体的职业化进程远远落后于欧洲各国。

在内战之前，美国不存在重要的专业化军事制度，常备军规模非常小。美国的军事专业化形成于美国内战至第一次世界大战期间，这个时期既是“军队政治权力和社会影响的冬天”，又是“军事专业化的春天”，“国家更加自由主义，军队更加保守主义”。1914年，美国军人的战争与政策理论已经完全“克劳塞维茨化”：“政策制造战争，战争执行政策。”但是，正是因为美国的文官群体常常无法制定清晰的军事政策，国家安全委员会（Council of National Defense）等军事决策机构才应运而生。不过，第一次世界大战结束后，美国又重回自由主义的孤立主义传统，“商业和平主义”和“改革自由主义”都坚持反军事主义，导致美国军事专业化在两次世界大战之间完全停顿下来。第二次世界大战期间，美国的军政关系从文官控制变为军方主导，保守主义的职业军事伦理成为美国军官群体的主流意识形态，参谋长联席会议的权力大大扩张，直接协助总统制定战略、决定军事预算，不受任何文官机构约束。

第二次世界大战结束不久，世界政治陷入冷战格局，美国的军政关系从此巨变。作为世界政治的主要参与者，为了应对不断强化的军事安全威胁，美国需要远高于第二次世界大战前水平的军事力量，这推动军事需求成为外交政策的基本内容，职业化的军人、军队与军事机构的权威性和影响力史无前例。保守主义的军事观念、强化的军事力量与自由主义社会之间的关系持续紧张。因此，亨廷顿反复追问的是，一个自由主义社会如何确保军事安全。如果说美国军事安全的必要条件是美国社会的基本价值观从自由主义转向保守主义，这个转向在战后十年就开始了。1964年，戈德华特破天荒赢得了作为民主党铁票区的南方六州，加速了这个转向。〔1〕换言之，第二次世界大战后的美国军政关系发生了亨廷顿所期望的变化，军队走向保守主义，国家也走向保守主义。

随着美国军事力量的不断强化，军官群体在政治、行政、工业等领域承担了日益重要的非军事功能，与很多民间团体联系密切，极大地影响着美国的社会、经济和政治进程。美国军人的数量在第二次世界大战期间高达1575万人，这些人在战后需要重新回归社会，美国为此专门制定了一部《复转军人安置法》，向其中约1240万人提供教育、培训、医疗、就业、失业救济、创业、置地、建房等方面的全面支持，朝鲜战争、越南战争、海湾战争、伊拉克和阿富汗战争结束后的复转军人安置问题，也都做了类似处理，这推动美国出现复转军人进

〔1〕［美］小尤金·约瑟夫·迪昂：《为什么美国人恨政治》，赵晓力等译，上海人民出版社，2020，第198—233页。

大学求学、教书、置业、进法院、做工程师和郊区城镇化的浪潮。[1]因此，哈佛大学政治学者西达·斯考切波（Theda Skocpol）认为，美国社会政策在政治上根源于对士兵和母亲的保护。[2]

第二次世界大战直至越战期间，美国军人数量一直比联邦政府的文职雇员多。整个冷战期间，国防部的文职雇员数量一直维持在100多万人，1945年甚至高达260万人，直至今天，占联邦政府雇员总数的比重长期维持在35%至78%之间，是美国联邦政府的第一大部，这在人类政治史上也是绝无仅有的。美国国防部、退伍军人事务部、国土安全部、联邦调查局、中央情报局、国家安全局、国防情报局和国家图像与地图局等负责维护国家与社会安全的文职雇员超过150万人，联邦政府一半的公务员执掌国家强制机器。同时伴随的还有200多万军人、2000多万军人家属或阵亡军人家属，“国防工业复合体”所催生的大量依赖国防合同生存的公司企业，以及遍布全球的海外军事基地和此起彼伏的对外战争。在这些因素的共同作用下，美国的军事开支巨大，历年军事预算均超过非军事预算，占比超过一半，只有五六年的时间例外。这些现象说明，美国军事与民事职

---

〔1〕Glenn Altschuler and Stuart Blumin, *The GI Bill: A New Deal for Veterans*, Oxford University Press, 2009.

〔2〕Theda Skocpol, *Protecting Soldiers and Mothers: The Political Origins of Social Policy in the United States*, Harvard University Press, 1995, pp. 1-152.

能的比例回到了1890年之前西方各国军事职能长期压倒民事职能的状态。[1]当代欧洲与美国不同，其社会开支超过二分之一，甚至达到三分之二，军事预算和开支比例普遍较少，这主要是因为第二次世界大战结束以来美国及其领导的北约体系为欧洲提供集体安全保障，这就是保守主义者罗伯特·卡根所说的欧美关系格局：欧洲的天堂依赖美国实力的保障。[2]就此而言，美国是以军政立国，美国政体可以说是一种“军事政体”，因为国家职能军事化了，开支也军事化了，军事建制对国家与社会生活的影响巨大。

这种影响尤其体现在集中运用军事力量的战争上。耶鲁大学政治学者戴维·梅休（David Mayhew）曾经批评美国学者按照和平时代的剧本照本宣科，大大低估了战争对美国社会和美国政治的巨大影响。梅休认为，战争有能力创造一个全新的政治世界，战争制造了新问题，也开启了培育新政策的政治窗口，同时，战争还可以催生新理念、新议题、新方案、新偏好、新意识形态，重塑旧的选举联盟，从而永久地改变政治的需求侧。通过增强民族国家的力量，战争还可以改变政治的供给侧。

---

〔1〕[英]迈克尔·曼：《社会权力的来源（第二卷）：阶级和民族国家的兴起（1760—1914）》，陈海宏等译，上海人民出版社，2007，第393—485、527—560页。

〔2〕[美]罗伯特·卡根：《天堂与实力：世界新秩序下的美国与欧洲》，肖蓉等译，新华出版社，2004，第107—156页。

在美国历史上，1812年第二次独立战争、美墨战争、内战、第一次世界大战、第二次世界大战都进行了大规模的社会动员，深刻塑造了美国内政，催生了美国政治的很多新政策、新议题、新变化，比如保护性关税、国家银行体系、所得税、退伍军人安置、黑人权利、州际铁路、赠地大学、累进税制、国家预算体系、禁酒令、女性投票权、国内情报体系、保障充分就业的财政政策、限制工会、科研政策、原子能政策、限制行政权力、更新国家安全结构、公共住房等等。[1]进而，美国的现代国家制度建构在很大程度上就是战争及其需求的产物。而在欧洲，正如查尔斯·蒂利所指出的，强制与资本推动了近代西欧民族国家的诞生，民族国家是战争的副产品。[2]鉴于美国历史上只有11年没有发动过战争，[3]美国事实上处于永久的战争状态，[4]是人类社会历史上绝无仅有又名副其实的“战争国家”。概言之，美国的国家建构过程类似欧洲的国家形成过程，都是先以军政立

---

〔1〕David R. Mayhew, *Parties and Policies: How the American Government Works*, Yale University Press, 2008, pp. 288-327.

〔2〕Charles Tilly, *Coercion, Capital, and European States, AD 990-1992*, Wiley-Blackwell, 1992, pp. 1-37, 67-95.

〔3〕Barbara Salazar Torreon and Sofia Plagakis, *Instances of Use of United States Armed Forces Abroad, 1798–2021*, Congressional Research Service, 2021.

〔4〕David Vine, *The United States of War: A Global History of America's Endless Conflicts, from Columbus to the Islamic State*, California University Press, 2018.

国，又以军政治国，终以军政持国，是个地地道道的军政国家。

3

《军人与国家》对美国军政关系的探讨截至1955年，亨廷顿提醒美国人正视美国军政关系的这一重大危机：自由主义的社会意识形态难以接受对抗苏联挑战所必需的强大专业化军队和军事建制。他在1961年强调在军事行动、军力水平和武器规模方面，美国的军事政策只是文官政府对国内外环境各种相互冲突的压力所做的反应，冲突主要发生在文官所界定的对外政策目标与对内政策目标之间，而不是文官群体与军官群体之间。[1]可见，居安思危是亨廷顿不变的初心，[2]他坚持美国政治家必须在这个直接影响国家安全的军政关系上做出决断。

不过，尽管亨廷顿开创了美国的军政关系研究领域，但并不是所有人都认同他的军政关系理论。反对

---

〔1〕 Samuel P. Huntington, *The Common Defense: Strategic Programs in National Politics*, Columbia University Press, 1961. Samuel P. Huntington, "Equilibrium and Disequilibrium in American Military Policy," *Political Science Quarterly* v. 76, n. 4 (1961): 481-502.

〔2〕 Samuel P. Huntington, "Power, Expertise and the Military Profession," *Daedelus* v. 92, n. 4 (1963): 785-807.

派的代表人物之一、政治学者吉恩·莱昂斯（Gene M. Lyons）就主张，亨廷顿没有充分重视一些影响美国军政关系的新因素，比如国防部这一集权组织的强化，文官领导人的职业化，军事职业特征的扩展，军事事务不再为军队所垄断，战争与和平、外交政策与军事政策之间的模糊界限，以及国防计划、国家政策的目标价值与安全困境之间的复杂关系。简言之，美国同时存在“文官的军官化”和“军官的文官化”两大趋势，军政之间的分工更复杂，因此需要一种新的军政关系理论。[1]社会学者莫里斯·贾诺威茨（Morris Janowitz）则把新军政关系理论的重心放在士兵的公民化上，主张外部威胁可以激发国家内部的凝聚力，激发维系国家所必需的公民参与和公民身份认同。社会学者詹姆斯·柏克（James Burk）认为，贾诺威茨和亨廷顿的军政关系理论不同，一个遵循古罗马富人共和主义传统，一个秉持霍布斯和密尔的思想传统，后者主张军队是维护军事安全所必要的，同时又必须受国家规制，防止其追求反民主的目标，但二者实质上都是联邦主义的。[2]政治学者彼得·费维尔（Peter Feaver）把重心放在新的文官控制

---

〔1〕 Gene Lyons, “The New Civil-Military Relations,” *American Political Science Review* 55 (March 1961): 53-60.

〔2〕 J. Burk, “Theories of Democratic Civil-Military Relations,” *Armed Forces & Society*, 2002, 29(1): 7-29.

理论上，[1]这种新文官控制理论需要协调两种不同的军政关系，也就是究竟是要一个有能力按照文官要求做任何事的强大军队，还是要一个只能做文官所授权之事的从属军队。

1994年，亨廷顿对此做出了回应。由于共产主义对美国自由主义的巨大威胁，也由于美国总统艾森豪威尔在军事安全需求与社会需求之间建立了可持续的相互妥协，美国人在冷战期间接受了强大军事建制的长期存在，这对美国而言是一件幸事。但是，为了避免军政关系在后冷战时代重新陷入危机，美国需要建立新的、可持续的军政关系，这是对政治领导人和军事领导人的巨大挑战，因为这需要几个前提。第一，不能仅仅依据军事建制的规模或资源来判断其政治影响力，消耗大量资源的军事力量完全可以处于有效的文官控制之下，比如冷战期间的美国和苏联，很多拉美和非洲国家的军队虽然消耗资源很少，却经常蔑视甚至推翻文官政府。第二，政治领导人与军事领导人二者职能不同，视角和利益也就不同，自然存在竞争和紧张。他们之间的强烈敌

---

〔1〕 Peter Feaver, "The Civil-military Problematique: Huntington, Janowitz and the Question of Civilian Control," *Armed Forces and Society: An Interdisciplinary Journal* 23:2 (Winter 1996): 149-178. 对亨廷顿军政关系理论的商榷及新的研究进展，参见 Suzanne Nielson and Don Snider, eds., *American Civil-Military Relations: The Soldier and the State in a New Era*, Johns Hopkins University Press, 2009, pp. 1-10, 72-90。

意，当然意味着彼此的关系可能失衡，但二者的关系也可能走向和谐。第三，军事建制希望政治领导人制定清晰的目标和政策，如果后者没有这么做，参谋长有责任自行做出规划。第四，政治领导人和军事领导人都承认和接受各司其职原则，不干预对方，军队往往在资源和自主性之间宁愿选择后者。第五，职业化的军官积极备战而不好战。[1]由于这些条件不断变化，这种平衡而可持续的新军政关系还在探索之中，但冷战结束后的美国军政关系总体上符合亨廷顿心目中的理想模式。

可以看出，在冷战结束之后，亨廷顿仍然坚持自己40年前提出的行之有效的文官控制的军政关系理论，坚持美国的军事伦理和社会意识形态必须从自由主义转向保守主义，坚持包括自由主义社会在内的任何社会都需要权威，而军事权力、军事制度是现代国家非常重要的一种权威。一个强大、团结、高度职业化的保守主义军官群体和军队，不是对自由的威胁，而是自由主义社会的保障和政策执行过程的平衡器，军人、军官、军队是现代国家的护卫者，只有那种政治化、派系分裂、别有用心、缺乏声望但又对公众知名度敏感的军官群体会危

---

〔1〕Richard Kohn, Colin Powell, John Lehman, William Odom, Samuel Huntington, "An Exchange on Civil-Military Relations," *The National Interest* 36 (Summer 1994): 23-31.

害国家安全。军事伦理强调备战而非好战，强调军事强国而非穷兵黩武，主张用纪律、等级制、克制与坚毅等军事德性来约束军事力量。为了避免职业化的军官群体和军队军人无法自律，尤其是防止军人干政、军事政变，必须建构合理的军政关系模式，军官应该接受人事任免、财政预算和军纪国法审查等方面的文官控制，接受文官在合法性、道德、政治智慧和治国能力上高于、优于、强于自己，把服从作为军人的最高德性，这种坚持军事专业化的客观文官控制，优于追求文官权力最大化的文官控制。总之，军官必须服从文官的权威。

权威堪称理解美国保守主义的一把钥匙。20世纪50年代，亨廷顿主张自由主义社会同样需要权威，服从文官控制的职业化军官群体和保守主义军队是维护国家安全的必要条件。20世纪60年代，他把文官控制军队的有效制度视为国与国之间统治水平的主要差别之一，把军人干政的原因归为政治而非军事，把军人干政的执政官式政体视为不发达社会的各种社会力量泛政治化的表现，视为包括军队在内的社会子系统彼此脱嵌的产物，视为缺乏有效的政治制度或政治制度软弱进而无力调节、改进和节制各群体政治活动的恶果。他还进一步强调，军队领导人的主观偏好和准则往往无法提供社会所需要的三种重要政治制度，即既反映现行的权力分配又能吸纳、同化新的社会力量，有能力超越这些集团利益的政治制度；高度发达的官僚输出制度；以及控制权力交接的制度。在成熟的现代政体中，这三种制度需求往往由政党体系满足。因此，军队必须接受政党所领导的文官体系的控制。[1] 20世纪70年代，他更是直截了当地主张民主是建立权威的唯一手段，对政治体系的过多要求既扩大了后者的职能又破坏了后者的权威，节制的民主命更长。[2] 20世纪80年代，他把反政府权威，不反政治体制的自由主义“信念政治”视为美国政治制度既令人失望又抱有希望的原因所在，[3] 把稳定视为与增长、公平、民主、自主相并列的发展目标。[4] 20世纪90年代，他认为民主只是一种公共美德，并不是唯一的美德，民主制度很脆弱，需要把稳定作为任何政治制度分析的核心维度。[5] 20世纪末21世纪初，他将目光转向美国的国家认同所面临的多元种族、多元语言、多元文化的挑战，[6] 在全球尺度的比较文明史分析框架中，这种挑战又构成某

〔1〕［美］塞缪尔·亨廷顿：《变动社会的政治秩序》，张岱云等译，上海译文出版社，1989，第1—9、211—285页。

〔2〕［法］米歇尔·克罗齐、［日］绵贯让治、［美］塞缪尔·亨廷顿：《民主的危机》，马殿军等译，求实出版社，1989，第54—102页。

〔3〕［美］塞缪尔·亨廷顿：《失衡的承诺》，周端译，东方出版社，2005，第241—284页。

〔4〕［美］塞缪尔·亨廷顿等著，罗荣渠主编：《现代化理论与历史经验的再探讨》，上海译文出版社，1993，第331—357页。

〔5〕［美］塞缪尔·亨廷顿：《第三波：20世纪后期民主化浪潮》，刘军宁译，上海三联书店，1998，第7—11页。

〔6〕［美］塞缪尔·亨廷顿：《我们是谁：美国国家特性面临的挑战》，程克雄译，新华出版社，2005，第119—148页。

种推动世界秩序重建的文明冲突。[1]对于美国保守主义而言，在政治理念与政治制度两个维度上，权威都是建构理想政治秩序所不可或缺的。

2007年，亨廷顿在接受访谈时回忆了自己在50年前经历的一桩学术公案。[2]1957年，哈佛大学政治系的自由派教授卡尔·弗里德里希（Carl Friedrich）认为《军人与国家》鼓吹权威主义，拒绝授予亨廷顿终身教职，亨廷顿被迫和布热津斯基一道转投哥伦比亚大学。尽管这位自由派教授四年后又亲自把亨廷顿请回哈佛大学政治系，但亨廷顿本人在50年后仍不接受这位学者的批评，他始终认为，在人类历史的长河中，文明的兴衰，战争与和平的交替，国家之间的攻守易势，都处在无尽的循环往复之中，变化是自然的，也是必然的，但进步却既不是自然的，也不是必然的。因此，如欲探寻走向政治秩序之道，区分权威（Authority）与权威主义（Authoritarianism）将是人类需要长久面对的议题。

---

〔1〕［美］塞缪尔·亨廷顿：《文明的冲突与世界秩序的重建》，周琪等译，新华出版社，1998，第43—74、347—372页。

〔2〕Gerardo L. Munck and Richard Snyder, *Passion, Craft, and Method in Comparative Politics*, Johns Hopkins University Press, 2008, pp. 211-216.

四　超级政府

政府规模在现代政治场域反复出现，常议常新。规模大小主要是比较意义上的，现代国家通常比古代国家规模大，工业化国家往往比前工业化国家或正在工业化的国家规模大，市场经济国家也普遍比非市场经济国家规模大。因此，当美国历史学者约瑟夫·斯特雷耶（Joseph R. Strayer）感叹现代人已经无法想象没有国家的生活的时候，[1]实际上是在说现代人无一例外都生活在一个大国之中，已经无法想象小国寡民的生活。不过，这个经验事实尚未得到充分的认识，大政府在不少人心目中总是和机构臃肿、人浮于事等官僚主义现象关联在一起，是利维坦倾向的代名词，不少人还把美国看作“小政府，大社会”的典范。这实在是个不小的误会。

---

〔1〕［美］约瑟夫·R.斯特雷耶：《现代国家的起源》，华佳等译，格致出版社 上海人民出版社，2011，第59页。

美国的政府规模究竟如何？可以先横向比较，经济合作与发展组织的统计数据表明，[1]在经济合作与发展组织成员国中，美国也许在政府收入与开支上算是小政府，但在雇员数量上却并不是小政府，在发达国家中处于中等水平，比英国、法国等西欧大国和北欧诸国等十余国小，但比葡萄牙、爱尔兰、意大利、荷兰、德国、韩国、日本等十余国大，比很多发展中国家大得多，是一个非常明显的“超级政府”。

纵向比较，同样如此。早期资本主义时代的美国也许的确是小政府，但现代资本主义时代的美国已经演变成为不折不扣的大政府。冷战结束后，美国经济史学者约翰·F.沃克和哈罗德·G.瓦特正是从这一事实出发，向我们解释了美国政府在大萧条、第二次世界大战、冷战和福利国家建设背景下为什么会越来越大。[2]尽管沃克和瓦特的判断形成于20世纪末，尽管世界局势与美国内政都发生了较大变化，但其后至今的30余年中，美国政府规模越来越大的总体趋势并未止步。沃克和瓦特都是美国波特兰州立大学的经济学教授，他们长期合作进行美国经济史研究，尤其注重揭示美国政府在推动经济增

---

〔1〕数据来源，https://stats.oecd.org/Index.aspx；以及http://www.truthfulpolitics.com/。

〔2〕John F. Walker and Harold G. Vatter, *The Rise of Big Government in the United States*. M.E. Sharpe, 1997. 中译本参考［美］约翰·F. 沃克、［美］哈罗德·G. 瓦特：《美国大政府的兴起》，刘进、毛喻原译，重庆出版社，2001。

长中的作用。瓦特更被称为经济学家中的异议者，他认为，自从20世纪40年代战争经济解体以来，美国政府通过扩大公共开支，推进各种旨在提高民众福利的社会工程和公共计划，深度介入了美国经济体系的运行，逐渐成为美国经济增长的必要动力。[1]沃克和瓦特的基本判断很简单：完全自发调节的市场经济导致大萧条这一美国历史上的最大噩梦，自由放任主义就此宣告终结，以政府干预为主要特征的“反向保护运动”兴起，引发了政府、市场与社会关系的大转折，美国由此在人、财、事等诸方面走上了大政府之路。沃克和瓦特没有停留在对大政府的道德义愤上，他们通过逻辑缜密、数据翔实的分析论证，揭示了美国政府规模越来越大的前因后果，否定了与政府规模有关的几个流行假设，破除了美国“小政府，大社会”的迷思。

1

自由放任主义标榜“守夜人国家”和“最小政府”，他们的理想是“政府管得越少越好，市场管得越多越好”。政府管得越少，权力就越小，个人私权受到政府公权侵犯的可能性就越小，市场就越能自发实现机会平等

[1] John B. Hall, “In Memory: Harold Goodhue Vatter 1910–2000, ” *Journal of Economic Issues*, 2000, 34(4): 1007.

和充分就业，其代表人物罗伯特·诺齐克主张，国家不能管得比控制“暴力、偷窃、欺诈以及强制履行契约更多”。[1]政府最多只能做国家的守夜人，除了扶持企业发展、建设基础设施、保护私有财产、维护契约自由、保障个人安全和国家安全之类打更站岗、看家护院的事务，最好什么都不要管。举凡收入和财富分配公平，实现充分就业，促进个人全面发展而非仅为市场提供劳动力，提供教育机会，保障个人健康，提供体面的住房和合理的养老保障，促进性别平等和族群和谐，提供宜居的环境，等等，诸如此类强调经济道德文化伦理的社会诉求，政府不该回应也回应不了。管不了就不要管，管不好也不要管，顺其自然，看起来没什么不妥。

但如此一来，现代国家所面临的社会问题和社会压力是否就能大事化小、小事化了呢？事情当然不会这么简单。沃克和瓦特强调了事情的另一面：市场只能提供有形的产品、有价的商品，而社会更注重无形往往也无价的经济伦理，人的归属感、稳定感、安全感、获得感、幸福感是不能买卖的。不讲道德的市场是有缺陷的，而有缺陷的市场正是复杂社会诸多不公平、不安全因素的根源，如果一个政府执行自由放任主义政策，为了保证企业利润而反对保护工人利益，必然引发社会不满进而

---

〔1〕［美］罗伯特·诺齐克：《无政府、国家与乌托邦》，何怀宏等译，中国社会科学出版社，1991，第3页。

导致正当性的流失。“穷则变，变则通”，美国政府要对社会压力做出回应，就必须告别商品交换的市场法则所主导的19世纪文明，彻底改变自由放任主义政策。

这一巨变从孕育发展到正式开始经历了三个阶段。[1] 1870年至1900年是第一个阶段，农民面对农业生产和消费萎缩，发起了对铁路运输、海运、制造和金融等行业的巨型公司的有组织抗议，希望政府纠正市场的明显缺陷，要求新政式的政府救济和公共建设工程。农民组织及以农民为基础的平民党（Populist Party），成为要求政府矫正市场的先行者。第二个阶段是1901年至1919年，进步主义者强烈要求政府转变观念，干预市场运行，采取国家行动保障社会公正，立法限制恃强凌弱的私人公司，消除市场中明显的经济不平等，这催生了美国历史上第一次大规模的社会立法，涉及反腐、工作时限、食品药品安全、最低工资、保护童工、铁路运费控制、所得税、选举权以及公司行为监管等方面。最后是1920年至1929年，这个阶段既是自由放任主义的“黄金十年”，是约瑟夫·熊彼特所说的“完整无损的资本主义”时期，也是不干涉主义的“末日余晖”，更是干预主义的助推期。在这十年中，政府缩小预算，撤销了第一次世界大战时成立的危机管理机构，帮助企业家主导私人经济部门，军队随意遣散退伍军人，工人组织受到非

〔1〕《美国大政府的兴起》，第22—30页，以及该书其他相关章节。

难以及福利资本主义的拉拢，工会成员剧减，州与地方政府的福利立法几近中止。共和党四处宣扬市场不会做坏事。商业企业及其辩护者制造了消费者保护浪潮，宣传耐用电子产品和汽车，鼓励信用消费分期付款，以此吸引中产阶级和蓝领阶层。职业代言人和媒体热衷于兜售持久繁荣，宣扬商业阶级的高度社会责任感，鼓吹任何旨在帮助下层民众的政策都只会让问题更严重。在自由放任主义的狂轰滥炸面前，中产阶级和大多数美国人变得冷漠无情、麻木不仁，社会达尔文主义盛行一时：只要不是无能之辈，每个人都可以获得经济成功，不成功就只能忍饥挨饿、节衣缩食。在"黄金十年"里，巨型钢铁、化学医药、石油化工、电力、汽车、核能工业公司以及大规模生产模式成为社会顶礼膜拜的偶像，自由放任主义发展到了极致。物极必反，随着自由放任主义的负外部性逐渐显现，社会成本日渐沉重，大萧条终于到来。

大萧条彻底扭转了政府、市场与社会之间原来的自由放任主义经济关系，全面的经济危机粉碎了"小政府，大社会"的乌托邦迷思，社会大众不堪忍受，奋起反抗自我调节的市场体系所带来的巨大威胁，[1]要求政府对社会动荡做出有力的回应。自由放任、不加干预的时代一

---

〔1〕［英］卡尔·波兰尼：《大转型：我们时代的政治与经济起源》，冯钢、刘阳译，当代世界出版社，2020，第137—141页。

去不复返，美国早期资本主义时代的市场体系瓦解了，美国经济走向混合经济时代，[1]美国政府开始用干预主义回应来自社会大众的自我保护诉求。

新政政府制定并执行了一系列主张国家干预社会经济事务的法律和公共政策，开始声称国家有责任推行让全社会满意的宏观经济政策，保障经济的长期增长，打破了私人投资才是经济增长根本动力的旧观念。除了赋予人们经济信心，新政政府还对工作时间、最低工资、流行病、污水处理、饮用水安全、食品安全、能源、城市、犯罪、高等教育、国民健康、生活质量、环境破坏、种族歧视、通货膨胀等城市化所加剧的社会问题进行国家干预，致力于为人们提供基本的社会安全和生活保障，纠正严重失衡的劳资关系，谋求社会和谐。在这些举措中，福利体系成为国家干预社会最重要的组成部分，成为通过政府干预、矫正千疮百孔的早期资本主义的关键，1935年社会保障法、美国劳资关系法和1938年公平劳动标准法都是其中的代表作。

新政的大规模推进，还改变了美国的经济观念。自由放任主义坚持市场是一只看不见的手，具有交换禀性的个体通过与他人交换自身劳动的剩余产品来满足自身需要，这种经济理性指引下的经济人的利己之举却实现了利他的社会效用，如果让每个企业主在完全竞争的市

---

[1]《美国大政府的兴起》，第1—2页。

场环境中发挥生产与分配管理者的作用，放任他们去协调经济活动，就可以实现经济资源的最优化配置，就可以最有效地实现社会普遍繁荣。[1]但是，随着现代工商企业[2]的兴起，职业经理人的“看得见的手”取代了市场的“看不见的手”，他们控制着作为现代市场基本要素的大企业的丰富资源。[3]换言之，与单纯的市场原则不同，企业管理者在资源配置中扮演了更重要的角色，与市场上的协调相比，管理上的协调带来了更大的生产力、更低的成本和更高的利润。与流弊百出的自由放任相比，科学有效的政府协调、组织和管理是个好东西。与标榜无组织、自组织但实则财富当家做主的寡头垄断相比，政府干预是个好东西。

结果就是，美国政府在美国经济和社会中的作用不断强化，政府与市场、社会相互影响，经由各种代表组织、财政预算、行政管理等多重渠道得以实现。与20世纪30年代以前的美国相比，新政自由主义之下的美国政府管得越来越多，至少包括下述三大方面：[4]首先，直接

〔1〕［英］亚当·斯密：《国民财富的性质和原因的研究》，郭大力、王亚南译，商务印书馆，2003，第1—12页。

〔2〕与美国传统的单一制企业不同，现代工商企业包含不同的经营单位，且有各层级的不同支薪人员管理，如此则必然需要更为有力的协调与管理。参见［美］小阿尔弗雷德·D. 钱德勒：《看得见的手：美国企业的管理革命》，重武译，商务印书馆，1987，第2页。

〔3〕《看得见的手：美国企业的管理革命》，第4—12页。

〔4〕《美国大政府的兴起》，第84—86页。

提供公共服务，涉及教育、就业、贷款、劳动培训、失业救济、食品补贴、医疗、养老金、福利、邮政、水利和国防等领域。其次，通过行政手段在特殊经济活动中指导资源配置，比如基础建设贷款、农业项目信贷、土地保护、农业结构调整、出口支持、住宅建设支持、商业银行发展支持、海运补贴、航运补贴等。最后，采取行政与法律手段，确保经济平稳运行，比如设立联邦存贷款保险公司、联邦储蓄保险公司、证券交易委员会（1934）、联邦通讯委员会（1934）、联邦海运委员会（1936），制定了《公益控股公司法》（1935）、《国家劳资关系法》（1935）、《违禁油料法》（1935）、《汽车运输法》（1935）、《禁止制造商和批发商给大买主优惠折扣或回扣法》（1936）和《烟煤法》（1937）等等。

2

财政收支是衡量政府规模最常用的另一个指标。自由放任主义坚持消极的古典财政政策，[1]主张市场繁荣与否取决于私人投资而非公共财政，私人的实际固定投资来自储蓄，因此要最大限度减少财政预算，实现年度预算平衡，最好还要有财政盈余，以避免赤字和税收损耗。收税只是为了支付政府雇员工资和公务支出，基本不对

〔1〕《美国大政府的兴起》，第4页。

个人进行转移支付，对新增收入降低累进税或者适当退税，以鼓励储蓄，增加投资，促进经济发展。

尽管1789年美国刚建国就颁布了财政法，财政部也是美国政府最早成立的四个部之一，但直到19世纪中后期美国才开始尝试对政府预决算进行规范化管理，尝试推行量入为出的财政原则，又在自由放任主义指导下不去主动干预经济运行，预算支出规模也很小。19世纪中后期，随着工业化的起步，美国经济迅速增长，美国联邦政府的预算收入大幅上涨。[1]与此同时，自由放任的经济大增长的负外部性再次浮现，贫富两极分化、政治腐败、道德滑坡等问题同时涌现，“进步运动”应运而生，旨在限制政府开支、缩减赤字的全国性预算制度成为其重要成果。但是，这种以限制政府开支为目的的预算制度，根本无法面对经济大萧条的冲击。美国联邦政府预算在整个20世纪20年代基本没有做实质性的调整，但经济危机却迅速改变了政府的收支结构，1929—1931年间“收入下降了50%，开支上升了几乎60%”。[2]作为美国经济史上最严重的经济危机，1929年开始的大萧条结束了“黄金十年”的短暂繁荣，此后直到1932年，美国联邦、州和地方三级政府都试图通过强化财政紧缩政策来

---

〔1〕1850—1900年，美国联邦政府的预算收入是此前60年（1789—1849）的12倍。参见中华人民共和国财政部预算司编：《零基预算》，经济科学出版社，1997，第203页。

〔2〕《美国大政府的兴起》，第241页。

化解大萧条，但却收获甚微，经济复苏无望。因此，尽管1932年国会设立了临时复兴金融公司并通过了经济救济与工程法，胡佛还是在1932年总统选举中大败于罗斯福。罗斯福新政推翻了消极的古典财政政策，美国政府开始采用主动调节市场和经济发展的积极财政政策。

为了刺激消费，走出萧条，罗斯福政府从1933年3月9日的《紧急银行法》开始，推出一系列干预性的法律和政策，比如颁布《全国工业复兴法》、《全国产业复兴法》、《紧急铁路法》(1933)、《农业信贷法》(1933)、《紧急农业抵押法》(1933)及1934年的三个补充法规、《房屋所有人贷款法》(1933)、《格拉斯–斯蒂格尔银行法》(1933)、《纽约最低工资法》(1933)，成立全国复兴委员会、田纳西流域管理局、联邦公积金救济公司(1933)、进出口银行(1934)以及农村电子管理局(1935)等等。由于政府财政入不敷出，新政成为美国赤字预算的先锋，开支剧增带来的主要结果之一就是美国政府大规模扩张，自由放任主义全面溃败。进步运动所催生的全国预算制度始于1923年的塔夫脱总统，但从新政时期开始，限制政府开支和规模的预算目标宣告失败，此后的历届美国政府也都几乎无法实现这个预算目标。罗斯福政府突破了量入为出的预算原则，1946年颁布的就业法获得了最大限度的政府雇用和政府采购权。美国联邦政府在推动美国经济增长中的作用越来越强大，其国民生产总值的高速增长与大规模的政府采购密切相关。20世纪60年代的美国经济增长主要依靠扩大就业和政府采购，70年代靠税收，90年代靠开支。如果没有政府采购的快速增长，也就不会有20世纪长期的经济高速增长。[1] 19世纪70年代中期至1900年，政府采购与国民生产总值的比例增长了5%—6%，这一比例至1929年达到8.12%；1929年至1959年间每年增长2%达到1959年的20.27%，20世纪60年代之后的35年间，增长幅度减缓，但1994年仍为17.43%。[2]

在第二次世界大战之后美国政府规模扩张的诸多因素中，福利国家建设至关重要。[3] 各级政府机构的福利开支增长最快，1992年福利开支在所有各级政府开支中已经占到44%。美国政府对个人的转移支付即社会福利开支，从1959年的280亿美元猛增到1994年的9560亿美元。在此期间，最引人注目的增长正是发生在大力鼓吹缩减政府规模、拆散福利国家的里根政府时期，1987年美国联邦政府的福利开支从1090亿美元猛增到7580亿美元。从1950年到1991年期间，列入政府计划的总社会福利开支每年约增长7%，比国内生产总值增速快一倍。社会福利方面的政府转移支付，教育、公共卫生、社会保障与医疗福利开支在1970—1993年各级政府开支增长中所占的比例高达64%，其中最大的部分是由州与地方政

---

〔1〕《美国大政府的兴起》，第244页。

〔2〕《美国大政府的兴起》，第5—7页。

〔3〕《美国大政府的兴起》，第259—300页。

府来管理的。主要形式是联邦出资，各州与地方具体执行，加上各项政府补助（医疗补助、食品、收入保障增补、未成年人家庭援助和各种社会服务），福利开支达到1993年的72%，1400万个家庭接受未成年人援助，2700万人领取食品补贴。以卫生福利、教育和社会保障部门为例，自战后以来该部门雇员数目便处于波动上升趋势当中。从1940年到1980年的40年间，该部门雇员人数大幅增长，1940年时仅为9000人，1980年时达到最高点：16.3万人。1980年里根总统上台后，积极推行经济复兴计划，主张缩减政府规模和权力，减少税收，降低通货膨胀率和削减社会福利。因此从这一年开始，该部门的雇员规模呈下降趋势，2000年时降为12.6万人，此后有所恢复，2011年时该部门的雇员总数为14.3万人。[1]

根据美国联邦政府预算报告的数据，美国联邦政府收入占国家收入的比重为49%，占国内生产总值的比例是15%；联邦政府财政支出占全国财政支出的56.5%，占国内生产总值的比重为22.3%。在特朗普入主白宫后的第一个财政年度里，尽管国内经济恢复增长，美国预算赤字仍扩大到7790亿美元，创下2012年以来的最高水平。沃克和瓦特对大萧条期间的胡佛政府的评价也许能帮助我们理解这一现象："不能责怪胡佛对当时还无人知晓的凯恩斯经济理论一无所知，但可以责怪他过度信奉预算

[1]《美国大政府的兴起》，第264—272页。

平衡的传统保守观念。”[1]财政连年赤字自然不能算作经济健康运行的标志，但过度信奉预算平衡也非合理之选，尤其是巨大危机降临之际。归根结底，强大的财政汲取能力是国家履行各项基本职能的必要条件，为了回应现代大规模复杂社会的诸多问题和正常需求，即使财政支出增长率快于国民生产总值增长率也并非全然坏事，利用公债发展公共事业是可行的，如果它带来的财政收入增加额能抵消这些公共事业的费用。当然，在危机之后，量入为出的稳健财政政策更符合国家政治、经济与社会可持续发展的长期需要。

3

政府越小，解决社会问题或社会解决自身问题的能力就越强，社会就越稳定。这一古典经济学家提出的理论假设至今仍是不少人的信条。但事实上，小政府也许有利于经济增长，但它却很可能在做大蛋糕的同时，加剧分蛋糕的难度。比较经济史的相关研究表明，人口越多，人均收入越高，司法和执法部门所发挥的作用就越大，这些部门的规模往往也随之扩大。19世纪德国社会理论家阿道夫·瓦格纳（Adolf Wagner）的著名法则时至

[1]《美国大政府的兴起》，第242页。

今日仍然适用，[1]资本主义经济发展导致工业化和城市化日益深化，社会对政府服务的需求也水涨船高，这就要求政府提升公共服务能力。[2]因此，在稳定充裕的财政资源之外，一支规模适当、廉效兼备的政府雇员队伍同样不可或缺。

人口增长、技术进步、老年人口和城市人口增加等多重因素交互作用，共同导致包括政府职权范围在内的美国政府规模扩大。蒸汽机、发电机和内燃机等技术进步，导致在1900年以后要求接受公共教育的普通人大大增加。在自由放任主义的最后30年（1900—1930），公共教育的推进速度在美国历史上无出其右，这主要是市场体系所产生的需求：企业不大可能对人力资源进行足够的投资，生产技术进步有赖于更高水平的教育，市场组织也迫切需要更多知识和人才。1930年之后，美国公共教育经历了三级跳。1944年《复转军人安置法》推动了退伍军人上大学热潮，社会舆论要求为婴儿潮一代提供公共教育，同时发生的还有女性上大学热潮。这些因素最终在经济和社会领域催生了一个规模庞大的公共教育部门，截至1990年，这一部门的直接雇员占全部社会就业的4%，在州与地方政府部门中，与教育有关的公务员

---

〔1〕 Adolph Wagner, “Three extracts on public finance, ” *Classics in the Theory of Public Finance*, Palgrave Macmillan, 1958, pp. 1-15.

〔2〕《美国大政府的兴起》，第5页。除引注及特别注明外，本节也主要基于对该书相关部分的梳理。

约占42%。

各级政府都把公共教育视为首要职责，美国政府规模进一步扩大。1950年至1970年间，各州用于公立初等和中等教育的开支每年增长5.35%，全职教育工作者最高每年增长5.23%，总开支比例从22%提高到了29%。在政府雇员方面，州与地方全职雇员增幅远超平民劳动者和联邦文职雇员。在1950年至1973年间，州与地方从事教育工作的人增长更快，最高时占到州与地方政府雇员总数的55%，早在1960年就远远超过全部联邦文职雇员，1973年总数达到200万之多。高等教育大众化也推动了美国政府的大扩张。第二次世界大战结束后的头几年，1575万退伍军人中有一半多进入高等院校，年均入学率为40%—50%。在所有18—24岁的年轻人中，1946年有10%上了大学，1960年提高到20%，1970年提高到30.6%。诸多因素共同推动了这一进程：女权运动，少数族群权利运动，运用先进技术的城市经济提高了对就业者的要求，婴儿潮一代高中毕业后上大学的期望，朝鲜战争和越南战争退伍军人上大学的政府资助计划，社会组织和社区发展教育的强烈愿望，以及人们对生活质量的日益重视。与高等教育入学率扩张平行展开的是，公立学校持续发展，城市兴起州立大学，公立社区学院大量涌现，数百万女性上了大学。1950年后，公立学院的学生大大超过私立学院，从1950年的136万人猛增至1970年的511万人，增速超过同期的公立初等和中等教育学校。女性与男性入学比例在1940年为0.73∶1，1950年为0.46∶1（受惠于复转军人教育补贴计划），1970年为0.7∶1，1980年为1∶1。[1]美国男性与女性的教育平权获得长足进步。

为了处理日益复杂的社会事务，有效回应社会各阶层的自我保护诉求，联邦财政部（含国内税收总局）、联邦司法部、联邦储蓄保险公司、州与地方警察局和消防局、市政环卫与排污处理，这些大政府部门的扩张速度也超过平民劳动者的增长速度。1953年，公共医疗服务组织、食品药品管理局、再就业管理局和儿童问题管理局，合并成为国民健康、教育与福利部，拥有3.5万政府雇员。1977年，美国联邦政府设立能源部，改变了能源分散管理的状况，将燃油税、高速公路、石油和核能纳入统一监管机制。运输管理部门的扩张也一直持续到1970年。20世纪50年代末至80年代初，消费者保护组织大量涌现，各级政府也设立了各种消费者保护机构。尽管1980年里根政府开始推行放松规管政策，但到20世纪80年代末，联邦与州政府的消费者保护机构仍在美国历史上蔚为壮观，这同样推动了美国超级大政府的兴起。1975年至1992年，环保局雇员年增长率大大超过联邦所有文职雇员的年增长率，也明显高于各州与地方政府文职雇员的年增长率。“福利体系”的制

---

〔1〕《美国大政府的兴起》，第262—263页。

度性发展是美国政府规模持续扩张的最大部分，不仅在财政指标上如此，在人员规模上也同样如此。福利部门的扩张从未间断，战争终将结束，但福利国家却不会终止。福利国家建设推动了大政府的发展，政府雇员的退休福利又成为福利国家社会保障体系最稳健的一部分。[1]

第二次世界大战、冷战和全球反恐战争让美国经济一直处在战时状态，军事工业复合体推进的各项事务变得不可触碰，军事计划的发展也将众多社区和组织变成了国防合同与军事基地的既得利益者。2012年12月，美国国防部、退伍军人事务部、国土安全部三个部门人数已达124.4093万，还有中央情报局、国家安全局、国防情报局和国家图像与地图局四大间谍情报机构不受国会约束，预算、编制秘而不宣，根据各种信息综合判断，四大机构人数超过20万人。这样一来，仅负责维护安全这一首要公共产品的准军事部门人数就有144.4093万人。换言之，美国中央政府将近一半的公务员是用来执掌国家强制机器的。[2]

在政府雇员方面，美国政府也持续扩大。1816年美国联邦政府公务员仅有6327人，1871年猛增至53900人，仅仅十年后就又翻了一番，1881年为107000人，此后

〔1〕《美国大政府的兴起》，第269—270页。
〔2〕数据来源：美国行政管理与预算局（2012），美国劳工部统计局（2012）。

四十年的进步时代，增至562252人。第一次世界大战末尾的1918年大幅增至近92万人。第二次世界大战前后，美国人口规模并没有太大变化，仅从1940年的1.3亿人增长到1950年的1.5亿人，1939年联邦公务员升至92万人，1945年猛增至350万人左右，仅仅六年就多了2.8倍。20世纪40年代（1939—1949）增加的114.8218万人中，五角大楼公务员、邮局和退伍军人管理局占90%，而1948年现役军人数量激增至144.6万人，几乎是新政期间1939年水平的4.5倍。1948年至1973年，美国政府雇员规模继续扩大，此后增速渐趋放缓。1947年至1987年，国防部文职雇员平均保持在100万人，约占联邦全部文职人员的三分之一。1970年至今，国防部开支占全部联邦物资与服务采购总额的比例，一直保持在三分之一至四分之三。[1]1995年年末，联邦雇员总数与1979年基本持平，州与地方政府雇员总数同期每年增长1.82%（1973—1995），州与地方一级政府也更容易滋生官僚主义。[2]到20世纪90年代老布什政府时期美国联邦公务员总数再次达到320万人左右，2010年5月1日达到1939年以来第二个高峰341.5万人，仅次于1990年5月1日的343.5万人，此后至今呈逐步略减趋势，2012年12月为279.9万人，2013年略降至273.9万人，2021年7月则降

〔1〕《美国大政府的兴起》，第340—342页。
〔2〕《美国大政府的兴起》，第343—351页。

至217.98万人。

就美国全国公务员占就业者和全体人口的比重而言，以罗斯福新政开始前的1930年为界，1829年至1929年，美国联邦、州和地方三级政府公务员占全部就业人口的4.7%，1929年为6.42%；而在1939—1959年，这个比例达到9.5%，1989年为14.35%，1994年为14.53%。这就是说，美国政府自新政后至今的公务员数目比新政前增加了三倍，达到每6.7个就业者中就有一个公务员的程度。1994年，联邦政府的文职雇员已达287万人，仅国防部就有100万文职雇员，州与地方政府的雇员已达1617.1万人，两者相加，美国每百人中约有6.8人为政府雇员。2012年12月，美国联邦政府明确列入预算的279.9万公务员，加上四大情报间谍机构，总数约为300万人，而美国人口总数为3.25155亿人，就业人口为1.57247亿人，中央公务员占全体人口的比重为0.9%，约111个美国人中就有一个是中央公务员；中央公务员占就业人口的比重为1.9%，约53个美国就业者中就有一个是中央公务员。如果加上州、县市两级地方公务员，1940至2012年的72年间，美国三级政府的公务员逐步增至约2480万，占就业人口的平均比例约为16%，这也就意味着美国每6个就业人口中就有一个受雇于政府部门，这个比例高得令人难以置信！政府公务员占全体人口的比重为7.6%，大约每12个美国人中就有一个是公务员，这个比例同样真实得令人咂舌！而早在1991年，政府文职人员的退休系统就已有2600万受益人，每10个美国人中就有一个受益人！

事实表明，美国早已不是什么“小政府，大社会”，美国的政府规模实际上非常大。而根据经济合作与发展组织的统计，美国的政府规模在所有发达国家中只处于中等水平，英国、德国、法国以及北欧国家的政府规模都要比美国大。小政府早已远去，美国已经变成了一个超级大政府。

4

从职能范围、财政收支与人员规模三个主要维度来看，自20世纪初尤其是30年代经济大萧条后的罗斯福新政以来，美国政府规模逐渐扩张，美国政府越来越大。从胡佛到罗斯福，从预算平衡到赤字财政，从自由放任到国家干预，美国政治发展的现实状况和历史趋势都否定了自由放任主义关于政府规模的三大假设：“政府管得越少越好，市场管得越多越好”，“政府预算越少越好，花钱越少越好”，“政府雇员越少越好，政府部门越少越好”。这些将市场法则视为上帝法则的19世纪政治信条，也许曾经支撑了早期资本主义时代的美国，但却完全无法支撑现代资本主义所主导的现代美国，这在根本上是由于彻底的自由放任主义经济教条必然严重伤害人、自然和生产组织，因而激起来自社会大多数阶层、群体和部门的自我保护诉求，这就是美国大政府兴起的政治经济根源。事实证明，如果盲目坚持“小政府”的乌托邦迷思，很可能会犯与胡佛类似的错误，他把自己的政策建立在经济不会下降的假设之上。20世纪的政府干预主义不是一两个国家的昙花一现，而是在很多市场经济国家遍地开花。无论批评者如何将干预主义视为洪水猛兽，它已经变成了医治两次世界大战、大萧条这种全面政治经济社会危机的良药，赢得社会大众的高度认可，它冲破了自由放任主义的阻力，将后者扫进了历史的垃圾堆，最终成为治理大规模复杂社会的现代国家必不可少的政治工具和难以逆转的政治潮流。

20世纪80年代末90年代初的苏东剧变，让缩减政府规模成为时髦的口号，世界各国几乎都希望通过削弱政府功能、减少政府职能、缩小政府规模、限制政府对经济社会生活的干预来推动政治、经济和社会变革。但是，20世纪90年代中期以后，形势向另一个方向发展，人们意识到政府干预太多危害固然不小，但政府软弱无能的后果更加严重。随着人口的增长，社会问题的复杂化，社会各界普遍就市场机制失灵达成共识并要求政府干预，这让美国政府对经济和社会的干预形式日渐增多，范围日渐扩大，部门不断扩张，雇员不断增多。“小政府，大社会”的乌托邦早已在美国成为遥远的过去——如果它曾经存在过的话。在解决社会问题、回应社会要求、舒缓社会压力的过程中，美国政府已经越来越大，看上去这是一条不归路，回头几无可能。

事实上，政府的规模与效能并不是相互对立的。政府太大当然不好，但小政府也并不见得效能就高。事实往往相反，没有适当规模的人来履行政府公共职能，该管的不管，只会加剧社会冲突。如果政府规模过大，难免会出现冗官冗员、官僚主义等问题。但是，如果政府规模过小，就难以真正使得政令畅通，难以满足人民大众日益扩大的公共服务需求，难以处理经济衰退、贫富分化、犯罪激增、社会失衡、人心浮动等直接威胁政治正当性的重大问题。现代西方国家一百多年来的政治发展历史表明，不仅仅是美国，世界上各主要国家的公务员比重与财政收支比重都在增长，政府干预经济社会生活的范围与程度也在扩张，“小政府，大社会”已经成为历史，由于民众要求政府解决经济社会问题的需求持续扩大，以及经济和社会生活愈益复杂多样，西方政府都在变得越来越大。

所有面临大规模复杂社会治理问题的国家，都需要思考如何建设一个廉效兼备的有为政府，而不是一味倒向缩减政府规模。如果成功缩小了政府规模，却严重削弱了一个国家政府所应该具备的政治能力，也就无法真正保障主权独立、国家自主、社会安宁，无力推进公平正义、社会团结、社会和谐，无法提升人民的经济平等、社会安全和生活质量，这样的政府就会失去正当性。归根结底，如果没有意识到现代大规模复杂社会对大政府的自然需求，国家与社会生活的很多方面就很可能南辕北辙、事与愿违。

五　帝国浮沉

21世纪刚走了五分之一，在历史终结论乐观主义氛围中沉浸了30年的美国，从置身于新冠肺炎疫情之外，一跃成为全球疫情最严重的国家，其政治体系的运行状态和政治体制的优劣备受考问，严重的社会分裂也在向下逐恶的负面选举竞争面前愈加凸显。这些因素促使人们思考，作为摆脱英帝国阴影走向现代国家，又在第二次世界大战后继承英帝国遗产70余年的美国，在被迫与帝国脱钩之后，还能成为一个正常的现代国家吗？从民主走向反科学轨道的美国，还是一个现代国家吗？

回答这个问题，绕不开帝国、民主和国家这三个现代政治分析的关键词。虽然联邦党人在创建美国时就怀有世界帝国的梦想，托克维尔更是认为美国开创了民主这一新政治科学，但是，美国政治学者塞缪尔·亨廷顿却在20世纪60年代末坚称，美国只是一个“旧国家，新社会”。这里的“旧国家”是说，美国的政体是旧的，现代美国继承的是母国英格兰早已放弃的"都铎政体"。在现代政治科学中，政体是国家最高权力的配置机制，是政府形式而非政府质量，后者指向现代国家的成色，有专门的判断标准，[1]包括强制、汲取、统领、认证、正当性、监管、再分配、吸纳整合、民权和经济健康，这些都是一个正常的现代国家该有的基本职能和基础能力。如果在这十个维度上表现不佳，现代国家就不成为现代国家，因为质量不好，纯度不够，不成体统。

1

一维是对合法暴力行使权的垄断。

一个最低限度的现代国家看其能否垄断针对特定领土和人口的合法暴力的行使权，这是现代社会科学普遍接受的韦伯标准。国家借着对合法暴力行使权的垄断来维护、伸展和壮大自己的躯体，其权力既针对领土又针对人口，其主权既有对外的排他性，也有对内的至上性，

---

〔1〕当代政治学界有四种理论主张颇具代表性，英国学者皮尔逊、芬纳、迈克尔·曼分别讨论了现代国家的主要标准和核心特征。参见克里斯多夫·皮尔逊:《论现代国家》，刘国兵译，中国社会科学出版社，2017，第9—39页；塞缪尔·芬纳:《统治史》(卷三)，马百亮译，华东师范大学出版社，2014，第449—462页；迈克尔·曼:《社会权力的来源(第二卷)：阶级和民族国家的兴起(1760—1914)》，陈海宏等译，上海人民出版社，2015，第50—107页；以及王绍光，《国家治理与基础性国家能力》，《华中科技大学学报(社会科学版)》2014年第3期。

其力量既包括针对外部敌人的军人军队建制，也包括针对内部犯罪的执法司法体系。国家力量所及之处，就是国家权力所能为之疆界。

美国在这个维度上的成长，从17世纪20至30年代英帝国殖民美洲开始，直至1880—1920年美国进步时代结束，时间跨越近三百年。美国的一维时代又可分为两段。第一段是前两百年，1620年英帝国殖民至1776年美国独立建国，第二段是后一百年，也就是美国独立建国后的第一个百年。在第一阶段，美国还不是一个独立国家，但在英帝国框架内从东北新英格兰六地向南扩张，并越过阿巴拉契亚山脉西进，具有强烈扩张倾向的“本土帝国主义”奠定了“地方国家化”，导致美国在通过独立战争建立新国家的最初阶段只能成为13个邦组成的松散邦联。在第二阶段，这个松散邦联由于没有强有力的中央政府，没有能力处理内忧外患，联邦党人希望建立有权、有效、有为的中央政府，推动联邦宪法的制定与批准，在各州之上建立了中央集权的联邦政府，并想方设法克服“国家化的地方”，美国向西部、西南部扩张的步伐由此加快。1910年左右，美国基本形成延续至今的50个州的版图，美国人口也从最初不到400万增至近1亿。此时，美国的现代国家躯体真正长大成熟了。

二维是全国性的财政税收体系。

一维是现代国家的躯体，二维是现代国家的血脉。现代财政税收制度的重要性，在英国体现为首相长期兼任财相或从财相升任首相，在美国体现为财政部是美国最早设立的四个政府部门之一，以及美国总统的直接安全保障长期由财政部秘密警察部门负责。此外，无论联邦制还是单一制，中央政府常常在种族关系、教育、交通与信息基础设施、公共投资等社会经济政策领域的全国性事务上，通过财政手段来控制地方政府，从而维护国家的政治统一。美国也不例外。

美国继承了英国的税收制度，拥有以土地税收为主体的地方税传统，全国性财政税收体系是慢慢建立起来的。独立之后直至内战之前，美国联邦政府的税收主要依赖关税，从进出口贸易汲取财源是财政部和汉密尔顿关税法的主要功能。内战期间，出于战争需要，也借战争之势，林肯政府开创了全国性的所得税制度，并逐渐成为美国的主体税种，加上财产税、增值税，三大税种延续至今。联邦制的政治架构让联邦、州和地方政府都有权分享主体税种，这初步解决了如何收上来的问题，但如何合理地花出去还是一大难题，在联邦和各州、地方都是一笔糊涂账，因此腐败丛生。进步主义者发起以扒粪揭黑为主要特征的社会改良运动，推动地方和国家的财政改革，并最终在20世纪的头20年逐步形成全国性的预算制度，二维的现代国家方告成形。[1] 借助信息技术、

〔1〕［美］乔纳森·卡恩：《预算民主：美国的国家建设和公民权（1890—1928）》，叶娟丽等译，格致出版社，2008，第117—160页。

信用卡和银行电子账户，当今美国具备了强大的税收能力，税收部门还拥有独立的警察力量和调查取证处罚权，偷税、逃税、漏税在美国成为大多数人唯恐避之不及的犯罪，“无代表，不纳税”事实上变成了“不纳税，无代表”。

三维是公共官员体系的理性化，是现代国家的肢体。

理性化的标准是公共部门的功能从混同合一走向专业化分工，公共官职的获得从世袭裙带转向考试考评，以及公共官职的数量规模符合统治复杂社会的需要。能员干吏是超越党派党争的必要力量，贤能政治是超越政府形式的理想政治，没有哪个国家不想要理性化的积极效果，这意味着整个统治集团的升级换代能力要提升，但这又不是哪个国家想要就能得到的。

美国在一维时代的吏治腐败世所公认，建国者之一约翰·亚当斯的曾孙亨利·亚当斯一向反感政党分赃制，他曾在自己的小说《民主》中以第一人称说过这样的话：“我走遍西方各国，还从没见过哪个国家像美国这样腐败。”1883年，在建国一百余年后，美国才正式引入文官考试制度，从政党分赃制转向考试制、功绩制。到了1945年第二次世界大战结束前后，才实现了多数官员的考试化、考评化，并以与政党党争脱钩的形式变成了服务于任何胜选政党的行政工具。同样是在19世纪80年代，美国才开始从农业国走向工业国，公共官职的数量规模、公共部门的职能权限和公共部门的开支都随之扩大。经过一百多年的发展，当代美国已经告别了一维时代的“小政府，大社会”状态，变成了不折不扣的“大政府，小社会”。

四维是指对社会事实的清晰识别与准确认证。

四维是现代国家的眼睛，是其他九个维度的前提，无论哪个维度都离不开现代国家对领土之上人口的基本身份和财产事实的收集、识别、分类和使用。作为旧欧洲的新世界，与英国、法国等欧洲国家相比，美国向“认证国家”的转型具备后发优势。

美国继承了中世纪晚期天主教欧洲的生命统计制度，从收集确保国家财源的对外贸易信息开始，花了一百年的时间，逐步从人口清查发展到人口和经济社会普查。出于国家治理的需要，认证权通常由几个不同的政府部门分掌。自1789年7月4日起，美国财政部就掌握了对外贸易的认证权，1866年还新设统计局进一步缩短认证周期。自1790年起，内政部普查局掌握人口普查权，1899年普查局转隶商业劳工部并成为联邦政府常设机构。人口普查每十年一度，在一维时代的前五十年内容简单，只能算是清查，后五六十年演变成为包括自由居民、奴隶居民、死亡率、农业生产、工业生产和社会统计六大内容的综合普查。[1]美国在第四维度上的飞跃，出现在1960—1990年的信息时代，信息技术重塑了美国的基础

〔1〕欧树军：《必须发现社会》，《经略》网刊2014年9月。

权力结构，认证权由联邦调查局、商务部普查局、国内税收总局、社会保障局、公共卫生局全国卫生统计中心分掌，美国成为一个高度整合、互联互通的“数据库国家”。信息沟通技术所催生的全国犯罪历史、税收和社保数据库，大大延伸了美国的国家权力触角，让社会及其成员在国家眼中成为一个透明体。但是，在突如其来的疫情面前，美国却无法发挥信息技术的积极功能，因为其国家认证已经严重落后于来自私营市场部门的社会认证，前者仅限于犯罪、税收和福利三个领域，后者则开门入户、登堂入室，可以借助信息技术瞬间定位、实时跟踪、全面储存、统计分析，后者也和作为消费者的公民个体一样反对国家干预，但实际上是拒绝将自己掌握的认证权力让与国家，因为这种权力是其商业模式的根本支撑。

五维是指政治正当性，这是现代国家的国家理由。

有些学者将正当性称为权力的合法性或合宪性，有些学者将正当性放在整个西方文明发展演变的大背景下，强调关键在于政教分离，政权独立于神权，现代国家成为不干预道德伦理领域多元价值冲突的中立工具。有些学者强调独立的民族身份、民族认同、民族主义和民族国家在现代国家的国家形成与国家建构中的前提作用。

在第五维度上，美国最初的政治架构是独立战争而非联邦宪法奠定的，美国的政教分离也不是从美国宪法第一修正案开始的，而是从进步时代告别新教主义开始的。一维时代的美国始终是清教主义的，无论是来自北欧还是西欧，无论是国教派还是分离派，殖民者都主要是清教主义者。清教主义及其教士集团的支配地位贯穿整个一维时代，恰恰是清教主义为欧洲人征服新大陆的殖民扩张提供了宗教理由，即，这是欧洲文明对美洲蛮荒的正义征服，这一点在现代社会科学兴起后被选择性地遗忘了。其间，1898年美西战争的胜利是重要的转折点，一维时代的美国军事力量和国家实力达到巅峰，美国国史从此刻才开始正式书写。统一的国民精神在美国历史上首次意欲匹配业已成形为庞然利维坦的民族国家躯体，并且兼具帝国与现代国家双重意识，帝国与现代国家同构，帝国理由与国家理由同构，[1]一维美国的正当性叙事从清教主义的宗教理由转向政治理由，转向民族国家的整体历史、民族身份、国民意识和国族认同，美国由此形成了相当成功的以熔炉政策为抓手、以欧洲文明为内核的移民归化、民族同化和国家认同塑造，直到1965年移民与国籍法放弃这一政策为止。[2]

第六、第七、第八维度分别是监管、福利和整合。

它们分别是指对经济社会生活的政府干预，对社会财富的政治再分配，以及对不同阶层利益的协调吸纳统合，这三个维度共同指向现代国家的社会目的性，都要

〔1〕《统治史》(卷三)，第458—462页。

〔2〕[美]塞缪尔·亨廷顿：《我们是谁》，程克雄译，新华出版社，2005，第119—182页。

求公共政策以政治共同体的公共利益、共同利益和整体利益为依归。

以个人主义立国的美国在这三个维度上的成长始于进步时代，大成于新政时代，在民权运动时代达到顶点。动力来自人口（包括城市人口、老年人口）的增长，残酷的自由放任式资本主义所激发的社会主义运动，卷入资本主义市场经济泥沼的各社会群体的自我保护诉求，欧洲国家在三个维度上的表率作用，两次世界大战对美国社会的巨大影响，大萧条带来的社会崩溃和大众恐惧，苏联共产主义阵营的强大意识形态压力，以及美国精英集团谋求正当性的进步主义意识。这些因素共同推动美国政府放弃自由放任主义的政府观念，逐步扩大政府规模和政府职权。

进步时代出现美国历史上第一次大规模的社会立法，涵盖反腐、食品药品安全、劳动保护、最低工资、公司监管、所得税和选举权等方面。大萧条和第二次世界大战催生了新政自由主义，新政政府力主国家干预社会经济事务，通过宏观经济政策保障经济长期增长，包括在教育、就业、贷款、劳动培训、失业救济、食品补贴、医疗养老、邮政、水利和国防等领域直接提供公共服务，还在基建、农业、土地、住宅建设、商业银行、海运、航运、出口等特殊经济活动中运用行政手段重新配置资源，以及对能源、犯罪、食药安全、高等教育、国民健康、工作时间、最低工资、流行病、污水处理、饮用水安全、生活质量、环境破坏、种族歧视、通货膨胀等城市化所加剧的社会问题进行国家干预，为人们提供基本的社会安全，纠正严重失衡的劳资关系，谋求社会和谐。尽管美国不是欧洲那些高福利国家，但福利体系仍然是美国政府干预社会、矫正自由放任资本主义恶果的关键，保护母亲、儿童、军人成为美国社会政策的重要出发点。[1]政府干预主义成为医治大萧条和两次世界大战严重创伤的政治药方，成为现代国家治理大规模复杂社会的必要手段。

九维是指民权保障，抽象的人民主权落实为公民权利的扩展。

除了社会大众的自我保护诉求和选举政治的压力效应，来自苏联共产主义世界的政治正当性竞争也让美国急于摆脱种族主义国家的骂名。如果延续政治权利、经济社会权利、文化权利三分法，美国人的政治权利范围缓慢扩展，近百年前妇女才成为赋权对象，近60年前黑人才成为赋权对象。而美国人的经济社会权利始终没有获得宪法层面的确认，小罗斯福临终前为美国制定第二权利法案即经济社会权利法案的愿望最终落空。1964年是一个重要的转折时刻，随着黑人获得选举权，美国人政治权利的扩展到此止步，文化权利的扩展进程加快，

---

〔1〕欧树军：《美国政府规模为什么越来越大》，《中央社会主义学院学报》2018年第6期。

并很快走向反面，将美国政治推向极端化的两极政治，形成两党两大意识形态的对峙格局，成为美国人“恨政治”的根源。[1]

最后，十维是指通过工业化来保障经济独立和社会健康。

工业化让美国政府拥有充分的资源来资助军事技术现代化，支撑遍布世界的军事力量从而保障国家安全，设立更多的政府部门，养活越来越多的政府公务人员，保障国防经济体系所必需的社会资源动员能力，提供覆盖范围广泛的公共教育，供给面向全国和各州的福利保障，回应社会大众的政策诉求，这些都是工业化的好处。归根结底，工业化为现代国家提供了经济独立和社会健康，“去工业化”“逆工业化”则会伤害经济独立和社会健康。

毋庸置疑，很难有国家十全十美，这十个维度既非一蹴而就，也非齐头并进，更非一成不变。现代国家在任何一个维度上的成长都可能是一个漫长的过程，都需要适宜的内外环境、制度条件和动力要素。在某个或某些维度上越成熟，现代国家的成色就越足。但是，一旦走到某个节点，制度产生稳定的行为模式走向制度化，上层精英自上而下地控制国家决策，将输入端锁死进而

[1] [美] 小尤金·约瑟夫·迪昂：《为什么美国人恨政治》，赵晓力等译，上海人民出版社，2020。

闭塞输出端，极端的现代化追求反倒带来过多的制度化。在外部环境产生重大向好变化的刺激下，国家的统治精英群体很可能走向过度自信，从而推动整个国家走向僵化停滞的过度制度化，甚至有可能逆转现代化进程，让现代国家失去现代性，走上反现代、“去现代化”的道路，提前步入盛衰循环。

2

自从通过工业化获得经济独立、崛起为西方世界的领头羊以来，美国现代化进程中的政治、法律与公共政策变革就对西方各国影响巨大，进步时代、第一次世界大战、大萧条、新政时代、第二次世界大战、民权运动时代，都出现过这种西方内部的政治、法律与公共政策的“全球化”。在美苏长期战略对峙的冷战格局下，美国更是成为西方各国的领导者，美国的现代国家模式还出口到了拉美、东亚以及苏东剧变之后的东欧、非洲等地区。在过去30年中，苏东剧变之后，美国陡然成为独一无二的全球化帝国，其帝国地位不仅表现在军事基地、军事力量遍布全世界重要站点、通道和地区，也表现在美国把全球各主要地区的核心国家的兴起视为对自身帝国霸主地位的挑战。如果说美国的现代国家模式在这个时期成为某种“世界政体”，恐怕也并不夸张。然而，随着历史终结论闭塞了美国心智，美国的现代国家进程戛然而止，美国退出现代化进程的快车道，社会财富分配不公逐渐加剧，社会失范频生，政府机构臃肿，政府质量下滑，政治整合乏力，精神心智撕裂，美国正在变成一个洋洋自得的“慢国家”，一个不断降维的“老帝国”。

晚近五六十年来，美国社会财富的分配不公现象逐渐加剧。

第二次世界大战后的第一个20年中，欧美列强在共产主义挑战下不得不放弃殖民体系，被迫将工业化与殖民体系脱钩，从此开始“去工业化”，紧接着又受到以东亚为代表的非西方世界经济迅猛发展的严重挑战，国家的物质实力开始下降。20世纪70年代以来，延续了40年的“高税收，高福利，高开支，低增长”社会治理模式，“低出生，低死亡，低增长”的人口再生产模式，与社会老龄化加剧相结合，催生了近十年来的美国金融危机、欧洲主权债务危机、难民危机和社会安全危机，引发了一系列政策问题。

20世纪60年代末70年代初是美国走下坡路的第一步，美国两极分化程度从此逐渐加剧。美国是世界上富人最多的国家，其不平等程度也不遑多让。根据美国五等家庭收入（低收入、中低收入、中等收入、中高收入、高收入）的长期走势，1947年到1973年是其经济民主程度比较高的时期，以黑人解放、女性解放、文化解放、积极政治参与为主体的民主化运动压制了最富阶层的上升欲望，五等家庭收入同步增长，而且增幅差距不大。

但是，从尼克松时代开始，美国的基尼系数和两极分化程度呈现显著的正相关关系，并且逐年上升。共和党及其秉持的保守主义政治意识形态开始发挥支配作用，其后，里根的政治保守主义、经济自由放任主义与对外推行的新自由主义相结合，重新释放了包括最富阶层在内的中上阶层的上升动能。1973年到2000年，再直至2010年，贫富差距迅速拉大，收入越高财富增速越快，收入越低财富增长越慢。1%最富阶层的收入在第一次世界大战以后一直到1968年不断下降，从1968年开始大幅增加。2008年，1%最富阶层的收入比重为18%。2005年，就1%最富阶层收入比重的增速而言，美国、阿根廷以17%并列第一；英国、加拿大次之，14%；新加坡13%，挪威12%，德国11%，爱尔兰10%，日本和葡萄牙同为9%。甚至，美国0.1%最富阶层的收入比重也升至8%。从1978年开始，10%最富阶层的收入又回到了上涨轨道。1986年即回到41%，之后六年相对稳定，直至1994年后又迅速上升，1997年升至48%，之后又回落至2002年的44%，然后又是一路高歌猛进至2007年达到50%。

美国金融市场资本收益的受益人绝大多数都是富人，这一现象在某种程度上符合经济规律，越富有的人，越有资本投资，获益的可能性就越大。但是，重要的事实在于，绝大多数人并没有从金融市场当中获益，资本的扩张并不是有利于多数人的。相反，大多数普通劳动者止步不前。经理层和普通工人的平均薪酬比，20世纪80

年代是42倍，今天则是400多倍。普通工人的实际最低工资从1968年的时薪8美元下降到2003年的5美元。美国工人加入工会的比例远低于欧洲，即使在1950年的巅峰期也只有36%，现在更是低至13%，因此，通过工会活动谋求权利保障在美国变成了少数人的一项特权，大多数工人并没有这个权利。在贫富两极分化的道路上，美国的确走在了世界的前头。

美国的社会失范现象频生。

美国是世界各国中民众持枪比例最高的国家，每百人持枪率高达88.8%，有人认为高持枪率说明美国公民享有反抗政府暴政的权利，但事实上这种权利却没有任何实质意义，因为在法治状态下，一旦有人非法持有或使用枪支，就会遭到警察的暴力压制。过高的持枪率导致美国警察装备的高度军事化，美国警察的治安权力，尤其是在街道、交通治安层面变得越来越大，警察权屡遭滥用。因此，普通人必须听从警察的指挥，一定不要让警察误以为你在掏枪，否则警察会直接开枪射杀。持枪权与警察装备的军事化以及警察权力的滥用如影随形，在美国成为一个社会政治热点，而且基本无解，表征着美国社会日益严峻的失序和失范问题。

民主化运动以追求个性自由和多元生活为标志，却导致美国社会犯罪率攀升。有鉴于此，美国保守主义者誓言维护“法律与秩序”，但事实表明，保守主义未能真正扭转美国社会中个体行为失范、家庭价值解体和社会分裂的总体进程。美国现在已经是世界上监狱人口最多的国家，每10万人中有716个囚犯，囚犯数量从1972年的30万激增至2014年的230万。美国也是世界上军费最高的国家，军费总额相当于除美国以外所有国家的总和。美国同时也是对外出口武器最多的国家，占全世界出口武器总量的30%。美国还是全世界医疗开支占国民生产总值比例最高的国家，但医疗效果却很不理想，原因在于受益人局限于医保公司、医药公司、医疗设备生产商，导致美国的药品、医疗服务和医疗保险价格都堪称全世界最高。如果没有保险，很多美国人很可能看不起病，而如果需要动手术，决定权不在医生而在医保公司。因此，“看病贵”在美国也成了老大难的社会问题。而且，美国在35个发达工业国家当中还是婴儿出生死亡率最高的国家，也是大学学费最贵的国家。非婚生子女比例逐步上升也是美国社会失范的重要表征。1965年到2010年，黑人非婚生子女比例升至72%，西班牙裔的这一比例升至54%，盎格鲁-撒克逊白人也达到36%，整个美国各种族非婚生子女的比例平均是41%，这意味着有五分之二的美国家庭不再完整，这无疑是个非常严重的社会问题，其长期影响值得关注。

美国的政府机构越来越臃肿。

美国政府建国之初只有四个部门：国务院、财政部、司法部、国防部；内战前组建内政部，重建时代组建农业部，第一次世界大战前组建商业部和劳动部，1953年设立卫生服务部，1965—1990年之间设立住房与城市发展部、交通部、能源部、教育部、退伍军人部、环保局，2002年建立国土安全部。除了新设政府部门，政府规模也不断扩大。2013年，包括所有政府雇员在内，美国联邦公务员接近280万人，州公务员达到450万人，地方政府公务员总数为1450万人，各级政府的公务员总数达到了2180万人。按照政府雇员占就业人口比重计算，6个就业者中就有一个受雇于政府部门。按照政府雇员占全体人口的比例计算，约每12个美国人中就有一个是政府雇员。很显然，美国的政府规模是极为庞大的。

美国联邦政府的雇员中约一半人隶属于国家强制部门。在全部政府雇员中，国防部的文职雇员占36%，其次是退伍军人部，占16%，第三位是国土安全部，占9%，第四位是司法部，占6%，这四个部门都是国家强制部门，他们的雇员总数占美国联邦政府雇员数的51%。其中，国防部规模最大，是当之无愧的人类有史以来最大的政府部门，1940年还只有25万人，1945年高达260万人，这一数据只统计了文职人员，没有计入士兵。国防部人数到第二次世界大战结束之后下降，此后一直相对稳定。从1955年左右一直到1995年美国国防部人员都在100万人以上。随着美国政府规模的不断扩大，政府开支也相应增加，联邦政府需要通过财政资源控制地方政府，还要维持在全世界的军事存在，导致美国政府公债自第二次世界大战以来不断扩张，特别是20世纪80年代开始大幅推行赤字财政，使得美国当下的公债总量已经非常惊人，是除美国以外的所有国家国民生产总值的总和。

美国的政府质量不断下滑。

在欧洲，决策过程与执行过程的分离导致政治体系走向僵化。在美国，正如福山所指出的，政治制度的稳定性恰恰成为其政治衰败的根源。这具体表现为精英或当权者借助优势操纵政治规则，对精英权力的制约却名不副实。市场经济导致经济不平等，赢家希望把财富转换成不平等的政治影响力。利益集团通过游说扭曲公共政策获得特殊豁免和好处，防止不利于自己的政策出台，立法程序支离破碎；还说服国会代理人发布自相矛盾的复杂任务，让行政部门在做独立判断和常识决策时备受约束。因此，整个政治体制无法适应不断变化的环境，削弱了人民对政府的信任，并开启了恶性循环：对行政部门的不信任导致对政府的更多法律制约，降低了政府的质量和效率。同样的不信任，导致国会经常对行政部门颁发相互矛盾的任务，要么无法实现，要么无法执行，这两个过程导致官僚机构的自主性下降，反过来又造就了僵化、受规则约束、毫无创造力和朝三暮四的政府。而法院和立法机构攫取了行政部门的职能，法院不再是政府的制约，反而极力扩张自己的政府职能，制定政策的终身任职的法官往往不是民选的，过程又零零碎碎、高度专业化，所以也是不透明的，所促成的程序不确定、复杂冗余、缺乏定局、交易成本高。诉讼机会大增让公共政策的质量付出巨大代价。总之，在利益集团的政治推动下，19世纪的家族制在21世纪以政治依附主义的形式复活了。在某些方面，21世纪的美国回到了19世纪的“法院和政党治国”。

总之，在政治过程和政策过程中，美国有政治影响力的利益集团主要由中上层阶级主导，它们不仅是选举期间美国总统、国会议员和各州官员候选人的最主要竞选捐助者，而且在两次选举之间把持着政治体系的输入端，操控着白宫与国会的议程设置权，左右着政府官员的行政立法，还利用否决点太多、过于分散的政治体系影响政治决断，利用僵化的司法体系阻扰不利于自己的政策执行。在它们影响下，立法者成了特殊利益的附庸，法院和立法机构攫取了行政权力，行政机构丧失了自主性，公共政策扭曲失能，政府质量不断恶化。

美国政治体系失去整合能力，根源在于美国各阶层的政治参与越来越不平等。

美国越来越丧失通过调整政治过程与政策过程来吸纳、整合不同阶层利益的政治能力，这是“老帝国”降维进程的典型表征。美国政治是利益集团主导的多元主义政治，而有政治影响力的利益集团又大都是由社会的中上层阶级组成的，因此多元主义政治模式实质上仍然是少数上层精英的统治。美国活跃的、有重大影响力的利益集团中，由管理人员、专业技术人员组织起来的占到88%，这些人是富人精英阶层而非普通人。相应地，在政党政治层面，虽然传统上来讲，民主党一般代表中下层利益，共和党更代表中上层利益，但民主党和共和党的政治动员对象并没有太大差异，都是中高收入群体，区别只是共和党的动员对象平均收入在中位收入以上，而民主党的动员对象平均收入在中位收入稍偏下。竞选捐款的主体到底是谁呢？年收入在5万美元以下的只有5%捐款，年收入在5万到10万美元之间的有14%，10万到25万之间的有35%，25万到50万之间的有26%，50万以上的有20%，也就是说，实际上95%的捐款者的收入都在5万美元以上，捐款者绝大多数都是中上阶层。在种族上，捐款者95%都是白人，真正影响政治的仍然是白人。如果按照年收入划分，把年收入超过7.5万美元的划入高收入组，年收入低于1.5万美元的划入低收入群体，可以发现，高收入群体和低收入群体在政治参与上差异巨大：在高收入群体中，86%的人投过票，17%参与过竞选，56%捐过款，50%和政治家、政客有过政治联系，7%参加过抗议活动；在社区活跃度上，高收入群体中38%的人很活跃，73%的人在政治参与上更积极。高收入群体在所有这些方面都远高于低收入群体。

按照美国建国者最初的设想，为了防止民主制的败坏，议员和行政官员要频繁进行选举更换，避免同一个议员或行政官员长期占据议席或官职。但实际上从20世纪70年代以后，美国参众两院的连选连任率，平均都超过90%，因此有美国学者指出，议席正在蜕变为“代表的财产”。在严重不平等的政治参与状态下，大众越来越不信任政治精英。从1964年一直到20世纪80年代，信任度都在下降，虽在里根时代的前半段有所上升，但从后半段开始又在下降，1994年至2001年上升，9·11之后又急剧下降。大众对政治的不满意度也非常高。人们普遍认为政府被特殊利益集团把持，无法代表人民的真正利益诉求，政府并不关心人民，政府官员自身有特殊利益，他们是为其自身而不是为普通人服务的。这加剧了民众的政治冷漠度：主动和他人讨论政治的人只有30%到35%，愿意主动投票的人也只有30%到35%，能够积极参与政治的只有30%到45%。可以看出，在精英统治模式下，大多数人并不喜欢参与政治。

与上层精英相比，美国大众的政治影响力严重不足。虽然美国大众可以通过游行、示威、集会、静坐等方式来表达诉求参与政治，但这不得越法律雷池半步，一旦出现挑战政府权威、让警察难以招架的骚乱势头，国民警卫队这种准军事力量乃至军队很快就会出场来恢复法律与秩序。更为重要的是，大众的政治参与所能改变的，只是政策的细节，而非政策的导向。利益集团家族制复兴、上层精英离心离德、家庭价值观衰落、教育严重分化、收入两极分化、阶层高度固化、警察执法滥用暴力、医疗成本高昂、非婚生子女比例过高、枪支犯罪、毒品泛滥等严峻的政治经济社会文化困境，都因为涉及公共政策的方向，变成了难以撼动的政治雷区。

美国人的精神心智出现巨大分歧乃至撕裂。

美国人有一种天生的优越感。他们认为自己是“上帝的选民”，美国宪法的前三个字是“we the people”，即“我们合众国人民”，或者“我们人民”，是上帝所拣选的民族。所谓“上帝的选民”，并不是民主政治意义上的投票者，而是特指的被上帝所赐福、护佑的民族。拜上帝所赐，美国人是特殊材料做成的，美国是“山巅之城”（The City upon a Hill）。就像摩西受上帝指引为犹太人立法一样，美国人把自己视为世界的立法者，天生有责任为世界其他民族和国家立法，美国为现代社会创造了不同于古典共和的现代共和，不同于贵族制的民主制，不同于旧欧洲的新帝国，并成为人权的标杆、自由的榜样、民主的样板和人类社会进步的窗口。

上述上帝选民、山巅之城、世界灯塔之类美国叙事的形成，在很大程度上得益于美国独特的地理位置。正如美国政治家所自称的，美国既是一个大西洋国家，同时也是一个太平洋国家，它孤悬海外，没有一个强大的邻国，除了独立战争时期的英国，没有其他任何国家在历史上曾经对其本土构成重大威胁。在不同的历史时期，无论是同样在美洲殖民的荷兰、西班牙、葡萄牙、法国，还是加拿大、墨西哥这样的邻国，又或者拉美、南美这样的后院，相较之下美国都有巨大的优势。这使得美国既不同于欧洲国家，也不同于亚洲国家，欧亚各国大部分都多次遭遇严峻的内外威胁，大都有居安思危的忧患意识。而美国长期以来并没有这种意识，即便曾经有过，相对于欧亚国家而言也很是微弱短暂。比如珍珠港事件以及9·11事件之后，美国人在这种意识引导下一度同仇敌忾，其内外政治、法律、文化视野也都为之大变。

美国人将这套叙事不断上溯，直至美国的建国时代。殖民美洲的英国人拥有这种自我期许的早期版本，美国建国者也借此向美国人许诺了美好的未来。汉密尔顿、杰斐逊、杰伊三人化名普布利乌斯在《联邦党人文集》开篇就抛出一个问题：创建一个好政府，究竟是通过深思熟虑和自由的选择，还是注定要靠机遇和强力。联邦党人认为，"联邦宪法关乎联邦的生存、联邦各组成部分的安全与福利"，以及"在很多方面可以说是世界上最引人注意的帝国的命运"。联邦党人对美国人说，"我们"会成为一个伟大的帝国，这个帝国将比母国英国更伟大、更光荣。把当下的政治选择寄托于对未来的美好设想，求诸未来安放当下，这是联邦党人说服美国人接受新宪法的政治修辞。正是在这个意义上，两百多年来的美国政治实践可以视为对美国1789年《联邦宪法》所勾画之宏大蓝图的迂回实践。随着美国在西方内部以及全球地位的上升，美国学者和政治家正是借助这种叙事通过自我循环式的论证，构筑了对美国自身的诸多美好想象。

冷战结束以来，美国对自身的整个叙事，包括政治、法律、社会、经济和文化叙事，变得愈加自信、成熟。必须承认，美国在这方面做得非常成功。受过教育的普通美国人，尤其是年轻人确信，“我们美国”是一个伟大的国家，甚至是一个伟大的帝国。两百多年来，自由、民主、法治、人权的故事在美国大地上反复传唱，这种自我确证也正是美国例外论的核心。然而，事实却并非如此一以贯之。在建国初期，无论是民主、自由还是公民权利，都是小范围的，是盎格鲁–撒克逊人、白人、男性尤其是清教徒的特权。恰恰是在第二次世界大战结束之后，在形成了所谓共产主义阵营与资本主义阵营的对峙格局之后，社会主义国家通过切实保障公民的政治、经济和社会权利获得巨大的道义正当性，美国才被迫反省自身的种族问题。种族制下的美国当然无法自称是一个自由的国家，尽管美国出于对峙竞争的需要的确一直如此声张。种族隔离只有在开始威胁“我们有效维持在全世界自由民主国家中的道德领袖地位”之后，才得到重视。如果不废除种族隔离，美国国内就没有自由，也就不好意思继续充当“自由世界的领头羊”。著名的废除教育领域中的种族隔离的布朗案，实际上具有非常明显的冷战背景。人权叙事作为美国的对外战略工具开启于1977年的卡特就职演说。“民主”叙事，始于1983年美国国家民主促进基金会（National Endowment for Democracy）的创建。而其经济价值观之一，即新自由主义，是经济自由主义的极端化版本，从20世纪70年代以来逐渐被美国用作对外战略向拉美、东亚、东欧、苏联及世界上的不发达国家、地区推销。冷战结束以来的30年，民主叙事炙手可热，民主转型研究成为学术热点，西式自由民主制度的正当性达到巅峰状态。福山认为这意味着整个人类社会历史的终结，因为最好的经济、社会、政治和文化制度也即自由民主制已经出现，这是人类社会最好的可能性，没有别的选择，也不会再有别的选择。

当然，这些叙事的困境恰恰也正是从其巅峰开始的。如果人类社会也像自然界生命体的生老病死、新陈代谢那样，也有萌生、生长、成熟直至衰败、消亡的各个过程，人们就可以发现，很多帝国的解体并非发生在它最虚弱的时候，而很可能发生在它看上去非常强大的时候。当今美国似乎也陷入了同样的困境。美国在获得全球霸主地位之后，不断寻求提升对世界的干预权，因此变得越来越具有扩张性，但却在冷战结束区区十年之际就遭遇第二次世界大战以来最大的挫折，基督教与伊斯兰教之间的“文明冲突”愈加显著，9·11事件、欧洲难民潮都可以说是这种“文明冲突”的症候。美国人长期以来形成了乐观主义、进步主义的心态，认为可以通过自身的劳动，通过变革，来创造美好的未来。但在苏东剧变、冷战格局结束、美国自视为独步全球的“新罗马帝国”之后，伴随着经济形态和安全形势的变化，其民族性格也发生巨大变化。互联网技术的发展是这一转变的主要推动力。互联网是冷战背景下的一种核战争军事技术，冷战结束，最大的战略敌手解体，美国的互联网开始商业化、民用化和全球化，金融资本凭借互联网技术创造出一种全球性的金融市场，美国因而获得操纵和控制这种全球金融市场的能力，相应地，美国的经济形态也从实体经济驱动转向虚拟经济驱动。全球化进程使美国有能力将世界各国整合进其经济链条，同时也加快了产业转移，美国的实体经济产业向东亚、东南亚国家转移。随着这一进程的展开，美国实体经济走向相对意义上的衰落。正是在这个过程中，美国的民族品质受到败坏，越来越多的普通美国民众开始依赖信用消费，美国政府的公共债务加速膨胀，政府与民众都习惯了寅吃卯粮，透支未来。这一转变，连同20世纪60年代末70年代初开始发力的贫富分化进程，推动美国在经济、社会、观念和政治等多个层面开始走下坡路。

自由主义与保守主义之间的观念分歧，体现在很多方面。其一是政党倾向。一般来讲，政党认同与意识形态认同应该是一致的，即如果一个人自认为是某一党派，也基本意味着他认同该党派的意识形态，比如一个精英认为自己是自由派，他一般会选择加入民主党；一个精英认为自己是保守派，那他一般会选择加入共和党。但在美国却不是这样。政党领导人的一致度高于政党精英，政党精英又高于普通选民，民主党的普通选民只有34%认为自己是自由派，共和党内也呈现同样的趋势。

其二是选民的意识形态倾向。有意思的是，好莱坞自由主义是美国自由主义的典型代表，好莱坞生产的影视作品通常以自由主义为主旋律。但好莱坞编剧、导演、制片人以及幕后老板的价值观念和普通人之间差异很大。前者中自由主义者的比例高达60%，但后者只有30%。相较而言，美国普通人更保守，保守主义者占43%，但在好莱坞这个比例只有14%。在美国，自认为是保守派的人占多数，至少远远高于自认为是自由派的人。20世纪60年代以来，自认为是民主党的人数就在下降，这很可能是因为民主党的政党纪律非常松散。自认为是独立的、无党派的人数不断增加，而自认为是保守派的人数在最近几年有所上升，但两党的忠实选民一直以来基本是稳定的。新世纪以来，自认为是保守派的人数逐渐增多，民主党的忠实选民人数在下降，共和党的忠实选民人数却在上升。这说明，新世纪以来，美国普通人的思想观念越来越倾向于保守化，由此衍生出茶党运动、反堕胎运动等社会浪潮。

其三是民主党和共和党的政策分歧。两党的政策分歧非常明显，在经济、犯罪惩治、刑事司法、社会政策，甚至国家安全政策上，两党都针锋相对。分歧主要表现为政府要不要干预经济，要不要加大投入去预防犯罪或者惩罚犯罪，要不要扩大社会福利支出，以及坚持什么样的国家安全理念。自由派认为政府应该在全世界支持人权，这符合美国的国家安全利益。但保守派认为这种想法比较虚伪，美国应该更直接地维护美国的国家利益而不是空谈人权。如此看来，美国的共和党人的确比民主党人更坦率。

概言之，晚近五六十年来，美国逐步成长为西方世界的领头羊，以及后冷战时代唯一的全球性超级大国，其“新罗马帝国”的自我期许不断强化，美国的扩张性、侵略性也越来越强。同时，美国也开始走下坡路，其经济、社会、思想观念、政治都出现了不可小觑的衰变。经济社会结构的两极分化引发了思想观念、政党政治、议会政治、国家治理的两极化。因此，前国际货币基金组织首席经济学家西蒙·约翰逊把2007年以来的金融危机称为金融资本发动的一场没有硝烟的金融寡头政变。诺贝尔经济学家斯蒂格利茨则借用林肯的“民有，民治，民享”，将2011年美国的“占领华尔街运动”归咎于“1%有，1%治，1%享”。休克疗法的发明者萨克斯将美国民主党称为“华尔街的民主党”，将共和党称为“石油巨头的共和党”。1989年宣告历史已经终结的福山，近年来也开始呼吁结束代表中上富人阶层的两党之间的相互否决制（Vetocracy），建立民主独裁制（Democratic Dictatorship），以图解决当代美国的重重困境。特朗普当选意味着美国政治的百年轮回，从“商人干政”转向“商人执政”，从利益集团选派代理人影响政治到利益集团抛弃代理人直接决策，从而有可能将福山所说的“政治依附主义”发挥到极致，这在某种程度上可以说是美国政治体系的重组。在重组进程中，美国联邦最高法院扮演了反民主的积极司法角色。2010年，在公民联合诉联邦选举委员会案（Citizens United vs. Federal Election Commission）中，美国联邦最高法院赋予公司法人与自然人同等的用金钱影响选举的权利，这种“公司法人权利的自然人化”就是特朗普当选所代表的美国政治体系重组的一大肇因。在这个意义上，特朗普当选堪称“金权政治”在美国全面复辟的产物。福山将这些问题统称为美国的政治衰败，〔1〕面对严峻的新冠肺炎疫情，美国体制严重缺乏适应性和回应性，这些无疑都是美国这个老帝国的体系运行和制度能力降维的恶果。

当今美国这个老去的大帝国就像一艘超载的大船，转向难，调头更难。在第二次世界大战结束后，美国经历了20年的民主化运动，新政自由主义以降低不同阶层经济社会地位差异为旨向，推动平等主义的政策改革，大众的参与诉求让美国的国家统治能力备受挑战，美国保守主义政治思潮借势复兴，尼克松得以凭借恢复法律与秩序的纲领赢得总统选举。美国自由主义与美国保守主义的价值分歧直接体现在美国民主、共和两大政党的政策分歧上，包括教育、医保、社保、扶贫和平权等社会经济议题，就业、家庭稳定、严惩犯罪、尊重传统的地方关系和邻里关系等文化价值议题，以及政府与市场、

〔1〕［美］弗朗西斯·福山：《政治秩序与政治衰败：从工业化到民主全球化》，毛俊杰译，广西师范大学出版社，2015，第413—460页。

政府规模、社会开支、减税政策、国防政策等政治议题，双方都矛盾相向，美国在观念和实践上都变成了两个美国。在1965年移民与国籍法之后，补偿行动引发了“逆向种族主义”，围绕“美国化”与“去美国化”、保守主义的美国例外论与自由主义的美国例外论、自由主义的世界帝国与民族主义的现代国家之间的激烈争论，并没有“让真理越辩越明”，反倒随着美国在思想、文化和正当性上成为一个分裂之家，随着文化分歧继续掩盖经济社会分歧，种族问题继续遮蔽阶级问题，美国的政治决断、法律和公共政策越加难以调整航向。

3

得益于孤悬于两洋之间的优越地理位置，当今美国的国家安全并不存在严峻挑战。由于不同的种族、阶层在教育、工作、居住、生活等方面高度隔离分化，美国常规的警察力量、国民警卫队也足以维持其内部的法律与秩序。当今美国的税收能力无远弗届，没有哪一笔交易可以避开国家的税收触角。强大的税收能力，通过税收政策调节收入分配和市场生活的能力，加上美国作为全球化帝国的金融霸主地位，让美国尽管公债总量屡创新高却仍能保证国内物价稳定，维持基本的经济秩序和社会秩序。因此，美国在前两个维度上仍然是一个现代国家。人口稀少、地域广阔的优越资源禀赋，也为其现代国家的成长提供了空间。简言之，当今美国这个老大帝国还未到山穷水尽的地步。

1975年，法国学者米歇尔·克罗齐、美国学者塞缪尔·亨廷顿、日本学者绵贯让治合作撰写了一份题为《民主的危机：就民主国家的统治能力写给三边委员会的报告》的研究报告，指出欧洲、北美、日本的民主统治能力面临困境：对民主的挑战日渐增多，对民主政府的要求不断增加，而民主政府的能力却止步不前。今天看来，他们所分析的对欧美国家的挑战非但没有得到有效回应，反倒可以说在不断深化。不过，当代美国政府已经意识到美国的现代国家成色严重不足，也意识到美国不再是一个经济独立、社会健康的现代国家，进而认定美国过去近20年以全球反恐战争为主轴的对外战略失败了，自由主义国际秩序不再能让美国获利，反倒让非西方地缘大国搭了便车。因此，美国要从全球化帝国退回反全球化的主权国家立场，这种保守主义的新姿态在美国内外都掀起了轩然大波，美帝国的正当性在主动和被动双重因素下都加速崩解。对深陷内忧外患的当今美国而言，从帝国退回主权国家未必不是一个明智的选择。

亨廷顿曾提醒美国人，面对国家实力的下降，国家认同的危机，基督教文明与伊斯兰文明、中华文明之间的冲突远景，美国与世界的关系有三种可能性："世界的美国"，"美国的世界"，或者"美国人的美国"，分别对应世界主义、帝国主义、民族主义。他还指出，不论国际主义还是孤立主义，多边主义还是单边主义，都不能很好地为美国利益服务。他进一步追问，在民族命运的塑造过程中，究竟是经济压倒文化还是文化决定经济？在非西方文明开始塑造世界的未来之时，西方世界如何理解这些文明的作用？21世纪的全球体制、权力分配以及各国的政治和经济，将主要反映西方世界的价值和利益，还是将主要由非西方世界的价值和利益来决定？这些问题已经在影响美国政府的国内外政策走向，也必将影响美国政府重组美国的可能性。

"信念政治""身份政治"与"阶级政治"三者力量的攻守易位、此消彼长，将决定性地影响美国政府的内外政策走向，影响重组美国的可能性。美国政府能否整合共和党内的异己力量，弥合两党分歧，驾驭国会政治，进而形成可以执行的内外政策，让美国经济"去虚向实"，并限制利益集团政治，调节人口种族结构的演化速度，延缓乃至阻止美国种族结构出现白人与其他人种平分秋色的"亨廷顿拐点"，以及避免美国继续在全球范围内虚耗国力，等等，将决定其能否重组美国。美国政府要想实现这个目标，究竟是靠机遇命运，还是靠深思熟虑的选择，抑或赤裸裸的暴力强制，尚未可知。

这当然不是一件容易的事，因为在西方世界，所谓现代国家的兴起本身就是与殖民帝国的兴起同步的。现代国家与帝国的同构性在美国也很明显，政治学在英国或许主要是"帝国的科学"，在美国则既是"帝国的科学”，又是“国家的科学”，美国现代国家的胚胎孕育于帝国的子宫。美国现代国家在十个维度上的飞跃都发生于帝国意识笼罩国民精神的美西战争之后，美国现代政治学的兴起也发生在美西战争之后。国家意识总是在危机之后浮现。第二次世界大战之后，美国变成了西方世界最强大的国家，耐人寻味的是，国家此时却从社会科学视野中退场了。20世纪六七十年代的经济衰颓、社会失序和价值滑坡，激发了国家意识的回归。苏东剧变之后，美国真正成为全球化的帝国，当历史终结论的醉人迷雾渐渐散去，国家再度登场，从帝国边缘的反恐战场回到帝国中心的政治舞台。

然而，既然帝国与现代国家同构，美国真的能与帝国脱钩回到现代国家吗？进而，回到现代国家真的能像美国保守主义所期望的那样让美国复兴吗？与帝国脱钩之后会怎样？对于理解因帝国化而走下坡路的当代美国而言，联邦党人的内外政治视野仍有启发意义。一方面，联邦党人有他们自己的世界观，即首先摆脱英国殖民统治获得独立，并谋划成为新帝国；另一方面，他们也有自己的国家观，考虑的是新生的美国如何才能存活。在十三个邦组成的松散邦联状态下，在没有全国性的中央政府作为政治体统领者、整合者的状态下，这两个目标都是空中楼阁。因此，必须制定一部联邦宪法，而其最终和最高的目的首先就是建立一个全国性的联邦政府，一个有权有效的联邦政府，其次才是政治权力不同分支之间的制约和平衡。正是因为其政治目标的双重性，学术界对它的政治与法律理论解释也始终存在两个方向，一方面是建立一个强大的、统一的联邦政府的重要性；另一方面强调权力的制约和平衡的必要性，误解往往来自只强调后者而忽视前者。联邦党人相信，美利坚民族是“上帝选民”，他们同文同种，拥有共同的利益和偏好，但在邦联时代，他们同时既隶属于邦，又隶属于邦联，这种“主权中的主权”是典型的政治怪胎，各邦往往只维护地方利益，彼此分歧严重，这就尤其需要一个全体美国人公共利益、公共意志的代表，只有全国性的政府才能超越各种地方利益，成为这种公共意志和公共利益的代表者。而活跃在这个全国性的联邦政府中的政治家们——包括参众议员、总统、最高法院大法官——要比地方领导人更有能力，更有德性，总统则是重中之重：“国家治理情况的好坏，必然在很大程度上取决于政府负责人如何……优良政体的真正检验标准，应视其能否有助于治国安邦。”（《联邦党人文集》第69篇）

因此，联邦党人在1789年联邦宪法中为总统权的扩张留下了充分的空间，美国总统从建国直至1951年的162年中一直没有连选连任限制，美国总统的否决权也获得国会最大程度的尊重。在大多数情况下，否决权的行使是否顺畅取决于总统本身，而强势总统的否决权更可能获得国会的尊重。就长期趋势而言，在美国两百多年的历史进程中，从林肯到老罗斯福、威尔逊，再到小罗斯福、克林顿、小布什，总统在宪法外的权力都在不断强化，当代美国政府规模、政府开支、政府职能不断膨胀的背后是总统行政权的持续扩张。只有充分的政治集权才能有所作为，美国历史上现代国家建设和政治制度的革故鼎新，都是在同一政党控制总统职位、参众两院乃至最高法院的时期才实现的，这种状态并不多见，更像是靠运气而不是深思熟虑的结果。如果行政权力、立法权力、司法权力为不同政党所掌握，往往就会出现政治僵局，三个权力部门都有相互否定之权，三方角力，互不相让，导致美国在大部分历史时期出现福山所说的“否决式政体”。

晚近百年，尤其是50年来，美国总统越来越像一个君主，国会越来越像是选举的寡头制，民主因素被削弱抑制，而沃伦法院之后的美国联邦最高法院，无论其司法观念是积极还是消极，本质上都是非民主甚至反民主的机构，罗伯茨法院所推动的“法人权利的自然人化”就是一个明证。因此，当代美国政制是典型的混合政制，也就是君主制、寡头制、民主制三者的混合形式，而且君主制、寡头制的成分已经形成了对民主制成分的压制之势。晚近50年来美国所经历的经济分化、社会失范、观念撕裂、不平等的政治以及政府的膨胀进程，在很大程度上已经背离了联邦党人的构想，也背离了托克维尔所说的一个民主社会所必需的身份平等。这当然不是说今天的美国一无是处，而是说它走下坡路的趋势已经清晰可见。美国门户之兴衰、进退之虚实、变化之得失、损益之轻重，对于那些希望从美国身上获得某种现实镜鉴的人而言，对于那些不欲简单臧否而希冀认识一个“真实的美国”的人而言，仍然不可不察之，不可不审之，也不可不慎之。

六　一人一世界

一人一世界，一叶可知秋。亨廷顿是当代美国最为重要的政治思想家之一。作为20世纪这个“美国世纪”的见证者，塞缪尔·亨廷顿在美国政治学界纵横驰骋了60年。在这60年中，他秉持清醒的现实主义的保守主义思想立场，思考美国政治、世界政治以及“美国与世界”的关系。从第二次世界大战后介入美国思想辩论以来，他不囿于狭隘的政治正确，不断以美国社会矫饰的“自由主义”为理论标靶，探讨支撑美国社会和政治体系运行的思想基础，同时，在第二次世界大战后不断变化的世界格局中，他同样以清醒的现实主义判断美国的世界影响，定位美国的国家战略。深入亨廷顿的思想轨迹，可以更洽切地理解美国20世纪的国家性质与国家航向，以及更为现实的现代政治世界与现代政治困境。

1

在第二次世界大战结束后冷战的大背景下（1945—1965），美国思想界普遍以洛克（John Locke）式的自由主义来描述美国的国家理念。在这种理念描述中，美国是自由主义、民主主义、平等主义等现代政治原则逐步得到贯彻的国家。这种自由主义国家理念被塑造成为美国国家的共识。但是，1957年，刚过而立之年的亨廷顿对此主流观念发起挑战，他提醒美国人反思美国的建国理念究竟是洛克式的自由主义，还是柏克（Edmund Burke）式的保守主义。

亨廷顿认为，[1]美国社会的进步主义、多元主义和共识主义看上去都是洛克式自由主义的变体，这种源自英国的美国自由主义"文化霸权"，也确实导致美国保守主义没有形成一以贯之的传统。在1898年美西战争之前，美国曾经有过两种保守主义。第一种是"北方联邦主义"，它产生于希望推动美国从邦联转向联邦的北方工业州，是美国历史上最早的保守主义。第二种是卡尔霍恩（John Caldwell Calhoun）和阿尔杰（Horatio Alger）等人论述的以种族奴隶制为基础的"南方保守主义"。这两种保守主义都弱不禁风，稍纵即逝。但是，在亨廷顿看来，

---

〔1〕除特别注明外，本书资料来源为［美］塞缪尔·亨廷顿：《军人与国家：军政关系的理论与政治》，李晟译，中国政法大学出版社，2017。

这两个保守主义传统却在两个重要的历史契机之下复活了。首先，随着美国加速告别“孤立主义”走向世界，新汉密尔顿主义的联邦保守主义复活了；其次，从第二次世界大战到冷战初期，“南方保守主义”在法律和政治层面遭到削弱，但在冷战后出于对外部的苏联共产主义和内部的大众民主运动的恐惧，“南方保守主义”也复活了。在苏联这个全面战略对手的巨大威胁面前，美国的“古典自由主义”与“古典保守主义”迅速在“冷战自由主义”旗帜下一致对外。[1]亨廷顿就是“冷战自由主义”的典型代表之一。

但也正是在亨廷顿身上，“冷战自由主义”散发出浓郁的现实主义和保守主义气息。1957年，年仅30岁的亨廷顿深入思考了美国政治中的一个重大问题：美国既然长期以自由主义社会自居，那么，这样的美国和美国人是怎样接受自己反对了一百多年的常备军的？一个自由主义社会为何需要一支有可能威胁自由、民主、繁荣与和平的强大军队？如果美国社会接受了一支强大的军队，就意味着接受了现实主义和保守主义的政治伦理。因此，在亨廷顿看来，虽然美国社会将“洛克式自由主义”视为国家理念，但在现实运作中却是现实主义和保守主义的结合体。“现实主义”意味着美国人在冷战国家激烈竞

〔1〕 Samuel P. Huntington, “Robust Nationalism,” *The National Interest* 58 (1999): 31-40.

争的情势下，必须接受一支强大、团结、高度职业化的军队。而“保守主义”则意味着军官必须接受文官在正当性、道德伦理、政治智慧和治国能力上都优于自己，必须接受人事任免、财政预算和军纪国法审查等方面的文官控制。[1]

亨廷顿这种对美国社会实际形态的观察所得出的国家建构理念，来自他所推崇的三位战略思想家：克劳塞维茨（Carl von Clausewitz），小马汉（Alfred Thayer Mahan）与汉斯·摩根索（Hans J. Morgenthau）。

克劳塞维茨的《战争论》既为军官职业化提供了合理性，也为文官控制提供了正当性，亨廷顿正是据此建构了自己军政关系理论的内核，从而让《军人与国家》成为理解现代国家军政关系绕不开的经典之作。[2]小马汉的《海权对历史的影响》抓住了美国赢得1898年美西战争后出现的帝国主义情绪，成为新汉密尔顿主义的吹鼓手。[3]正是在小马汉身上，亨廷顿所说的美国历史上一度消失了的联邦主义和南方保守主义在美国放弃孤立主义走向世界之后复活了。摩根索在《国家间政治》中所表现出的冷静的政治现实主义，塑造了冷战至今美国对外战略的主线，也在很大程度上塑造了亨廷顿对美国

---

〔1〕欧树军：《美国军政关系的变与不变》，《读书》2017年第7期。

〔2〕［德］卡尔·冯·克劳塞维茨：《战争论》，时殷弘译，商务印书馆，2016。

〔3〕［美］A. T. 马汉：《海权对历史的影响（1660—1783）》，安常容等译，解放军出版社，2006。

对外战略的现实主义批判与反思。

亨廷顿早期的思考重心在于，一个自由主义社会为什么需要接受一支强大的保守主义军队，亨廷顿在这种思想框架之下重新定位了埃德蒙·柏克的思想地位。在他看来，保守主义是现实主义而非理想主义的，因为它并没有自己的“乌托邦”。在上述三位战略思想家的启发下，亨廷顿把现实主义和保守主义视为军事伦理的两大支柱。亨廷顿认为，要理解一个自由主义的社会为什么能接受一支保守主义的军队，不仅需要考察军官集团与文官集团之间的权力关系，也需要考察二者之间的思想关系。文官集团易受社会流行的意识形态影响，军政关系的稳定有赖于政治思想与社会观念普遍接受保守主义的意识形态。因此，亨廷顿非常关注自由主义与保守主义这两大意识形态在美国不同时代的命运变迁。在亨廷顿看来，在冷战情境下，美国必须扭转古典自由主义和古典保守主义主导的意识形态。在亨廷顿的认识中，古典保守主义只是“自由主义的保守版本”，其理论对手并不是古典自由主义，而是“大众自由主义”和“民主自由主义”。1975年，美国政治已经结束了第二次世界大战之后20年的民主化运动高潮，进入保守主义的长周期。亨廷顿进一步阐发了“民主危机论”，[1]这被视为熊彼特

〔1〕［法］米歇尔·克罗齐、［日］绵贯让治、［美］塞缪尔·亨廷顿：《民主的危机》，马殿军等译，求实出版社，1989。

（Joseph Alois Schumpeter）"精英民主理论"的回归。[1]

1957年，亨廷顿本想用自己的《军人与国家》申请终身教职，虽然这部著作后来被认为在军政关系研究领域的学术地位堪比《战争论》和《海权论》，但亨廷顿却被哈佛大学政治学系的自由主义者指控鼓吹军国主义和权威主义，最终被迫和布热津斯基（Zbigniew Brzezinski）一道从哈佛大学出走哥伦比亚大学。

或许正是由于这一个人际遇，亨廷顿在哥伦比亚大学的四年中对美国新教现实主义神学思想家莱因霍德·尼布尔（Reinhold Niebuhr, 1892—1971）产生了更浓厚的兴趣。尼布尔对冷战一代美国思想家影响极大，深受其影响的还包括保罗·蒂利希（Paul Tillich, 1886—1965）等新教神学家，约翰·杜威（John Dewey, 1859—1952）等自由主义者，诺曼·托马斯（Norman Thomas, 1884—1968）等社会主义者，汉斯·摩根索等现实主义国际政治理论家，以及美国冷战遏制战略创始人乔治·凯南（George F. Kennan, 1904—2005）和美国最高法院的司法节制主义大法官菲利克斯·法兰克福特（Felix Frankfurter, 1882—1965）等人。[2]尼布尔的思想光谱也颇为复杂，他既是"基督教社会主义者"，也

---

〔1〕Lawrence B. Joseph, "Democratic Revisionism Revisited," *American Journal of Political Science* (1981): 160-187.

〔2〕Daniel E. Rice, *Reinhold Niebuhr and His Circle of Influence*, Cambridge University Press, 2012.

是新教现实主义者。他是美国历史上首批使用马克思主义的阶级分析方法抨击美国社会自身问题的学者，这一点体现在他1932年出版的成名作《道德的人与不道德的社会》，[1]这是一部“大萧条”时期影响整整一代美国人的经典著作。美国国际关系与历史学学者安德鲁·巴切维奇（Andrew J. Bacevich）将尼布尔称为冷战自由主义的总设计师，美国历史学家小施莱辛格（Arthur M. Schlesinger Jr., 1917—2007）则将他称为美国冷战一代思想者共同的精神教父。

作为小施莱辛格口中“尼布尔的教子”，亨廷顿读过尼布尔的大多数著作，由于这位新教神学家的影响，亨廷顿逐渐强化了现实主义的保守主义的思想立场，这使他不同于理想主义的保守主义，也不同于同时期现代派诗人托马斯·艾略特（Thomas Stearns Eliot）的天主教社会思想。[2]1968年，亨廷顿集中阐述了他对自由主义与保守主义在现代社会所面临的独特问题的判断。[3]他

---

〔1〕Reinhold Niebuhr, *Moral Man and Immoral Society: A Study in Ethics and Politics*, Westminster John Knox Press, 2013.

〔2〕现代派诗人艾略特是极为重要的天主教社会思想家，他的《一种基督教社会的理念》只有短短几十页，却被认为代表了天主教在巨变时代如何避免自由主义社会衰败命运的基本主张。Thomas Stearns Eliot, *Christianity and Culture: The Idea of a Christian Society and Notes Towards the Definition of Culture*, Houghton Mifflin Harcourt, 1960.

〔3〕［美］塞缪尔·亨廷顿：《变动社会的政治秩序》，张岱云等译，上海译文出版社，1989。

认为，不同于传统国家，随着工业化与城市化的不断深入，每个国家要么成为大规模现代社会，要么就是处于转型过程之中的“变化社会”或“转型社会”。在自由主义者看来，转型社会必须也必将以种种美好的政治价值目标为发展目标，它们凝聚着现代人对美好政治信念的追求；只要树立了这些目标，转型社会就能从“经济的现代化”径直走向“政治的现代化”，所有美好的事情可以一夜之间到来。但亨廷顿认为，自由主义者的现代化理论实则是将西欧、北欧和北美西方国家作为现代化的理想样本，将现代化等同于西方化，将起点等同于结果，却忽略了经济转型与社会变迁对政治变迁的巨大影响，忽略了过程和道路的复杂曲折与替代选择的可能。

这个判断反映了亨廷顿的思想转变。在50年代写作《军人与国家》之际，现实主义和保守主义在亨廷顿那里是并列关系；到了60年代，现实主义已经变成了保守主义的限定词。从他在哥伦比亚大学期间参与冷战时期的国家安全战略制定开始，不惑之年的亨廷顿就将思想论争的矛头对准了自由主义的政治现代化理论、发展理论和对外战略，提出了“现实主义的保守主义的政治变迁理论”。

《变动社会的政治秩序》这本书就集中体现了亨廷顿“现实主义的保守主义”这一政治态度，它整合并超越了西方世界对政治发展的讨论，将比较政治的研究重心从政治发展转移到政治变迁。在这本书之前，也有学者讨论过转型社会的政治发展究竟包含哪些要素、条件与目标。但这些讨论均以“传统与现代”的二元论为前提预设，都是静态的直线演进思路，忽略了大规模转型社会的动态特征：当转型社会的政治体系无法面对、回应、吸纳来自大众的政治、经济与社会平等诉求时，它便无法实现现代化，问题出在社会发展层面。因此，亨廷顿将政治发展的内涵寄托于三个方面：社会制度对政治制度的影响，社会发展对政治发展的影响，社会结构对权力结构的影响。[1]

晚近50多年来，“现实主义的保守主义”逐渐成为美国多数中下层白人的主流观念，“现实主义的保守主义”对现代政治困境的理解和处理，文化对政治、政治思想对政治制度和政治过程的塑造作用越来越受关注。著名政治学者西达·斯考切波近十年来就致力探究美国保守主义晚近五六十年来的复兴及其如何推动美国政治的大转型，如何左右美国决策，[2]其语境下的美国保守主义主要就是现实主义而非理想主义的保守主义。

---

〔1〕［美］塞缪尔·亨廷顿：《导致变化的变化：现代化，发展和政治》，载［美］西里尔·E. 布莱克编：《比较现代化》，杨豫、陈祖洲译，上海译文出版社，1996，第37—91页。

〔2〕Paul Pierson and Theda Skocpol, eds., *The Transformation of American Politics: Activist Government and the Rise of Conservatism,* Princeton University Press, 2007. Theda Skocpol, “Battle of the Mega-Donors: The Koch Network vs. Democracy Alliance” (2017).

2

亨廷顿思想的继续深化，源于20世纪60年代民主化运动在美国的此起彼伏，以及这场民主运动对美国自身构成的巨大挑战。如何理解、回应这种挑战？亨廷顿的思想选择，是从政治转向文化。[1]在他看来，运动中的学生领袖们质疑的并非美国体制的正当性，而是美国现任政府的统治能力，驱使这些学生的是美国政治中的“信念激情”，它在历史上曾经多次矫正美国的航向。因此，他认为看似激进的民主运动实质上却是保守主义的。亨廷顿对发展中国家的政治发展提出过类似问题：难道那些最激进的革命派不恰好是最典型的保守派吗？亨廷顿将美国政治的失衡归因于美国社会的自由主义共识，后者成为亨廷顿反复使用的理论靶标。亨廷顿认为，美国的自由主义共识让美国人接受自由主义的建国理念与政治思想，也让人们相信美国体制代表的自由理念能够并且必将实现。但这种共识只是理论上预设的现实，实际上有很多内在危机，政治现实是自由主义理念未能实现并且总是不能实现。理论预设与政治现实的冲突恰恰内在于自由主义的共

---

〔1〕［美］塞缪尔·亨廷顿《美国政治：失衡的承诺》，有两个译本：《失衡的承诺》，周端译，东方出版社，2005；《美国政治：激荡于理想与现实之间》，先萌奇、景伟明译，新华出版社，2017。

识。因此，亨廷顿从根本上挑战了自由主义者对美国政治的体制自信。

在用文化视角解释政治问题上，亨廷顿受到了柏克的启发。他认为美国从来没有产生独立的自由主义思想传统，这使其在第一次世界大战、第二次世界大战和冷战期间的内部敌人和外部敌人面前都手足无措，保守主义也正是在这个时候重新回到美国政治舞台。柏克在《论法国大革命》中所表露的保守主义思想，尤其是在《与美洲殖民地和解书》中所概括的北美殖民者的特性，被亨廷顿视为美国的国民特性、国家认同和核心文化的根源。在柏克看来，美洲殖民地的新教是"新教的新教"，"异见的异见"，是英国本土未完成的新教革命的产物。[1]因此，北美殖民地人与母国人同文同种，正如今天"五眼同盟"同文同种。亨廷顿正是在柏克的基础上将"同文"界定为"同一种宗教"。

亨廷顿指出，美国自由主义者将美国的政治理念概括为一套"美国信念"，所谓"美国信念"指的是美国人一直以自由主义社会自居，认为自己代表了人类社会一系列美好的政治价值。但亨廷顿认为，这种自由主义的美国信念没有触及的是，其政治制度源于英国的新教革命时代，甚至每一种制度都源于新教。在此，亨廷顿回

〔1〕［英］埃德蒙·柏克：《美洲三书》，缪哲选译，商务印书馆，2003。

到“都铎政体论”，美国政府的权力虽在结构上分立，但本质上处于“职能混同状态”，美国政体源于亨利八世以来的英国都铎体制。

需要注意的是，1968年的亨廷顿并未着重阐发美国政治的新教根源。这涉及亨廷顿思想的内在转变：在20世纪80年代之前，亨廷顿集中关注的是政治制度，比如军事制度和作为政治制度集合体的国家；从20世纪80年代开始，已过天命之年的亨廷顿的重心转向对重大政治社会困境的道德关注，试图找到制度背后的文化。此时的亨廷顿强调的是，要想真正理解美国政治，就必须追溯美国政治的真正起源，也就是作为美国核心文化和国家认同源泉的盎格鲁-新教文化。在这个意义上，我们可以发现不惑之年的亨廷顿对自由主义者之批评的深刻之处：自由主义者所相信的美国人反权力、反权威的政治伦理并不是天生的，正是因为英国人留下的政府权力太大、政府权威无处不在，才导致美国人看上去擅长限制而非建立政府权威，才激发了美国人反权力、反权威的政治伦理观念。

这种文化范式关注美国政治背后的文化因素，认为美国所有的现代政治制度几乎都有宗教根源，解决现代政治困境的希望在于政治的“再宗教化”以及国家的“再道德化”，只有重新激起美国人的道德主义和理想主义，只有激起超越阶级、地区、种族、宗教和身份的信念激情，美国政治才有希望。正如美国国会大厦穹顶上的壁画把美国历任总统描绘成了先知和圣徒，把华盛顿放在上帝位置，美国政治和新教信念具备类似的形式和社会基础，政治注重宗教，宗教则为政治注入激情。简言之，在亨廷顿看来，政治的“再宗教化”是美国政治最独特的特征。就此而言，亨廷顿的现实主义保守主义所接续的正是美国思想史上的“保守主义的美国例外论”。[1]

3

上世纪90年代初期，面对苏东剧变后风云变化的国际局势，花甲之年的亨廷顿认为需要对新的国际格局做出准确的现实主义判断。冷战之后，自由国际主义言说甚嚣尘上，而亨廷顿则秉承“思想教父”尼布尔的引导，清醒地将自由国际主义和新教现实主义结合在一起。[2]

尼布尔是“冷战”时期的思想教父。美国冷战一代思想家共同的理论建构存在一个前提，即将苏联视为全面的战略对手。只有在这个理想的敌人面前，美国和美国人才能恰当定位自己。在这个前提之下，尼布

---

〔1〕［美］多萝西·罗斯：《美国社会科学的起源》，王楠等译，生活·读书·新知三联书店，2019。

〔2〕［美］塞缪尔·亨廷顿：《第三波：20世纪后期民主化浪潮》，刘军宁译，上海三联书店，1998。

尔认为，美国人以上帝选民自居对其他民族颐指气使是一个愚蠢的幻觉。尼布尔从新教现实主义出发，对这种自由主义的世界主义大加批判，[1]他希望探寻的是基督教如何从道德上来理解、处理重大的政治和社会困境。[2]

尼布尔的新教现实主义深刻影响了亨廷顿对美国内政外交和“美国与世界”关系的思考，但是，亨廷顿在冷战格局松动之际偏离了其学术立场，试图探讨非西方国家的民主行动指南，他的好友布热津斯基因此将其称为“民主的马基雅维里”。亨廷顿本人则认为，自己是一半火焰，一半海水，一半激情，一半理性。这是因为，他仍然将秩序视为分析国家的核心维度。他始终认为，民主是个好东西，秩序也是个好东西。

冷战结束之后，面对“理想敌人”的消失，美国思想界出现巨大纷争。美国保守主义者聚集在“国家利益”（National Interest）的大纛之下，共同思考苏联消失之后美国如何界定国家利益。冷战结束后，美国人还是美国人吗？如果没有冷战，身为美国人还有什么意义？在他们看来，如果失去苏联这样理想的敌人，

---

〔1〕Reinhold Niebuhr, *The Irony of American History*, University of Chicago Press, 2008.

〔2〕Reinhold Niebuhr, Christian *Realism and Political Problems*, Charles Scribner's Sons, 1949.

美国人也很可能迷失自我，所以美国要寻找新的理想敌人。在此大背景下，1996年，已近古稀之年的亨廷顿处理的问题变成了如何理解“后冷战时代”世界政治的格局及其冲突的根源。[1]和谐世界主张是否符合现实？多元文明论能否解释？自由主义的世界主义是否适用？国家主义还行得通吗？“文明冲突论”诞生的契机是亨廷顿与其学生福山的对话，福山提出的“历史终结论”是当时自由主义世界主义的典型代表。时至今日，人类社会的未来究竟是“历史的终结”还是“文明的冲突”，仍是当代政治学与国际关系领域有关“后冷战世界秩序”讨论的一桩公案。亨廷顿严肃批评“历史终结论”的理想主义，彻底回到尼布尔的新教现实主义，回到冷战自由主义的现实主义维度，将马基雅维里时代的政教冲突带回“后冷战时代”的世界政治分析。

在亨廷顿看来，既然存在多极文明，就可能存在冲突；只有理解可能的冲突，才可能谋求和平。“文明冲突论”似乎同时激励了西方霸权国家和正在崛起的非西方国家，形成了“全球性的帝国内战状态”：一方面，西方国家会继续坚持自身文明的独特性，强调自身文明的普世性；另一方面，非西方国家受到激励，

〔1〕［美］塞缪尔·亨廷顿：《文明的冲突与世界秩序的重建》，周琪等译，新华出版社，1998。

希望成为帝国内部的“新君主”，亨廷顿因此再次为自己赢得“现代马基雅维里”的标签。美国思想界认为，冷战之后的美国所面临的挑战，不仅仅是文明的冲突这种外部危机，还有国家认同的崩塌这种内部危机。1992年，小施莱辛格出版了《美国的解构》。[1]在他看来，在多元文化冲击下，失去敌人的美国不再是一个团结的国家。与小施莱辛格等人长期相互启发的亨廷顿也将其人生的最后时光用来处理多元文化主义对美国国家认同的挑战。[2]他认为，以1965年移民与国籍法为转折点，多元主义在种族、语言和文化上挑战了美国所代表的西方文明，推动了“反美国化”进程。但是，亨廷顿并不把希望寄托在特朗普所鼓吹的白人本土保护主义上，尽管他的确再次因为批评自由主义的多元主义而被贴上了本土主义者的标签。在他看来，美国的希望在于让自己的核心文化重新回到新教这个母体，美国的未来在于盎格鲁-新教文化而非种族上的白人至上。如果能够复兴盎格鲁-新教的核心文化，便能振兴美国的国家认同；白人便能在国内与国际都继续充当美国与世界的统治者、支配者、主导者。因此，亨廷顿认为，21世纪的美国最需要的，不是自由主义

〔1〕Arthur Meier Schlesinger, *The Disuniting of America: Reflections on a Multicultural Society,* W. W. Norton & Company, 1992.

〔2〕[美]塞缪尔·亨廷顿：《我们是谁：美国国家特性面临的挑战》，程克雄译，新华出版社，2005。

的世界主义，也不是孤立主义的民族主义，而是“坚定的民族主义”（Robust Nationalism），每个人都珍视爱国主义这一政治美德。

4

亨廷顿自20世纪80年代以来召唤的以“政治的再宗教化”、“国家的再道德化”和盎格鲁-新教文化为主体的“美国核心文化的复兴”，在冷战结束后似乎成为“自我实现的预言”。有学者曾经这样评价“文明冲突论”之下的亨廷顿：他并非当代霍布斯或现代马基雅维里，而是玛丽·雪莱（Mary Shelley）笔下的弗兰肯斯坦，很可能毁灭掉自己的母体。[1]当然，这其中非常可能存在很深的误解，亨廷顿所反思的正是美国国家认同与美国世界地位所面临的危机，他所希望避免的恰恰是文明冲突的厄运。在亨廷顿去世后，他的朋友和同事对他的评价侧重不同，分歧可能也很大，但他们有一个共识：亨廷顿是一个典型的盎格鲁-新教徒。亨廷顿与美国自由主义精英的疏远，恰恰是因为他的思考代表了第二次世界大战后美国普通选民的想法。[2]

---

〔1〕 Ertuğrul Koç, “Alchemy Revived: Fraudulent Evolution of Power Politics from Dr. Frankenstein to Dr. Huntington,” *Journal of Faculty of Letters/Edebiyat Fakultesi Dergisi* 26, no. 2 (2009).

〔2〕 Eric Kaufmann, “The Meaning of Huntington,” *Prospect Magazine* (2009).

在个人品质上，亨廷顿坚持的是勤劳、诚实、公正、无畏、忠诚，以及最为重要的爱国主义。他本人也希望自己的墓碑上只刻下一句话：这里躺着的是一个满怀信念的爱国者。

亨廷顿同时代的社会学家和政治家丹尼尔·莫伊尼汉（Daniel Patrick Moynihan）认为，美国自由主义的核心共识在于政治而非文化，政治能够改变文化并自我保存；美国保守主义的核心共识在于文化而非政治，文化决定社会成功与否。有学者据此指出，亨廷顿的思考是以反思自由主义的思想误区为前提的，他对政治学的首要贡献就在于维护保守主义的核心共识，强调自由主义在实现自身理想信念上存在难以克服的障碍，因此必须现实主义地援引保守主义的思想资源。[1]亨廷顿的第一个30年集中在政治，第二个30年则集中在文化，但他始终坚持现实主义的保守主义的思想立场，对美国及其与世界的关系所面临的重大政治和社会困境进行道德层面的学术思考。或许正是因此，亨廷顿才成为美国唯一能够同时吸引现实主义者、自由主义者和新保守主义者的政治思想家。

作为第二次世界大战结束后的现代政治学即美国政治学的重要代表，亨廷顿身上最值得记取的，正是这种

---

〔1〕“Samuel Huntington, 1927–2008”（https://foreignpolicy.com/2009/09/30/samuel-huntington-1927-2008/).

“现实主义的保守主义”的爱国者思想立场，也正是这一思想立场，使之成为切实理解现代美国的思想、性质、航向及其社会政治困境的一个理想窗口。

七　隐身的国家

弗朗西斯·福山（Francis Fukuyama）在塞缪尔·亨廷顿的学术墓志铭上这样写道，"亨廷顿堪称20世纪最伟大的政治学者"。[1]亨廷顿沉浸美国政治60余年，见证了美国经过第二次世界大战的洗礼而崛起，又在冷战终结后走向衰颓的全过程，其论著覆盖政治学的所有关键领域，还培养了整整一代在政治学各个分支领域均有建树的政治学者，比如华盛顿大学的乔尔·米格达尔（Joel S. Migdal）、哈佛大学的斯蒂芬·罗森（Stephen Rosen）、斯坦福大学的弗朗西斯·福山和斯科特·萨根（Scott Sagan）、普林斯顿大学的阿伦·弗雷德伯格（Aaron Freidberg）、杜克大学的唐纳德·霍罗威茨（Donald L. Horowitz）和彼得·费维尔（Peter Feaver）、约翰·霍普

---

〔1〕Francis Fukuyama, "Samuel Huntington, 1927–2008", https://www.the-american-interest.com/2008/12/29/samuel-huntington-1927-2008/.

金斯大学的埃利奥特·科恩（Eliot Cohen）和斯蒂芬·戴维（Steven David)、斯沃斯莫尔学院的詹姆斯·库尔思（James Kurth)、南加利福尼亚大学的阿贝·洛温塔尔（Abe Lowenthal)、美国《新闻周刊》主编法拉德·扎卡利亚（Fareed Zakaria)、美国《外交事务》主编吉迪恩·罗斯（Gideon Rose）等。[1]这个盖棺论定，对他来说或许并非过誉。

但是，亨廷顿在身后备享哀荣，生前却充满争议。他既是政治上的新政自由主义者，曾为民主党总统候选人阿德莱·史蒂文森（Adlai Ewing Stevenson Ⅱ）撰写演讲稿，担任过民主党总统林登·约翰逊（Lyndon Baines Johnson）的外交政策顾问，以及民主党总统吉米·卡特（James Earl Carter Jr.）的国家安全顾问，又是文化保守主义者，其学术作品大都散发着浓郁的现实主义的保守主义气息；他既坚持思想学术上的保守主义，又主张保守主义并没有自己的乌托邦，保守主义在冷战情境中必须保守自由主义；[2]他坚持保守自由主义，主张“美国信念”的政治原则仍然是自由主义的，却被人冠以权威主义者、军国主义者，甚至他的患难好友兹比格涅夫·布热津斯基也送给他一顶“民主的马基雅维里”的

〔1〕Michael C. Desch, “A Scholar & a Gentleman,” *The American Conservative*, Vol. 8, Issue 2, January 26, 2009.

〔2〕Samuel P. Huntington, “Conservatism as an Ideology, ” *American Political Science Review* 51.2 (1957), pp. 454-473.

帽子；他推崇现代性，却反思现代化；他终身为美国的国家利益服务，却又早在30多年前就主张现代化不等于美国主导的西方化，[1]更在50多年前就主张世界各国也许很快就需要为美国的盛极而衰做好准备；[2]他坚信政治学者必然追求公共的善，又批评道德主义缺乏现实主义；他认为民主是一个好东西，却又主张秩序也是一个好东西，甚至分析所有政体的核心维度；[3]他主张软权力是硬权力的衍生品，又强调柔软的文明差异可能导致坚硬的权力冲突。

亨廷顿思想中的这些对立冲突是否不可调和？亨廷顿不同时期的政治理论有没有一条纵贯线？亨廷顿的学术影响力究竟来自其多变还是不变？亨廷顿一生致力于关注政治世界的重大问题，作为政治学理论中枢的“现代”国家问题不仅当然在其视野之内，甚至可以视为其政治理论图景的门户所在。进而，由于亨廷顿的学术生涯贯穿了美国的世纪浮沉，厘清亨廷顿如何在现代政治世界中安放国家，有助于更深入地把握其思想的变化与不变，也有助于更真切地探索大国的治乱兴衰之源。

---

〔1〕［美］塞缪尔·亨廷顿：《发展的目标》，载罗荣渠主编：《现代化：理路与历史经验的再探讨》，上海译文出版社，1993，第331—357页。

〔2〕Samuel P. Huntington, “Political Development and the Decline of the American System of World Order,” *Daedalus* (1967), pp. 927-929.

〔3〕［美］塞缪尔·亨廷顿：《第三波：20世纪后期民主化浪潮》，刘军宁译，上海三联书店，1998，前言。

1

“现代”国家问题贯穿了亨廷顿的主要学术论著，使其政治理论具有了一致性和整体性。亨廷顿学术生涯的第一个十年（1946—1956）主要处理了政党政治、[1]官僚政治[2]和军政关系[3]三个主题，1957年的《军人与国家：军政关系的理论与政治》（下文简称《军人与国家》）是这个阶段的集大成之作，也使亨廷顿成为美国军政关系研究的主要开创者。1968年的《变动社会的政治秩序》是其学术生涯第二个十年的代表作，他主张区分政治体系的差异与政体的差异、“政府的形”与“政府的度”、“在统治”和“不在统治”，进而区分国家的有效性与正当性，最终区分国家与“现代”国家。在亨廷顿的政治思想图景中，政党制度、官僚制度、军政制度都是国家的顶梁柱。

---

〔1〕Samuel P. Huntington, “A Revised Theory of American Party Politics,” *American Political Science Review* 44.3 (1950), pp. 669-677; Samuel P. Huntington, “The Election Tactics of the Nonpartisan League, ” *The Mississippi Valley Historical Review* 36.4 (1950), pp. 613-632; Samuel P. Huntington, “Strategic Planning and the Political Process, ” *Foreign Affair* 38 (1959), p. 285.

〔2〕Samuel P. Huntington, “The Marasmus of the ICC: The Commission, the Railroads, and the Public Interest, ” *The Yale Law Journal,* Vol. 61, No. 4 (Apr., 1952), pp. 467-509.

〔3〕Samuel P. Huntington, “Civilian Control and the Constitution,” *American Political Science Review* 50.3 (1956), pp. 676-699.［美］塞缪尔·亨廷顿：《军人与国家：军政关系的理论与政治》，李晟译，中国政法大学出版社，2017。

50年前，在写作《变动社会的政治秩序》之际，亨廷顿正是沿着这条清晰的国家问题意识线展开的。他批评并在很大程度上扭转了第二次世界大战后至60年代中期美国政治学也即现代政治学流行的、简单化的直线性现代化理论，他主张政治现代化并非经济–社会现代化的必然产物，正在进行现代化的国家或曰变化社会在一定条件下也可以实现政治稳定。因此，政治学者，应该像经济学者分析经济发展和国民财富的聚散那样，讨论政治发展和政治权力的集中、扩大与分散，探索通过政治制度的发展走向政治秩序的方式方法，而不论人们对于政治秩序的正当性和可取性有什么样的分歧。[1] 正是在这种“权力的物理学”基础上，“隐身的国家”出场了。

《变动社会的政治秩序》的首章首节首段首句堪称亨廷顿国家观的凝练表达：“国与国之间最重要的差异不在于政府的形（form of government）而在于政府的度（degree of government）。”[2] 亨廷顿在这里把“政府”用

〔1〕［美］塞缪尔・亨廷顿：《变动社会的政治秩序》，张岱云等译，上海译文出版社，1989，前言。

〔2〕除注明外，本文的讨论主要基于《变动社会的政治秩序》的英文版。英文原本出版于1968年，亨廷顿邀请福山作序，于2006年再次出版：Samuel P. Huntington, *Political Order in Changing Societies*，Yale University Press, 2006。正文内容没有变化，只增加了福山的序言。《变动社会的政治秩序》有两个中文版，分别是：王冠华等译的《变化社会中的政治秩序》，生活・读书・新知三联书店，1989，这个版本于2008年由上海人民出版社再版；张岱云等译的《变动社会的政治秩序》，上海译文出版社，1989，此书于1990年由台北时报文化有限公司出版了繁体版。

作双关语，在“政府的形”中作名词用，指静态的、形式化的权力结构；在“政府的度”中作动词用，指动态的统治水平、例行化的制度过程。三联书店的中译本将这句话中的“政府的度”译为“政府的有效程度”，从而把亨廷顿定位为流行的社会意见所认为的“国家主义者”。或许也正因此，20世纪70年代末80年代初“回归国家范式”的主要开拓者西达·斯考切波（Theda Skocpol）认为，亨廷顿、莫里斯·贾诺威茨（Morris Janowitz）、詹姆斯·威尔逊（James Quinn Wilson）等人突破了多元主义、结构功能主义所坚持的“社会中心论”，延续了两次世界大战和大萧条期间反映英美霸权更迭的“国家中心论”，后者的代表作包括哈罗德·拉斯韦尔的《卫戍国家》和卡尔·波兰尼的《大转型》。[1]而乔尔·米格达尔（Joel S. Migdal）更是把亨廷顿和卡尔·波兰尼并称为“回归国家范式”的真正开创者。[2]但是问题在于，“有效程度”这个译法本身其实缩减了亨廷顿的国家思考。

---

〔1〕Theda Skocpol, “Bringing the State Back In: Strategies of Analysis in Current Research,” in Peter B. Evans, Dietrich Rueschemeyer & Theda Skocpol, eds., *Bringing the State Back In*, Cambridge University Press, 1985, pp. 3-38. 中译参考：《找回国家》，载［美］彼得·埃文斯、迪特里希·鲁施迈耶、西达·斯考切波编著：《找回国家》，方立维等译，生活·读书·新知三联书店，2009，第2—52页。

〔2〕Joel S. Migdal, “Studying the State,” *Comparative Politics: Rationality, Culture, and Structure* (1997): 208-235.

亨廷顿区分了两对重要的学术概念，一对是“政府的形”与“政府的度”，一对是“政体的差异”与“政治体系的差异”，亨廷顿强调的是后者，即不同国家间的“政府的度”和“政治体系的差异”，而非“政府的形”和“政体的差异”。亨廷顿认为，不同国家在下述政治品质上的差异大于其“政府的形”的差异：共识、共同体、正当性、组织、效率、稳定。这就是说，“政府的度”意味着一个国家是否具备这些积极的、正面的政治品质，这些政治品质决定了“政府的度”也即统治水平。这六大政治品质分别指向“正当性”与“有效性”，由共识、共同体、认同所构成的“正当性”，不同于由组织、效率和稳定所构成的“有效性”。尽管冷战时代的美国、英国、苏联的政府形式不同，但它们的政治体系都具有这些政治品质，从而都是强大而非无能的，它们的政府都“在统治”。

接下来，亨廷顿进一步解释了所谓“在统治”意味着什么。首先，每个国家都是这样的政治共同体，其人民对政治体系的正当性有压倒性的共识，这个论断包含了三个重要的政治品质：“共识性”“共同性”与“正当性”。随后，亨廷顿再度强调了共识的重要性，即每个国家的公民对社会的公共利益和政治共同体赖以建立的诸传统和原则秉持基本相同的判断、想象、视野和愿景。这三个国家之所以拥有正当性，又是因为它们都拥有强大、有适应性、有凝聚力、自主性和复杂性的“政治制度”。这是“政治制度”这个词在全书中第一次出现，而且是复数形式的，对国家而言至关重要的制度包括：有效的官僚机构，组织完善的政党，民众对公共事务的广泛参与，文官对军队的有效控制体系，政府在经济领域中的广泛活动，以及规制政治继承和控制政治冲突的合理有效的程序。此外，这三个政府还都能谋求、要求、拥有、赢得公民的忠诚，进而有效地征税、征兵、征役以及创制并执行政策。如果政治局、内阁、总统做出了决策，通过政府机构付诸实施的可能性都很大。在这里，亨廷顿将指向正当性的谋求公民忠诚的能力视为指向有效性的政治能力的前提。

但是需要指出的是，目前为止，亨廷顿所讨论的都是国家而非“现代”国家，在亨廷顿看来，在这十种重要的国家政治制度和政治能力中，只有政党才是现代政治的产物，只有政党制度才是“现代的”，官僚制、代表大会和议会、选举制度、宪法法律和法院以及内阁和行政委员会都不是现代政治体系所特有的。更重要的是，政党不是现代政治的辅助组织，而是现代政治正当性和权威的根源所在，是国家主权、人民意志或无产阶级专政的制度体现。政党最重要的政治功能就是组织，组织政治权力的过程就是创造政治权力，走向政治稳定和政治自由的过程。进而，“在进行现代化的世界里，谁组织政治，谁就控制了未来，在现代化世界中，谁组织政治，谁就控制了当下”。[1]因此，正是政党让国家像个国家，也是政党让国家变得“现代”。亨廷顿认为，美国、英国、苏联都拥有现代的政党制度，都堪称现代国家。亚洲、非洲、拉丁美洲正在进行现代化的国家往往在经济和社会方面缺乏很多东西，但它们更缺乏的是享有共识性认同的政治共同体以及从中获得正当性的有权威的强大政府，左右这些国家的政治局势的是“政治衰败”，而非“政治发展”。[2]总之，如果一个国家的政府没有统治能力，根本不在统治，它算不上是“现代”国家。

2

亨廷顿致力于分析政治世界的重大问题并提出不流俗的可能方案，这让“现代”国家问题在其思想谱系中的出场与众不同。在1971年《求变之变》这篇长文中，[3]亨廷顿说明了自己在和谁辩论，他把美国第二次世界大战后的政治理论分为三个阶段，不同阶段有不同的理论重心：第一个阶段是现代化理论，第二个阶段是政治发

---

〔1〕《变动社会的政治秩序》，第96—100页。

〔2〕《变动社会的政治秩序》，第2—5页。

〔3〕 Samuel P. Huntington, “The Change to Change: Modernization, Development, and Politics,” *Comparative Politics* 3.3 (1971), PP. 283-322. 中译参考：《导致变化的变化：现代化，发展和政治》，载［美］西里尔·E. 布莱克编：《比较现代化》，杨豫、陈祖洲译，上海译文出版社，1996，第37—91页。

展理论，第三个阶段是他针锋相对所提出的“政治变迁理论”，集中体现在《变动社会的政治秩序》一书中。

现代化理论与政治发展理论存在内在的关联，现代化理论用传统-现代的社会二分法来解释西方社会和非西方社会的差异，认为西方化是现代化的唯一方向，政治发展理论也接受了这个方向并把自己建立在现代化理论之上。对此，亨廷顿表达了不同意见。在他看来，“政治现代化”的绝大多数定义都是围绕现代政体与传统政体的差异建立起来的，“政治现代化”被视为包含权威的理性化、职能的分化和参政的扩大三大方面的政体转变。但是，权威理性化、职能分化和参政扩大化并不等于现代化。政治现代化虽然涉及传统政治体系的变化，但这种“变化”带来的往往是崩溃，而不一定走向政治秩序。[1]亨廷顿认为，只有典型的“韦伯主义者”才会把政治体系的最终目标的特性等同于政治体系的变化过程和功能的特性。他认为，现代国家与传统国家的最大区别在于，人民在大规模政治组织中的参政和受政治影响的程度都扩大了。非西方国家的现代化与西方国家的现代化在目标、模式和道路上都非常不同，前者在现代化的起始阶段，就面临中央集权、国家整合、社会动员、经济发展、政治参与和社会福利等诸多亟待解决的问题，它们希望学习西方国家的现代经验，但在思想

〔1〕《变动社会的政治秩序》，第35—43、101—152页。

和实践层面都遭遇巨大挫折。它们所面临的全局性挑战在于，经济发展加剧了不平等，社会动员又降低了经济不平等的正当性，二者叠加导致了政治失序。[1] 所以，亨廷顿强调不能把现代化等同于现代性，不能把过程等同于结果，没有哪个国家真正排斥现代性，但现代化往往增加传统群体与现代群体彼此之间和各自内部的冲突，现代性产生稳定性，而现代化却产生不稳定性，向现代性变化的速度越快，政治的不稳定性也就越大。因此，每个希望追求现代性的国家都需要强有力的政治制度和政治能力，需要在不同的发展目标、发展模式和发展道路之间做出权衡抉择，[2] 调节、控制现代化的速度，以提高人民在政治、经济、社会和文化等方面的平等程度为要务，而不是丢弃自主性，去盲目追求西方化的现代化。

正是在意识到现代化理论和政治发展理论既无法涵盖不同发展水平的社会的政治变化，也无法处理更复杂的变量及其彼此之间的广泛关系之后，亨廷顿提出了自己的"政治变迁理论"，将焦点放在各种政治因素及其相关性上，充分灵活、包容地囊括了政治体系在国内外环境下

---

〔1〕［美］塞缪尔·亨廷顿、琼·纳尔逊著：《难以抉择：发展中国家的政治参与》，汪晓寿等译，华夏出版社，1989。

〔2〕国家－市场关系是其中尤其值得审慎对待的，参见欧树军：《国家－市场关系的两种取向》，载《中国政治学》2018年第1辑，第165—177页。

的变化根源和模式。[1]在现代化和政治发展理论中，重要的不是国家而是现代，而要成为现代国家，重要的不是政治，而是经济和社会因素；重要的不是过程，而是西方化的现代化这个方向；重要的不是在不同发展目标之间进行选择、排序、权衡，而是仅仅认准其中一个政治目标。在亨廷顿的“政治变迁理论”中，重要的不是现代而是国家，重要的不仅是经济社会因素更是政治因素，重要的不是方向而是出发点和过程，重要的不是某个目标而是必须兼顾多重目标并做出轻重权衡。对于任何国家而言，发展的目标都是多样的，不仅仅包括西方化所意指的自由民主，也包括发展中国家所必须追求实现的经济增长、公平平等、国家自主以及安全稳定。在亨廷顿看来，稳定和秩序对于任何政体而言都是最为重要的核心维度。因此，“政治变迁理论”强调现代性与现代化在供给稳定性上存在云泥之别，强调西方化并不是现代化的唯一目标，强调非西方社会应该建构适合自身的“美好社会”模式，强调政治体系的政治品质、政治质量的重要性。[2]归根结底，一个国家是否具备最为基本的政治制度和政治能力，决定了它是否在统治，有没有自主性，能否实现两个以上的发展目标，以及是走向政治秩序还是走向政治衰败。

概言之，亨廷顿把“作为制度的国家”视为政治世

---

〔1〕《导致变化的变化：现代化，发展和政治》，《比较现代化》，第79—80页。

〔2〕《发展的目标》，《现代化：理路与历史经验的再探讨》，第331—357页。

界万千变化中的不变。据此，亨廷顿的学术生涯可以分为两个阶段，前后各30年左右。在第一个阶段（1948—1976）中，亨廷顿的重心放在官僚制度、军政制度、政党制度所指向的国家的有效性上。在1949年写作完成的博士论文《孱弱的州际贸易委员会》中，亨廷顿处理的是政府监管机构在经济领域的专业性与自主性之间的关系。[1]流行的学术意见认为，监管机构的专业性越高，自主性越强。但是，亨廷顿通过梳理州际贸易委员会的发展史，并比较了它与交通委员会和海军委员会的专业性与自主性，得出了相反的结论，在美国的利益集团政治机制下，专业性越高，自主性反而越弱。在1957年的《军人与国家》中，亨廷顿反复追问一个自由主义社会如何提供军事安全，什么样的军政关系有利于维护国家安全，在比较了欧洲和美国军事专业化的不同道路之后，他主张职业化的军官群体是国家官僚体系的组成部分，军事制度是国家的政治制度，自由主义社会同样需要权威，服从文官控制的职业化军官群体和保守主义军队是维护国家安全的必要条件。[2]在1968年的《变化社会的

〔1〕亨廷顿的博士论文全文没有公开出版，但其中部分内容发表在下述文章中：Samuel P. Huntington, "The Marasmus of the ICC: The Commission, the Railroads, and the Public Interest," *The Yale Law Journal,* Vol. 61, No. 4 (Apr., 1952), pp. 467-509。

〔2〕《军人与国家：军政关系的理论与政治》，第17—52、71—86、148—173、199—239、356—402页。以及，欧树军：《美国军政关系的变与不变》，载《读书》2017年第7期。

政治秩序》中，他反复强调政党是唯一的现代政治制度，把传统政体的政治变化、军事专制政体的政治转型、通过革命的政治现代化以及阶层分化重组带来的不同改革战略的重心，都寄托在政党身上。[1]在政党对于现代政治的意义上，亨廷顿和韦伯的观点很接近，韦伯同样认为，政党是代议制下通过选举组织政治生活的不可或缺的关键要素。在1976年的《民主的危机》中，亨廷顿处理了民主制国家的统治能力问题。[2]总体而言，尽管亨廷顿并没有直接提出“国家能力”和“国家自主性”等“回归国家研究范式”的核心概念，但他所讨论的统治水平、政治能力、政治制度化等“现代”国家问题已经充分关照了这两大理论支点。

如果说官僚制度、政党制度、军政制度所指向的国家的有效性，正是亨廷顿学术生涯第一个阶段的思考重心，那么，亨廷顿第二个阶段（1977—2007）的主要精力无疑是放在国家的正当性上，他1981年的《美国政治：失衡的承诺》（以下简称《美国政治》）、[3]1991年的《第三波：20世纪后期民主化浪潮》（以下简称《第三

---

〔1〕《变动社会的政治秩序》，第85—100、334—371、428—496页。

〔2〕［法］米歇尔·克罗齐、［日］绵贯让治、［美］塞缪尔·亨廷顿著：《民主的危机》，马殿军等译，求实出版社，1989。

〔3〕［美］塞缪尔·亨廷顿：《失衡的承诺》，周端译，东方出版社，2005；《美国政治：激荡于理想与现实之间》，先萌奇、景伟明译，新华出版社，2017。

波》)、[1]1996年的《文明的冲突与世界秩序的重建》[2]和2004年的《我们是谁：美国国家特性面临的挑战》(以下简称《我们是谁》)[3]都把重心放在政治共同体的共识性、共同性和正当性以及不同国家之间的相关竞争之上。他认为，共同性对于一个政治共同体而言极为重要，在第二次世界大战后民主化运动风起云涌的美国政治中，新教伦理支撑的"美国信念"根深蒂固，年青一代人质疑的是老一代人的统治能力而非体制的正当性；在最后四分之一个20世纪的转型政治中，转型初期，程序的正当性大于绩效的正当性，转型中后期，绩效的正当性决定程序和体制的正当性；在后冷战时代的世界政治中，世界上的几大主要文明及其核心国家都在追问"我们是谁"，都以自身政治共同体的共同性为标准划分他我、敌友，文明的差异可能引发文明的冲突；在21世纪初美国国内的文明冲突中，美国国族认同的正当性危机源于1965年开始的文化民主主义和文化多元主义所导致的"去美国化"，在国家存亡的危急时刻重塑正当性，需要充分重视美国的"英国性"，因为美国的所有政治制度都

〔1〕［美］塞缪尔·亨廷顿：《第三波：20世纪后期民主化浪潮》，刘军宁译，上海三联书店，1998。

〔2〕［美］塞缪尔·亨廷顿：《文明的冲突与世界秩序的重建》，周琪等译，新华出版社，1998。

〔3〕［美］塞缪尔·亨廷顿：《我们是谁：美国国家特性面临的挑战》，程克雄译，新华出版社，2005。

可以从英国新教革命时期找到根源。

贯通亨廷顿前后两个30年的，正是国家的正当性与有效性之间的辩证关系。统治水平低、统治能力弱等国家的有效性及其引发的正当性问题，不仅是第二次世界大战后第一个20年新生发展中国家的普遍问题，也是西方民主制国家自20世纪70年代初起就同样遭遇的重大困境，更是第三波转型国家普遍面临的转型困境、情境困境和系统困境。转型困境主要是指如何处理转型前业已存在的文官群体和军官群体。对于前者，亨廷顿之所以建议采取消极的无为原则——“不起诉，不惩罚，不宽恕，不遗忘”——是因为在他看来，官僚体系恰恰是国家的共同性和正当性的根基所在。对于后者，他的主张是其1957年的《军人与国家》和《变动社会的政治秩序》第四章核心主张的自然延伸，区别只是《军人与国家》发掘的是文官控制军官的理性化模式，而《变动社会的政治秩序》和《第三波》则描述了这个理性化模式的反面，这个反面，就是很多发展中国家普遍存在的军人干政困境。情境困境考验的是一个国家在经济社会领域中的发展能力、转型能力和干预能力。系统困境如果长期得不到解决就会导致人们对“政府的形”失去信心，无论民主制还是所谓威权制，都将因为统治能力的孱弱而失去正当性。

也正是因为秉持国家的正当性与有效性之间关系的辩证观，亨廷顿的政治变迁理论才可以解释现代化理论和政治发展理论所提出的“现代”国家范式无法解释的一个悖论。这个悖论就是美国究竟是一个“新社会，旧国家”，还是一个“旧社会，新国家”。[1]亨廷顿似乎单枪匹马挑战了联邦党人、托克维尔和“美国世纪”的政治学界以及外交决策者所坚持的文化与政治上的“新政治科学”“民主世界主义美国论”和“美国例外论”。联邦党人的“新政治科学”认为，美国意味着人类社会实现了从小国寡民的古典共和向广土众民的现代共和的转变，美国因此是一个新国家，一个全新的现代国家。托克维尔则认为，美国没有经历欧洲式的社会革命，却享受了社会革命的政治成果，美国新大陆与欧洲旧大陆之间的最大差异在于，以身份平等为前提的民主制与以等级制为前提的贵族制之间的分野，美国代表着“民主”这一不可逆转的世界潮流。“美国例外论”则认为，美国是理性化的现代国家楷模，美国的政治制度、政治能力和政府形式以及正当性和有效性都是非现代国家学习的典范，这一点与美国人作为“上帝选民”、美国作为“世界帝国”的政治神学相互证成。按照亨廷顿的思路，这三种看法都意味着美国和美国人把自身的独特性当作普遍性，从而把希望其他国家变得和自己一样之类的政治条件作为美国对外政策的主轴。亨廷顿对这几种不同样态的“美国例外论”进行了釜底抽薪式的反驳：美国并不

〔1〕《变动社会的政治秩序》，第101—152页。

是一个“新国家”，也不是一个现代国家，它既不是一个欧洲式的民族国家，也不是一个理性化的现代国家，美国事实上、实质上是一个“新社会，旧国家”。

亨廷顿这个“新社会”的提法受到了托克维尔的影响，但是，二者的“新”又相当不同。在《变动社会的政治秩序》中，亨廷顿直接借用了托克维尔的说法，即美国是一个身份平等的“新社会”，但并没有深入探究这个“新社会”除了政治之外还有没有其他根源。在《美国政治》中，亨廷顿完成了这个工作。“旧国家”是相对于欧洲大陆国家而言的，即美国并不具备欧洲近代民族国家的“国家性”，美国的所有政治制度都有孤悬于欧洲大陆之外的英国的新教革命时代的根源，“美国信念”的诸政治原则都根源于英国新教革命，新教革命虽然没有在英国本土取得成功，却在英国的美洲殖民地开花结果，所谓“新社会”实质上是新教社会，这是亨廷顿与托克维尔的差异所在。同时，各殖民地继承的是英国中世纪晚期的“都铎政体”，美国在诞生时就已经有了一个政府、一个政治秩序，英帝国对它们来说已经是一个巨大的权力和权威，因此，美国人所擅长的不是创建一种拥有极大权力和权威的政治体系，而是限制权威和分割权力；也正因此，美国是一个“旧国家”而非“新国家”，美国的政治架构不是“现代”的，而是传统的。

可以看出，亨廷顿之所以强调“政府的度”而非“政府的形”的重要性，恰恰是意识到美国政府形式中根深蒂固的传统性、保守性和反现代性。从美国建国到1968年，这一点基本上始终没有发生重大的变化。在1968年《变动社会的政治秩序》出版至今的五十余年中，这一点也没有什么实质的改变。如果用新与旧来区分现代和传统，美国显然不是一个现代国家，但它却又拥有现代的政治制度，亨廷顿认为，美国是政党制度这个“唯一的”现代政治制度真正的发源地。

对亨廷顿而言，只有揭示“现代”国家本身的“非现代性”，才能超越现代与传统的二分法，形成新的理论视野。他之所以提出不同于现代化理论和政治发展理论的“政治变迁理论”，就是为了剥去笼罩在国家身上的现代外衣，让国家摆脱被经济社会因素左右的消极状态，获得自主性，凸显国家在政治世界中的重要性。进而，他认为必须区分政治变化的目标和方向，重视通往现代性的道路和过程。国家可能走岔道、走弯路、走错路，但这主要是因为不同国家的统治能力千差万别，这一差异超越了政治的、宗教的和文化的意识形态。亨廷顿的这一洞见不仅提升了政治变迁及其过程本身的重要性，更揭示了国家的政治制度、政治能力和统治水平对于政治生活治乱兴衰的现实与理论意义。

3

美国历史学者约瑟夫·斯特雷耶（Joseph R. Strayer）

认为，现代人已经无法想象一个没有国家的社会。[1]但在亨廷顿看来，美国之所以成为现代国家的例外，国家对现代人之所以重要，恰恰不是因为“现代”，而是因为“作为制度的国家”“作为诸政治制度集合体的国家”所蕴含的公共美德。亨廷顿认同托克维尔所指出的，“如果人想保持为文明人，或成为文明人，就必须随着人们境遇平等的增长，同步提高和改进共处一体的艺术”。但是，亨廷顿的重心是国家建构而非托克维尔的民主建构，他进一步指出，保持共同性的统治技艺，就是政治的制度化，也即“作为制度的国家”的现代化，如果参政的扩大速度大大超出共处一体的艺术，如果政治制度的发展落后于社会经济的变化，就会产生不稳定。

对亨廷顿来说，国家的发展意味着政治的制度化，制度化的水平表现在组织和程序的适应性、复杂性、自主性和内聚性，适应性越强、越复杂，自主性越高，凝聚力越强，制度化的水平就越高，国家的现代化水平也就越高。[2]但是，“作为制度的国家”的重要性并不仅仅是因为与权力结构关联的有效性，更是因为与伦理道义关联的正当性；不仅仅是因为“力”与“利”，更是因为“信”与“义”。如果没有强有力的政治制度，一个社

---

〔1〕［美］约瑟夫·R.斯特雷耶：《现代国家的起源》，华佳等译，格致出版社 上海人民出版社，2011，第59页。

〔2〕《变动社会的政治秩序》，第13—26页。

会就没有能力约束恣意纵横的个人欲望，就没有界定和实现共同利益的手段，其政治生活就会成为不同社会力量无情竞争的霍布斯世界。在他看来，伦理道义需要信任，信任涉及可预期性，可预期性需要规则化和制度化的行为模式，创建政治制度的能力也就是创造公共利益的能力。进而，制度化水平低的政府不仅无能而且腐败。亨廷顿指出，这是因为政府最重要的职能就是统而治之，无能且没有权威的政府是不道德的，正如枉法的法官、怯懦的军人和无知的教师那样不道德。政治制度的道德基础植根于人在复杂社会中的需求。因此，他认为总统或中央委员会都是一种职位，都是一种能够赋予公共利益以实质的政治制度，都是独立于社会力量的权威。有没有这样的政治制度，是政治成熟与政治不成熟的区别，是伦理共同体与非伦理共同体之间的区别。[1]在这里，亨廷顿改造了潘恩的政治观念，把政府从必要的恶转变成为必要的善，从而和联邦党人保持了某种思想上的联系。

亨廷顿认为，发展中国家普遍缺乏权威的状况让共产主义运动取得了成功，因为共产主义政府有能力实行统治，提供有效的权威和意识形态的正当性，党的组织提供了制度性的组织机构，可以动员群众支持和执行政策，共产党人为正在进行现代化、饱受社会冲突和暴力

〔1〕《变动社会的政治秩序》，第26—35页。

折磨的国家带来了建立政治秩序的信心。[1]因此，亨廷顿主张，一个好的政治体系应该具有好的政治品质，不同的政治制度各自蕴含着内在的价值追求。民主及其所蕴含的自由当然是人类社会的公共美德，但这仅仅是现代人更加偏爱的一种公共美德而已。换言之，不仅民主是个好东西，秩序也是个好东西，而具备基本的政治制度、有统治能力的国家正是连接民主与秩序两种价值目标的关键。没有政治制度和政治能力，人类社会无法变得更美好。正如亨廷顿在1987年就任美国政治学会主席的主旨演讲中所说的那样，[2]政治学是饱含"信念激情"的进步运动时代的产物，政治学和政治学者事实上都试图追求实现某种美好的价值目标，而非绝对的价值中立。

对亨廷顿来说，"政府的度"或曰统治水平既包括统治的有效性，也包括统治的正当性，进而也可以说亨廷顿的国家理论包含民主理论。在亨廷顿这里，通常意义上的"政体"并不那么重要，"现代"与否也不那么重要，重要的是彼此之间存在辩证关系的国家的有效性与正当性。就此而言，亨廷顿的国家思考和韦伯的国家思考比较接近。韦伯没有提出系统的国家理论，但他对国家的定义深刻影响了其后的国家理论，韦伯把政治视为"对

〔1〕《变动社会的政治秩序》，第8—9页。

〔2〕Samuel P. Huntington, "One Soul at a Time: Political Science and Political Reform," *American Political Science Review* 82.1 (1988), pp. 3-10.

国家的领导和对这种领导所施加的影响”，他把现代国家的起源视为一个有效性问题，即对特定领土之上的人口通过垄断合法暴力的使用权所进行的支配，这是在霍布斯的利维坦式国家观基础上强调国家的中立性。不过，这也必然需要超越契约论的服从理论，韦伯因此马上处理了支配的正当性问题，即“被支配者在什么情况下服从、为什么服从以及这种支配依据什么样的内在道理和外在手段”。正是基于这一考虑，韦伯提出了支配正当性的三种心理学依据或曰理想型：传统型、超凡魅力型和法理型。〔3〕当然，韦伯所说的支配正当性也与有效性密切关联而非截然二分，有效性与正当性的关系事实上是复杂的、动态的。

韦伯的国家视角着眼于国家的实际构成，在这个意义上，亨廷顿的确可以说是一个“新韦伯主义者”。韦伯的国家概念是对霍布斯国家理论的再次抽象，即把暴力和对暴力的恐惧转化为对正当权威的服从，而亨廷顿则进一步将合法暴力的垄断转化为军官群体受文官群体有效控制的军政关系，他不再把暴力和对暴力的服从视为现代国家唯一重要的起点，而是把国家的制度构成问题复杂化了。亨廷顿认为，正是在追求建构国家的九种重要制度上，不同政体的国家具有很大的共性，西方国家

---

〔3〕［德］马克斯·韦伯：《政治作为一种志业》，载《韦伯作品集1：学术与政治》，钱永祥等译，广西师范大学出版社，2004，第195—201页。

内部的制度共性远远大于非西方国家之间的制度差异，西方国家的政治现代性也比非西方国家更为显著。因此，亨廷顿和社会学者迈克尔·曼都可以说是典型的“制度主义国家论者”，他们都把国家视为多种基本政治制度的集合体，[1]都在马克斯·韦伯的基础上扩大了“现代”国家的有效性、正当性、多样性和包容性。

“现代”国家理论通常认为，在现代国家的兴起时期，国家建设包含民主建设；在第二次世界大战以来的第一个30年中，国家建设与民主建设互相扶持；而在此后的50年中，民主建设开始和国家建设分道扬镳，这似乎是美国、苏联和第三世界国家的普遍政治趋势。随着冷战对峙格局的结束，民主建设压倒国家建设。在这个意义上，亨廷顿的“现代”国家理论是反主流的，他凸显了民主化过程中国家建设的重要性。

在亨廷顿的国家问题域中，民主建设与国家建设的关系是一条纵贯线。对于非西方国家来说，政治现代性也许是“无中生有”，对于西方国家来说，政治现代性则可能“得而复失”。只有在超越传统与现代二分法的国家理论视域中，才能理解这种“得而复失”，才能理解亨廷顿为什么用《美国政治》《我们是谁》和《文明的冲突与世界秩序的重建》这三本书处理信念政治、国家认同和

---

〔1〕迈克尔·曼：《社会权力的来源（第二卷）：阶级和民族国家的兴起（1760—1914）》，陈海宏等译，上海人民出版社，2015，第50—107页。

文明冲突问题。简言之，50年来，美国的国家认同之所以受到挑战，恰恰是因为美国谋求公民忠诚、建构共同性和正当性的统治能力在下降。如果说国家建设和民主建设都始终是进行时而非完成时的话，那么，1965年以来的“去美国化”进程实际上就是民主化运动对国家建构过程的冲击。

在亨廷顿的“政治变迁理论”之后，政治理论似乎并未形成新的范式。“回归国家研究范式”认为可以把国家视为核心的解释变量，把政治变化作为因变量，国家及其统治能力作为自变量，这可以说是亨廷顿“政治变迁理论”的拓展。“民主化范式”或者“转型范式”更多是在试图解释政治变化，某种意义上也可以被视为亨廷顿“政治变迁理论”的局部延伸。21世纪以来，民主质量研究逐渐促使人们关注国家的有效性问题，这似乎又回到了50年前亨廷顿“政治变迁理论”的开端。对其本人而言，除了一些被贴上“民主的马基雅维里”标签的论断以外，亨廷顿一直在审慎地思考民主建设和国家建设之间的关系。

纵贯而言，亨廷顿兼顾了加布里埃尔·阿尔蒙德（Gabriel A. Almond）所界定的“发展的政治经济学”的两个核心维度，即国家的发展和民主的发展，[1]并且从统

---

〔1〕［美］加布里埃尔·阿尔蒙德：《发展的政治经济》，载罗荣渠主编：《现代化：理路与历史经验的再探讨》，上海译文出版社，1993，第358—373页。

治水平、政治品质、政治制度、政治能力这些核心概念出发，把民主发展放到了国家发展的理论框架中。他把民主的目标界定为发展的目标之一，一个在人类追求的各种价值中十分重要的美德，但同时还存在许多其他公共美德，尤其是对于非西方国家而言，这些包括国家整合、民族独立、革命变迁、政府效能、社会渗透、军事实力、经济增长、公平平等、广泛民主、安全稳定、生态环保和国家自主等等。

亨廷顿的好友埃里克·诺德林格（Eric A. Nordlinger，1940—1994）[1]说，亨廷顿最喜欢的哲学家是埃德蒙·柏克。亨廷顿对“美德”政治内涵的论述表明，他并没有彻底与联邦党人和托克维尔决裂，而是事实上回到了他们的立场上，将现代政治理论与古典政治哲学紧密联系在一起，这也许正是其政治理论创造力的源泉。亨廷顿试图告诉我们，现代人之所以已经无法想象一个没有国家的社会，最根本的原因或许在于，只有蕴含古典政治德性的政治制度才是现代的政治制度，只有具备古典政治德性的国家才能称得上现代国家。在这个意义上，亨廷顿堪称第二次世界大战后现代政治世界的埃德

〔1〕美国政治学者，著有*Soldiers in Politics: Military Coups and Governments*, Prentice Hall, 1977，中译本：《军人与政治：亚、非、拉美国家的军事政变》，洪陆训译，时英出版社，2002; 以及 *On the Autonomy of the Democratic State*, Harvard University Press, 1982，中译本：《民主国家的自主性》，孙荣飞等译，江苏人民出版社，2010。

蒙·柏克。

4

现代政治学是世界时势巨变的产物，如果说“国家中心论”是英美霸权更迭之际的理论反映，那么，亨廷顿的“作为制度的国家理论”也可以说是英美霸权更迭之后，美国先是对西方世界后是对非西方世界的支配地位的理论反映。与对美国崛起为“新罗马”（共和国/帝国）的乐观主义不同的是，亨廷顿坚持从现实主义的保守主义出发，探究人类社会的统治技艺乃至统治艺术，他反思了西方化的政治现代化与政治发展理论，把探寻治乱兴衰的本源视为政治学的要义，构建了一套独特的、系统的、统一的政治理论。对他来说，国家就是不断变化的经济社会条件下不变的政治要素，国家的有效性和正当性是一个政治共同体治乱兴衰的关键所在，二者并非非此即彼、二元对立，而是彼此之间紧密关联、相互影响。因此，重要的不是国家是否“现代”，而是国家的实然构成。国家对于政治学和现实政治世界而言都不可或缺，正如政治学者西奥多·洛伊（Theodore J. Lowi）所说，[1] 国家始终在场，从未退场。

---

〔1〕 Theodore J. Lowi, “The Return to the State: Critiques, ” *American Political Science Review* 82.3 (1988), pp. 885-891.

只有在高度开放的“现代”国家问题域中，把握国家理论与民主理论、民主建设与国家建设、“国家的发展”与“民主的发展”之间关系及其模式的变化，才能把亨廷顿政治理论的不同支点连成一线，并成为其政治思想的一条纵贯线。正是因为其思想的包容性和开放性，因为他始终坚持在变化中探寻不变，因为他在“美国世纪的政治学”的关键领域所扮演的扳道工角色，在经历了冷战终结与“转型范式”的乐观主义高潮之后，人们才开始重新认识到亨廷顿政治理论的深刻性。

重新描绘亨廷顿的政治思想图景，告别碎片化的理解，找到亨廷顿不同思想的接缝，拼出其不同理论的全景，才能真正理解亨廷顿及其所描绘的“美国政治”，所见证的“美国世纪”，所建言的“美国内外政策”，所展望的“美国与世界”，进而才能深入思考“多文明社会”中的国家与世界关系及相应的重大问题，探究人类政治生活治乱兴衰的根源。当然不是为了停留在这个图景之上，向后看，终究还是为了向前看。“发现”美国政治发展中“隐身的国家”，既有助于人们回望过去，也有助于人们走向未来。

八　认同的荣枯

2008年，美国著名政治学者塞缪尔·亨廷顿（1927—2008）与世长辞。亨廷顿在政治上一生都是自由主义的民主党人，在思想上却是个不折不扣的保守主义者。他在美国耶鲁大学、芝加哥大学、哈佛大学接受政治学教育，在哈佛大学政治学系任教50余年，他的六部专著《军人与国家：军政关系的理论与政治》《变动社会的政治秩序》《美国政治：失衡的承诺》《第三波：20世纪后期民主化浪潮》《文明的冲突与世界秩序的重建》和《我们是谁：美国国家认同面临的挑战》（以下简称《我们是谁》）均耗时近十年潜心写就[1]，也都满怀忧患坦率

---

〔1〕亨廷顿的这些专著自1989年起译介到中国，依次为《变动社会的政治秩序》（1968）：上海译文出版社1989年版，上海三联书店1989年版，上海人民出版社2008年版；《第三波：20世纪后期民主化浪潮》（1991）：上海三联书店1998年版，中国人民大学出版社2013年版；《文明的冲突与世界秩序的重建》（1996）：新华出版社1998年版；《美国政治：（转下页）

直言美国政治、世界政治和“美国与世界”关系的要害，因此在美国乃至世界政治学界备受争议却影响巨大，是人们理解美国政治现实状况的理想窗口。十余年后，人们回首亨廷顿身后的动荡世界，仍能感受其思考的敏锐。他的“文明冲突论”比其学生福山的“历史终结论”更能解释冷战结束之后，尤其是21世纪以来的世界格局变迁，因为只有理解文明之间可能发生的冲突，才能避免冲突实现共存。他对“我们是谁”的追问告诉人们，“文明冲突战”已经率先在美国国内打响。美国政府的所作所为正是在回应这个挑战，美国政府的内外政策更像是受到《我们是谁》的启发。

国家认同的荣枯关乎国运。亨廷顿在生前最后一部著作《我们是谁》中坦言，文明冲突演化成为美国的文化内战，激化了21世纪初美国的国家认同危机。美国自由主义者认为这是危言耸听：因为随着经济全球化、通信交通改善、人口流动性扩大、民主制在全球的扩展以及作为可行的政治、经济和社会制度的苏联共产主义解体，各国人民广泛交流，世界变成了一个地球村，美国成为唯一的超级大国，9·11事件也让美国人同仇敌忾，美国的国家认同并无危机可言。亨廷顿反驳道，这是因

（接上页）失衡的承诺》（1981）：东方出版社2005年版，新华出版社2017年版；《我们是谁：美国国家特性面临的挑战》（2004）：新华出版社2005年版；《军人与国家：军政关系的理论与政治》（1957）：台湾时英出版社2006年繁体版，中国政法大学出版社2017年版。

为自由主义者没有看到下述残酷的现实：现代化、城市化、全球化、经济发展、跨国身份、世界公民的兴起没有带来交流，反而将人们推向封闭，人们的身份认同越来越建立在语言、种族、宗教、文化的本土性上，不少国家的意识形态重新宗教化，西方世界的国家认同出现伊斯兰化的趋势，很多原本固若金汤的现代国家遭遇分离主义的挑战，经济全球化与认同本土化从一开始就是同时并存的，国家认同危机已经变成全球性的认同危机。[1]美国也无法置身事外。

1

亨廷顿坦言，美国国家认同危机由来已久并且已经迫在眉睫。这是因为，在美国历史上，国家意识和民族意识都是克服了各种艰难险阻才建构出来的，既要克服州县市镇的地域性身份认同，也要克服白人、黑人、西班牙裔、亚裔之类种族性的身份认同，还要克服围绕性别、堕胎、同性恋等问题形成的文化性的身份认同，这些地域认同、种族认同、文化认同都曾经高于国家认同。国家认同是建构出来的，在不同环境时强时弱、或重或

〔1〕［美］塞缪尔·亨廷顿：《我们是谁：美国国家特性面临的挑战》，程克雄译，新华出版社，2005，第10—15页。中文版副标题译为“美国国家特性面临的挑战”，笔者认为译成“美国国家认同面临的挑战”更为妥帖。

轻，需要经常维护，既要把握变化又要把握其不变，尤其是在变化中把握不变。

美国的国家认同建构与战争直接相关。1776年建国后的百余年里，美国没有国史，只有各邦和各州的地方史。1898年美国和西班牙之间的战争推动了南北和解，美国才有了真正的国史，爱国主义才进入中小学教学大纲，国家认同才一路高歌直至在第二次世界大战助力下达到巅峰，美国成为西方世界民族主义最强盛的国家。但是好景不长，美国的国家认同盛极而衰，从1965年至2004年这四十年来一直在走下坡路。[1]美国之为美国、美国人之为美国人的独特性备受蚕食，美国的政治、法律和政策失去同化能力，国家认同被推入险境。

人无千日好，花无百日红。大国的兴衰，认同的荣枯，也有自然之道。当以意识形态为主要分界线的冷战结束之后，美国事实上无力承担帝国主义的重负，无法以单极力量维系全球影响力，必须正视国家认同危机并调整内外战略。如果不追问美国和美国人的独特性，不直面美国的国家认同面临的严峻挑战及其因应之道，一旦美国面临比9·11事件更大的内外挑战，就很难避免类似斯巴达崩溃、罗马帝国灭亡、英殖民帝国瓦解、苏联解体、不列颠联合王国衰败的悲剧命运。

---

〔1〕《我们是谁》，第90—115页。

《我们是谁》所探究的正是美国国家认同危机的根源。美国人之为美国人的独特性，究竟是人种、民族、宗教、意识形态、价值观念、道义伦理、文化，还是财富、强力、政治？美国人对美国有没有超出人种、民族和宗教认同的国家认同？美国之为美国的独特性，究竟是多文化、双文化、单文化、镶嵌画，还是大熔炉？究竟是普世国家、欧洲国家、独特文明，亦还是社会契约所缔结的政治共同体？亨廷顿的这些追问告诉人们，美国是美国人的共同体，共同体的首要特征是共同性，共同性是靠区分自身与他者的独特性建立的，和平状态下要区分“他我”，非和平状态下要区分“敌我”。

那么，美国的独特性究竟是什么呢？美国自由主义者认为美国的独特性是“美国信念”，由一套抽象的政治原则或政治价值目标组成，包括自由、平等、个人主义、法治、权力制约、有限政府等等，“美国信念”让美国成为普世国家，让美国政体成为值得各国仿效的世界政体。亨廷顿代表美国保守主义者与之针锋相对，〔1〕很不幸，美国信念并不是美国人的独特性所在，因为这些抽象的政治原则同样适用于并且已经被其他国家所采纳。美国人也许曾经以“美国信念”立国，但这其实是个表象，美国的政治发展过程充满了阴暗面，第二次世界大战前美国一直是一个白人社会，第二次世界大战让美国成为一

〔1〕《我们是谁》，第41—50页。

个多种族社会。美国新教民族主义长期排斥印第安人、少数族裔和新移民，美国的种族主义也历史悠久，从消灭和驱逐印第安人、种族清洗到奴隶制、种族隔离、种族优越论、排华主义、限制移民，都违反“美国信念”，[1]美国并不是一贯坚持自由、民主、平等、公正的。

在亨廷顿看来，能够把美国历史从两百年拉长到四百年的，不是“美国信念”，而是盎格鲁-新教文化，[2]包括英语、基督教、宗教伦理、英国式的法治观念、统治者责任、个人权利观念以及反天主教的新教价值观，支撑“美国信念”的所有政治原则都有新教渊源。这是因为，北美殖民地和英国本土同文同种密不可分，1629—1640年新教革命虽在英国本土遭遇天主教复辟而失败，却在殖民地创造出了一个殖民者新社会，这个新社会在人种、民族和宗教上是高度同质化的盎格鲁-新教社会。1776年美国建国之际，300多万白人八成来自英国，新教徒占98%，黑人是奴隶，印第安人整体上被排除在外。

美国从一开始就是一个新教国家，不仅在文化上继承了英国新教，在政治上也继承了中世纪晚期都铎时代

〔1〕英国学者迈克尔·曼认为，种族清洗是西方文明现代性的内在产物，是民主的阴暗面。白人对美洲大陆的殖民清洗，参见［英］迈克尔·曼：《民主的阴暗面：解释种族清洗》，严春松译，中央编译出版社，2015，第69—139页。

〔2〕《我们是谁》，第51—89页。

的英国体制。[1]亨廷顿在这里延续了其1981年《美国政治：失衡的承诺》中的判断：新教文化是美国的神经，都铎政体是美国的骨架。这个政治骨架的重中之重在于，立法、行政、司法三种权力在结构上分立，在职能上混合，结构分立是形式，职能混合是实质，美国政体是现代君主制、贵族制和民主制三种因素构成的混合政体。因此，美国总统事实上是选举的君主，是不戴王冠的国王，拥有和都铎时代英国国王一样，甚至更大的权力，内阁各部长只是总统的秘书，美国联邦政府用总统名字定义，特朗普政府就是Trump Administration，这是都铎时代的遗产。而英国已经放弃了都铎政体，英国君主变成了戴着王冠的虚职，英国政府已经改称UK Government了。

亨廷顿把美国的独特性放在盎格鲁-新教文化中，它既是贯穿美国历史的核心文化，也是美国所有政治体制和政治制度的源泉。美国所有政治场合都有浓厚的宗教氛围，政治宣誓手按《圣经》而不是《宪法》，新教在美国不是国教却胜似国教，华盛顿成了摩西，林肯成了基督，美国信念是不提上帝的新教，美国公民宗教是不提基督的基督教，美国的国家认同是新教爱国主义。[2]这让

---

〔1〕《我们是谁》，第51—53页；《变动社会的政治秩序》，第101—152页；《失衡的承诺》，第149—167页。

〔2〕《我们是谁》，第69—89页。

美国既是现代世界中政教分离最彻底的国家，又是政教合一最彻底的国家。

美国是个移民国家，新移民带给美国的最大挑战就是认同危机，双重乃至多重国籍、多重公民身份、全球化这些因素导致人们要在认同上做排序。转折点是1965年，移民与国籍法中废除了旨在同化移民的熔炉政策，由此形成方向完全不同的两个时代，美国陷入不断制造分歧、分裂的文化内战之中，其所面对的国家认同危机肇始于此。

2

美国学者小约瑟夫·尤金·迪昂（Eugene Joseph Dionne Jr.）为人们细致描绘了20世纪60年代以来的美国文化内战史。[1]作为“50后”一代，迪昂见证了美国的文化内战。他出生在一个共和党保守派家庭，以研究选

〔1〕Eugene Joseph Dionne Jr., *Why Americans Hate Politics, The Death of the Democratic Process*, Simon & Schuster, 2004. 中译本：[美] 小尤金·约瑟夫·迪昂：《为什么美国人恨政治》，赵晓力等译，上海人民出版社，2020。在这本成名作之后，迪昂又出版了一系列政治文化论著，包括乐观预言美国开始第二个进步时代的 *They Only Look Dead: Why Progressives Will Dominate the Next Political Era*, Simon & Schuster, 1996；描述美国共和党与民主党强弱转换趋势的 *Stand Up, Fight Back: Republican Toughs, Democratic Wimps, and the Politics of Revenge*, Simon & Schuster, 2004；以及揭示宗教观念与政治信念之间复杂关系的 *Souled Out: Reclaiming Faith and Politics After the Religious Right*, Princeton University Press, 2008。

举、民调、媒体和宗教为主业，但他的朋友圈却并不狭隘，超越了意识形态的左右之争，既有保守派也有自由派，既有社会主义者也有资本主义者，既有共和党也有民主党，迪昂充分尊重和重视他们的意见，政治评判颇为公允。

第二次世界大战后，美国选民的投票率一直在50%—60%徘徊，比欧洲落后很多，这让美国人很没面子，并为此提出了诸多解释。比如颇具阿Q精神的“睡狗理论”，这一理论认为，因为大部分美国人对政府已经很满意了，所以大家觉得投不投票都无所谓。[1]当然，更多的是忧虑，罗伯特·帕特南（Robert D. Putnam）就强调，这证明了美国共和主义的衰落，公民们越来越喜欢自娱自乐，公共生活退化，人们不想浪费时间和精力走去投票站。[2]美国新左派认为选举政治已经蜕变为金权政治，成了富人的游戏，这种游戏当然不招大众待见，所以应该超越选举，提倡一种积极的“参与式民主”。[3]更为现实的看法是：低投票率的原因在于贫富分化几十年来持续拉大，美国已经成了分歧严重的两个

---

〔1〕G. A. Almond and S. Verba, “The Civic Culture: Political Attitudes and Democracy in Five Nations,” Princeton University Press, 1963.

〔2〕Robert Putnam, “Bowling Alone: America’s Declining Social Capital,” *The Journal of Democracy* 6:1, pp.65-78. Robert Putnam, *Bowling Alone: The Collapse and Revival of American Community*, Simon & Schuster, 2000.

〔3〕Carole Pateman, *Participation and Democratic Theory*, Cambridge University Press, 1970.

世界，除了种族、肤色上的黑白分歧，还有社会阶级层面的贫富分化也在撕裂着美国。[1]这是因为，从20世纪60年代文化内战开始，美国政治就患上了严重的意识形态病，民主党、共和党两大政党都成了中产阶级上层利益的传声筒，[2]他们在选举过程中制造大量意识形态化的虚假政治选择，将美国政治变得非常两极化。一旦负面竞选成为常态，社会大众对政府的信心每况愈下，普通选民越来越不信任选举能真正解决问题，对政治的疏离感也就愈加强烈，宁愿只做两极化政治的看客。民主过程在美国已经名存实亡，这才是美国人憎恨政治的原因所在。

美国患上的这种两极化意识形态病，一言以蔽之，就是美国的自由派与保守派都太热衷于把经济、社会、政治议题转化成意识形态化的价值议题，把选举政治变成不着调的、文化与道德立场的两极化选择。竞选广告也随之越来越玩世不恭，而这根本无助于解决实际政治问题，沉默的核心选民变成了不耐烦的多数，越来越愤世嫉俗。美国政治走向两极化，这个论断看上去也许颇具争议，但却并非危言耸听，它建立在对“文化价值议

---

〔1〕Nolan McCarty, Keith T. Poole, and Howard Rosenthal, *Polarized America: The Dance of Ideology and Unequal Riches*, MIT Press, 2006.

〔2〕迪昂认为，中产阶级上层只关心对他们意义重大的政治议题，特别是国民经济的表现，经济利益的分配，以及最基本的政府机构如学校、交通部门、刑事司法体系的效能。

题的泛政治化、社会经济议题的意识形态化和政治议题的两极化”的条分缕析之上。

文化价值议题的泛政治化至为鲜明。20世纪60年代的文化内战开启了美国政治的两极化时代。左派怀念那个年代“造反有理”的大无畏精神，后来消费时代的“自私文化”与之相形见绌，等而下之；右派则痛斥那只是个礼崩乐坏的年代，抛弃了维多利亚时代的温良恭俭让，更没有以后以“企业家精神”为代表的健康气质。严格来说，这个时期的保守主义者还完全不是自由主义者的对手。这主要是因为人们对大萧条的恐惧让新政自由主义成为在美国具有支配性的意识形态，并且绵延不绝了60年。反映在政治上就是1930—1993年间，第72届至第103届国会一直是民主党把持国会众议院（只有第80、83两届例外）与参议院（只有第72、80、83、97—99六届例外）。强大的联邦政府与强大的总统权力先是作为自由的象征，[1]后又作为权利的成本，为美国人不言自明的政治心理基底。

20世纪60年代，向自由主义发出猛烈炮火的不是保守主义，而是新左派。“伟大社会”计划被斥为“大烤肉架”，尊重他人的宽容成了“压迫的宽容”，自由主义成了“公司自由主义”，战后繁荣是靠“军事经

〔1〕富兰克林用它来应对经济危机和世界大战，肯尼迪用它来建筑对抗共产主义的冷战铁幕。

济”维持高就业率，自由主义的凯恩斯主义成了“军事凯恩斯主义”，美利坚合众国成为“自由世界的帝国”，背负着维护帝国主义的沉重负担。在反越战大旗下，美国的文化内战开始打响，至今仍然看不到止境。新左派与反文化运动团结起来，提出了新的政治口号：“个人的即政治的”，催生了女权主义运动。更多社会群体加入进来，“自由放任”成了时代主题：瘾君子要求废除禁毒法，同性恋者要求废除禁止鸡奸法，女权主义者要求废除禁止堕胎法，黑人要求废除种族隔离法，有人反对文学音乐作品的事前审查，还有人希望所谓“专制国家”解除移民限制、废除酷刑、释放异议分子。[1]结果，美国成了一个对各种意识形态都过于敏感的国家。

新保守主义者站出来，反对“意识形态先行”对制定有效公共政策的严重干扰，标志性事件有两个：一是1965年《公共利益》的创刊；一是威廉·克里斯托弗成为里根与布什政府保守主义事业的忠实代言人。前者将一盘散沙的焦虑保守主义者聚合起来，后者将中西部的保守主义者与东海岸的知识分子统合起来。新保守主义者强调德性、权威、法律、秩序、家庭、工作以及个体自律，而且精确地把自己的票源定位在低收入白人身上。这就要了自由主义者的命，因为后者把自己

〔1〕《为什么美国人恨政治》，第48页。

定位为劳工、黑人、同性恋和政府雇员等特殊利益的代表。在新保守主义者发起的两极化文化战争面前，自由主义者仓促应战，节节败退。医保、社保、扶贫和平权运动，原本是自由主义者的优良政治遗产，但自由主义者却没有把它们跟大多数美国人的价值共识融合起来，就业、家庭稳定、严惩犯罪、尊重传统的地方关系和邻里关系，这些都在文化内战中被保守主义者抢了去，成了对手吸引独立派、深耕多数派的战略武器。在攻守进退之中，这些文化价值被两党设定成非此即彼的政治选择，而政治、社会、经济议题都被转化成为文化价值议题。

其次是经济社会议题的意识形态化。人们可能很难想象，犯罪率、禁毒、宗教、同性恋、家庭、堕胎、贫困、赤字、通胀、就业，这些属于专业化、职业化领域的社会经济议题在美国都成了你死我活的两极化政治斗争场域。这仍是拜两党与两种意识形态所赐。“放纵”与“自私”，“进步”与“落后”，“进化”与“渎神”，“正常”与“异常”，“传统家庭”与“现代家庭”，“宽容”与“慷慨”，诸如此类的二元意识形态符号划定了文化内战的政治分界线。以家庭议题为例，保守主义者在这个斗争场域轻松击败了自由主义者。一方面，“他们认同‘普通家庭’，反对女权主义，将女权主义者描绘成上层精英，塑造自身的平民形象”。另一方面，“将家庭视为抵御残酷的资本主义市场的缓冲机制，淡化了自己原来支持粗鲁的个人主义的不利形象”。[1]但是，自由主义者仍然纠缠在“进步”与“反动”，“开放”与“顽固”的辞藻中。最离奇的是，穷人被视为需要区别对待的“特殊利益”，富人却不是，这种虚假的政治选择势必要沉重的代价：“一旦家庭、工作等社会价值成为政治辩论一方的专有领域，另一方就犯了大错。原本提倡种族和谐的一方，却为鼓动种族分裂创造了条件，那就表明它的方案走了样。选民们依靠政府有了工作，上了大学，买了房子，做起生意，得到了健康保障，最终体面地退休，却突然说‘政府就是问题所在’。”[2]在社会经济议题上，保守主义者看上去更贴心，他们准确地进行着自我定位：“所谓社会保守主义者，就是有一个女儿正在上高中的自由主义者”；他们还从民主党手中攫取了胜利的砝码，抓住俄亥俄州代顿小镇上47岁家庭主妇的心，这些“既不穷，也不黑，更不年轻”的人，才是手握美国未来的真正多数。讽刺的是，这个多数却是自由主义者最先发现的。

最后是政治议题的虚假极化。在两党和两种意识形态的斗争中，政府与市场、政府规模、社会开支、减税政策、国防政策等政治议题，也都成了两极化政治的战场。自由主义者身上流淌着富兰克林·罗斯福的新政血

---

〔1〕《为什么美国人恨政治》，第118页。

〔2〕《为什么美国人恨政治》，第156页。

液，笃信监管干预之下的资本主义和福利国家政策必然需要有效的政府体系、严格的规章制度和庞大的社会开支，在自由主义者控制政府机构的五六十年代，这些主张最初的确占据了道德制高点。但是，20世纪60年代晚期，高涨的犯罪率和严重的社会骚乱让自由主义者陷入了困境，公共权威出现了危机，原来支持自己的选民瓦解了，政治实验失败了。新保守主义者乘虚而入，把“公共权威的危机”归因于国家主义与大政府，太多人对政府要求太多，后者已经不堪重负，必须在所有可能的地方“用市场取代政府”。共和党与保守主义者蛰伏了八年，为自己赢得了20年的政治先机。克林顿向富人增税的政策实现了自由主义的历史性转变，从赤字自由主义转变成为预算平衡的自由主义，于是，在人们心中自由主义不再是大手大脚只管花、不管挣的败家子，保守主义者从此无法再批评民主党代表大政府。但是，保守主义者也不是傻子，小布什敏锐地注意到了大众心态的历史性转移，提出了“有同情心的保守主义”，开始将“政府滚蛋，我们的任何问题都可以解决”视为有害的定势思维口诛笔伐，他领导的国会共和党人提出的联邦教育开支计划与克林顿1999年所提出的相差无几。

想想布什除了发动“反恐圣战”以外还做了什么，就不难明白这一点：通过《不让一个孩子掉队法》，还有比这更符合自由主义路线的吗？9·11后，共和党成功激起了公众对国家安全和社会安全的恐惧，并且成功控制了包括联邦最高法院、国会参议院在内的联邦政府，还有比这更大的政府吗？保守主义者变了，从权利法案的拥护者变成了反对者，从主张严格政教分离到鼓吹政教融合，从反对干涉外国事务的孤立主义者变成了坚定支持各种独裁者——只要他们宣布“反共”。这种转变最具代表性的表达出自共和党的代表人物戈德华特之口：“为了捍卫自由的极端主义就是善；我要你们记住，在追求正义的道路上，节制才是恶。”[1]而且，保守主义者找到了这种转变的思想源头，他们把共和党视为更重视国家利益的现代共和主义的先行者，包括主张强大的全国性政府和全国经济计划的建国者汉密尔顿，支持通过联邦大规模公共基础投资建构“美国体系”的亨利·克莱、亚伯拉罕·林肯和西奥多·罗斯福，这一切都是为了证明：“共和党才是支持联邦行动的政党，民主党只是在新政时期才开始致力于这一事业。民主党是后来者。”[2]

从文化价值议题的政治化开始，经过社会经济议题的意识形态化，回到政治议题的虚假极化，在两党、两种意识形态完成一次政治循环的同时，美国最终形成了一种两极化的政治。1988年大选是个转折点，半数选

〔1〕《为什么美国人恨政治》，第201页。

〔2〕《为什么美国人恨政治》，第210—211页。

民没有投票，创造了1924年以来的最低投票率。美国人真正关心的问题都没有获得讨论。布什政府上台后的开局政策既抛弃了共和党在税收议题上的优势，又把自己打扮成富人的亲近者。而民主党也似乎染上一根筋的恶疾，一门心思寄望于加税，甚至都不仔细考虑究竟要加谁的税。在两极化政治下，美国的保守主义者、自由主义者都蜕变了。保守主义者从公共政策专家蜕变为精明的意识形态操盘手，分裂为主张自由市场、反政府的自由放任主义者，并且痴迷于捍卫20世纪60年代备受攻击的传统主义者。自由主义者从专业的政治改革者蜕变为道德理想立场与政治实践能力严重脱节、不善于向对手学习、丧失自信的茫然无措者，他们围绕医保、社保、消灭贫困和争取平等权利所建立的核心政纲深得人心，但却不愿迁就多数美国人所信奉的就业、家庭稳定、严惩犯罪、传统地方和邻里关系等主流价值，成了少数群体特殊利益的代理人。自由主义者充满了挫败感和迷茫感。他们看到了自己必然会在民权问题上损失选票，林登·约翰逊在签署1964年民权法几小时后，就告诉新闻秘书比尔·莫耶斯："我想我们将在很长一段时间内把南方交给共和党。"[1]但是，他们不知道国家应该促进哪些价值理念，不确定哪种家庭值得鼓励，不敢支持工作福利制，担心法律与秩序是一种隐蔽的种族主

---

〔1〕《为什么美国人恨政治》，第83页。

义，担心社区价值和种族隔离分子常挂在嘴边的“州权”是一回事。他们更没能从新左派那里学习超越选举扩大参与，也没能像保守主义者那样坚持民主体制取决于自律自制公民的存在与否。[1]也许，他们真的不知道自己错误地相信了上层阶级的良知，误解了大多数低收入白人的抱怨。

政治两极化让自由主义者与保守主义者无法调和，无法达成一致：保守派说个体不担负责任、不过家庭生活、性放纵、不积极工作是罪恶之源，自由派则说对人不宽容、对穷人不慷慨、对少数群体思想狭隘才是万恶之本；保守派说个体变成好人才能有好社会，自由派却说先有好社会才能产生好人；保守派想禁止堕胎，自由派只想禁止种族歧视；保守派希望母亲回家再造传统家庭，自由派主张给职业母亲更多支持才能改善家庭；保守派说犯罪在衰败的市中心社区滋生着贫困，自由派说衰败贫困的市中心社区催生着犯罪。党争过度放大了象征性的意识形态议题，但在选举过程中至关重要的却是金钱。

美国政治之所以两极化，是因为两党、两种意识形态都误解了作为一个整体的美国人：他们既不喜欢“放纵”，也不喜欢“自私”；既不喜欢政府过分干预个人决定，也不喜欢沉重的税收；既不喜欢女性回到传统角色

---

〔1〕《为什么美国人恨政治》，第74—75页。

中去，也不喜欢太多孩子在托儿所长大。他们既希望政府照顾每个公民，又相信成功要靠自己打拼；他们既认同贫富分化太过严重，又同意美国的强大主要源于商业的成功；既认同权力向大公司过度集中，又认为政府常常效率低下、浪费成风。也就是说，“公意”是个矛盾的复合体，它融合了各种意识形态，过度简单的两极化站队思维无法准确反映民意的复杂性。[1]政治两极化最严重的政治后果，就是产生了不耐烦的多数，他们的复杂情绪、态度、情感、意见没有得到表达，两党、两种意识形态都走向过于狭隘的意识形态政治和专家政治，都没有真正吸纳不同的公民意见，都放弃了代表“公民利益”的政治责任。大多数美国人真正关心的问题都没有得到解决。两极化政治，伤害的是民众的真正利益和国家的整体利益：[2]

> 当美国人为宗教右派斗得不亦乐乎时，日本和德国的实业家已经占据了美国市场的巨大份额。当左派与右派争论种族配额时，所有美国人的实际工资却原地打转。当迈克尔·杜卡基斯和乔治·布什讨论威利·霍顿和《效忠誓言》时，储蓄和贷款业正大步流星地走向崩溃。当政客们在死刑问题上对骂时，正有

〔1〕《为什么美国人恨政治》，第369—371页。
〔2〕《为什么美国人恨政治》，第377页。

越来越多的孩子出生在城市下层，他们生活机会惨淡，更有可能成为被害人或者加害人。当保守派和自由派争吵政府和私人企业谁才是效率的源泉时，美国的医保体系已经变成了一个公共与私人支出的大杂烩，消耗了国民生产总值前所未有的巨大份额。

亨廷顿主张回到美国的文化与历史记忆中思考美国文化内战的前因后果。在1965年之前，美国化之所以成功，是因为美国有能力通过熔炉政策让移民美国化，塑造国家认同，是因为大家都接受新教文化，所有宗教都“新教化”了。盎格鲁-新教文化是美国信念的父亲，是美国和美国人最大的独特性和共同性所在。但是，1965年之后，在自由主义政治精英主导之下，美国移民国策走向“去美国化”“非美国化”乃至“反美国化”，反复解构美国和美国人的独特性与共同性，让美国的国家认同面临种族、语言和文化上的三大挑战。[1]

首先是种族主义对美国信念的挑战，对少数族裔的补偿行动、配额机制、特殊照顾变成了逆向种族主义，走向种族平等的反面。其次是双语趋势对英语主体地位的挑战。墨西哥裔群体要求把西班牙语列为第二语言，冲击英语的主体地位。很多白人不愿让子女跟墨西哥裔

〔1〕《我们是谁》，第114—212页。

同校，导致教育上的种族隔离在美国重现。精英与大众对此严重分裂，精英支持双语，大众并不支持。1980—2002年间，美国包括最自由主义的加利福尼亚州在内的四个州和三个城市进行了12次语言政策公民投票，只有一次是大众支持了精英。最后是多元主义对核心文明的挑战。多元主义本身不是西方文明固有的，它是少数族裔通过斗争争取来的。但是，多元文化对公立学校影响巨大，公立学校原本应该宣扬美国和美国人的国家与民族历史、意识和认同，现在却变成了黑人、亚裔、印第安人等少数族裔各自宣扬祖国的历史，美国史被逐出大中小学课堂，从主流变成了边缘。亨廷顿认为，这三大挑战直指欧洲文明、欧洲中心论和西方文明中心论，直指盎格鲁-撒克逊白人在美国的主体地位，它们改变了教育平等的内涵，导致同化不再意味着美国化，不是向美国主流语言文化靠拢，而是向母国语言文化靠拢。越来越多的新移民身在曹营心在汉，遍布西南各州的墨西哥裔尤其难以同化，西南各州可能变成“墨西哥的飞地”，变成“美国的魁北克”，国将不国的危险极大增加。

此外，美国的国家认同还面临三大内部威胁。[1]其一是美国商界、学界和各专业领域的国际化精英与以“达沃斯人”为代表的世界公民，他们信奉道德主义、经济帝国主义或普世主义的超国家观念，这些人不仅没有祖

[1]《我们是谁》，第213—242页。

国意识，还把民族与国家作为谋取私利的舞台，他们与美国和爱国的大众的利益背道而驰，是美国内部的敌人。其二是那些与母国政府存在更紧密联系的移民群体，它们想借助美国的力量来影响母国政府，促进祖国利益，而美国结构分立的权力体系、多元主义的氛围以及冷战后直至反恐时代的无共识状态正好给了他们可乘之机。其三是美国正在发生的社会趋势，白人的种族属性消失殆尽，人种之间的传统区别模糊减退，拉美裔人数激增、影响扩大，精英和大众在国家认同上的分歧扩大，这些趋势导致美国的国家认同出现新老代际断层，美国可能走向排外的白人本土文化保护主义，美国人彼此之间严重分裂，美国因此变得非常脆弱。

除了内部威胁，还有外部危机。亨廷顿认为，在冷战结束后，意识形态的重要性下降了，文化的重要性上升了，美国失去了赖以建立共同性维护国家认同的外部敌人，寻找新的敌人成为整个20世纪90年代美国对外战略思考的重心。[1]美国作家约翰·厄普代克的说法比亨廷顿更极端："没有冷战，身为一个美国人还有什么意义？"美国历史学者大卫·肯尼迪也说：如果一个国家没了敌人，它的存在再也不受威胁，没有外部力量激发自身活力，它的国家认同也会大打折扣。当然，除冷战以外，塑造现代美国和现代美国人的，还有大萧条、

---

〔1〕《我们是谁》，第214—255页。

罗斯福新政和第二次世界大战，这也是现代政治学兴起的大背景。没了冷战，就没了敌人，没了给自己定位的对立面，“我们是谁”就成了大问题。美国要找到一个理想的敌人才能重振核心文化和国家认同，理想的敌人既要在意识形态上与自己为敌，和美国并非同文同种，又要有足够强大、足以威胁美国的军事实力。按照这个标准，谁是美国的敌人？日本这个种族敌人已经臣服，俄罗斯这个曾经的意识形态敌人已经没落，恐怖分子、贩毒集团、核扩散、网络恐怖主义、不对称战争、“无赖国家”和“邪恶轴心”这些敌人集团太过模糊，9·11事件让伊斯兰好战分子成为美国在21世纪的第一个敌人，但这些都不是有分量的竞争者、对手或敌人。

总之，围绕国家认同所面临的挑战与回应，围绕美国和美国人的独特性和共同性的解构与反解构斗争，将会成为21世纪美国政治的重要内容，将会左右美国的对外战略和内部政策，其结果取决于美国是否再次受到内外敌人的威胁。

3

亨廷顿将其生命的最后时光聚焦在美国能否重振国家认同上。冷战结束之后的美国社会已经发生巨大变化，精英和大众、精英白人和普通白人之间出现了认同分歧和代际断层，美国白人很可能在并不久远的未来不再是人口的多数，美国的世界地位也正在受到非西方世界的巨大挑战。亨廷顿因此主张，在美国国家认同生死存亡的关头，美国需要重新认识自身的核心文化，如果能够重新振兴盎格鲁－新教文化，重新同化新移民使之美国化，美国白人就可能以少胜多、以弱胜强，以人口的少数统治人口的多数，也有可能继续统治整个世界。

对亨廷顿来说，美国能否重振国家认同将决定美国在21世纪的命运，决定美国是走向只强调“美国信念”的意识形态却失去核心文化的多文化社会和松散的邦联，还是变成双种族、双语言、双文化的分裂美国，决定美国是走向白人至上的排他主义，还是重新振兴核心文化，在文化和宗教信仰中找回国家认同，并因为与不友好的外部世界对峙而充满活力。而美国与世界的关系也面临三种选择：一是让世界来定义美国的世界主义方案，让美国拥抱世界、向世界敞开，越多元化、国际化越美国。二是用帝国化的美国改造世界的帝国主义方案，美国霸权至上，美国价值观普适，其他国家的人民和文化必须接受美国标准的改造。三是让美国成为美国的民族主义方案，美国继续保持自身生活和文化的独特性，越坚持以盎格鲁－新教文化为中心，宗教信仰越虔诚，民族主义精神越强烈，越有别于其他国家就越美国。[1]亨廷顿出于

〔1〕《我们是谁》，第16—19、256—278、302—305页。

对美国前途命运的强烈忧虑把美国的独特性放在文化而非政治或种族上，在他看来，美国能否改变在身份认同的旗杆上美国国旗被下半旗的现状，能否转危为机，能否以少胜多，取决于政治家能否做出符合美国和美国人整体利益的合理选择。

但是，纵观亨廷顿身后的十年，在移民及其同化、多文化与多样性、种族关系与补偿行动、国家历史标准、英语地位、公立学校和公共部门的宗教、双语教育、大中小学教学大纲、校园祈祷、堕胎、公民身份与国籍、外国势力干预美国大选、美国法在境外的适用、移民群体在美国内外不断扩大的政治作用这些内忧外患上，美国自由主义者和保守主义者都存在重大分歧。

对于美国保守主义者而言，内忧外患都迫在眉睫。根据人口学家的推算，美国人口结构将于2050年出现白人与其他人种平分秋色的格局，而根据2020年美国人口普查的结果，这很可能提前在2035年前后就会变成现实。人口、种族上的平分秋色会不会演变成政治经济上的势均力敌，白人会不会变成美国的少数，对这个“亨廷顿拐点”的焦虑正从少数精英的危机意识变成美国多数大众的普遍担忧。这一社会心理变化让特朗普这个曾经的改革党、民主党代表共和党当选美国总统，让特朗普政府在中期选举前积聚了巨大的政治势能，共和党既掌握总统职位同时又赢得参众两院和最高法院多数，频频对美国自由主义的内外政策发起攻势。在内政上，特朗普政府拆解自由主义的多元主义政纲，反对非法移民，暂停收容非法移民的美国城市的联邦拨款，禁止难民和西亚北非七国国民入境，支持火星登陆计划，废止奥巴马政府的气候政策，打击奥巴马平价医保法，任命保守派大法官，支持死刑，支持传统婚姻，反对堕胎，反对枪支管制，反对除医用之外的大麻合法化，以及禁止变性人参军等。在外交上，特朗普政府放弃了自由主义让世界来定义美国的世界主义，奉行让美国成为美国的民族主义“美国优先”政策，先后退出跨太平洋伙伴关系协定、巴黎气候协定、联合国教科文组织、联合国人权理事会、伊朗核协议、万国邮政联盟、美俄中导条约，修改北美自贸协定，要求日韩提高乃至全额支付美国驻军费用，承认耶路撒冷为以色列首都，停止公布无人机致平民伤亡数字，对多个国家和地区加征钢铝关税或全面关税，取消土耳其和印度的关税普惠制待遇，以及为修建美墨边境墙和维持全球关键信息基础设施控制权颁布紧急状态令，等等。

当然，特朗普政府在内政和外交上的用力并不均衡。在美国中期选举后，民主党控制了众议院多数，共和党保持了参议院多数，特朗普政府放缓了内政步伐，加速了外交攻势。这是因为，尽管民主党通常对其政策多有杯葛，共和党内的建制派也时有掣肘，但是，美国政治除了台面上的两党制，还有实质上的两党制：“在朝党”

与“在野党”之争。[1]作为“在朝党”，特朗普政府手握巨大的公共财政资源支配权，享有整合共和党内建制派、弥合两党分歧、驾驭国会政治的制度化潜能，这种潜能在外交上比在内政上更容易转化成实力，历届美国总统因此经常使用“以外促内”策略，通过外事撬动内政。冷战结束后，美国的国家认同陷入困境积重难返，美国的国家利益模糊不清难以界定，外事在这个时候比内政更容易让两党达成共识，一致对外。

如果拉长历史的视野来看，当代美国的自由主义和保守主义都是在冷战中成长起来的，二者在冷战期间既一致对外又彼此斗争，在冷战结束后彻底分道扬镳，各奔东西。自由主义者相信历史已经终结，希望向全世界推销美国价值、美国体制，保守主义者居安思危，希望重振美国的核心文化和国家认同，特朗普政府代表后者走向美国主义、民族主义和“硬帝国主义”，拜登-哈里斯政府代表前者坚持多元主义、世界主义和“软帝国主义”。双方已经缠斗了五六十年，今后多半还会继续斗下去，能让双方“修我矛戈与子同仇”的，仍然是一个理想的敌人。只有一个理想的敌人，才能激发出刚健的民族主义。对美国保守主义者而言，美国是一个宗教国家，普世主义不是美国主义，民族主义也不是孤立主义，但

---

〔1〕《变动社会的政治秩序》，第464—465页。

爱国主义确为每个公民都应具备的美德。[1] 对于意欲理解美国政治的现实世界的人来说，美国借助这一点应对认同危机，谋求政治共识，重振核心文化，重塑国家认同的可能性，无疑值得认真对待。

---

〔1〕 Samuel P. Huntington, "Robust Nationalism," *The National Interest* 58 (1999): 31-40.

九　失衡的利维坦

在社会整合或者社会团结问题上，任何一个国家都必然遭遇代际裂痕，政治观念的代际裂痕必然影响政治行动、政治选择、制度抉择和政治决策，这种政治心理机制又会进一步影响国家政治的内部一致性。政治思想与政治制度之间的关系因此成为沟通政治哲学与政治科学的桥梁。在塞缪尔·亨廷顿的《美国政治：失衡的承诺》（下文简称《失衡的承诺》）中，美国在国家间竞争的丛林状态中变成了一个“失衡的利维坦”，这并不是一个新鲜事物，而是一个循环往复的政治现象，美国历史上的四次信念激情时代推动了周期性的政治重组，这是理解美国政治思想与政治制度之间关系乃至美国政治范式的关键。[1]

---

〔1〕 Samuel P. Huntington, *American Politics: The Promise of Disharmony*, Harvard University Press, 1981. 本书先后有两个中文译本：《失衡的承诺》，周端译，东方出版社，2005；《美国政治：激荡于理想与现实之间》，先萌奇、景伟明译，新华出版社，2017。

1

这个问题最早是在亨廷顿的博士论文答辩现场由答辩委员会的一位教授提出的，虽然与其论文并无直接关联，却引发了他的极大兴趣，成为其学术思考的一条主线。[1]在《失衡的承诺》第二章起首，亨廷顿交代了这一问题意识的第二个来源。在政治思想与政治制度这两个变量中，人们倾向于将重心放在解释美国政治制度的特殊性、典型性或普遍性上。通常认为，美国没有政治思想，是一个相对欧洲而言政治思想很贫乏、薄弱的国家，美国的政治思想往往来自欧洲，但是美国拥有丰富的政治制度和政治实践。亨廷顿对此的解释是，美国的政治理论和政治思想也许很薄弱，但政治理念对政治制度的影响却很深厚，远比欧洲更为强烈。[2]为了避免这个说法沦为过于轻巧的修辞，亨廷顿写了《失衡的承诺》来讨论并重构美国政治范式的整体理论。垂暮之年的亨廷顿在回顾自己的学术生涯时说，尽管这本书在他所有的学术著作中也许很不受人重视，但他本人却视为自己第二重要的书，它被大大低估了。[3]个中原因，大概是因为这本书非常符合亨廷顿作为一个现实主义的保守主义者的

---

〔1〕《失衡的承诺》，序言。

〔2〕《失衡的承诺》，第15页。

〔3〕Gerardo L. Munck and Richard Snyder, *Passion, Craft, and Method in Comparative Politics,* Johns Hopkins University Press, 2007, p. 220.

思想路径。[1]这个路径试图探究如何回应美国面对的思想困惑："我们如何理解我们自身"，美国人如何理解美国的政治实践，如何解释政治实践非常丰富而政治理论却异常匮乏这个悖论。亨廷顿的对话对象是对美国政治三种既定的整体解释：进步主义、共识主义、多元主义，它们都从社会结构的角度解释美国政治，各有长短，但都忽略了政治理念、理想主义、道德动机和信念激情对美国政治的影响，因此都无法准确描绘美国政治的全景。

政治思想塑造政治制度，不同的思想路径指向对美国政治全景结构的不同解释。除了上述三个规范性的根源之外，亨廷顿的问题意识还有一个经验层面的现实根源。在民主化运动时期，也就是第二次世界大战结束后的20多年（1945—1968）中，民权运动风起云涌，如何理解这个时代人们对政府权威的挑战？除了共产主义、社会主义意识形态的外在压力之外，美国所遭遇的不安、骚乱、动荡有没有内在的独特原因？究竟是美国的体制出了问题，还是别的方面出了问题？回答这些问题，需要首先从整体上理解美国政治范式的现实根源。

正是在这个意义上，亨廷顿1957年撰写的《作为一种意识形态的保守主义》堪称《失衡的承诺》的思想

〔1〕欧树军，《亨廷顿：一个现实主义的保守主义者》，《文化纵横》2019年6月号。

源头。[1] 亨廷顿的学术立场是典型的现实主义的保守主义，也即他本人所说的“情境式保守主义”（Positional Conservatism），那么亨廷顿所理解的保守主义有何独特之处，在他看来保守主义究竟应该保守什么？亨廷顿认为，保守主义实际上和自由主义、社会主义都不一样，最大的区别在于有没有自己的乌托邦。他把已知的所有保守主义划分为三类：贵族式的保守主义，自主式的保守主义和情境式的保守主义。这三种保守主义都接受保守主义作为一种政治意识形态的基本内涵，而后者已在埃德蒙·柏克那里获得系统而完整的阐述，柏克之后的所有保守主义思想家都只是在重复柏克的思想。它们所建构起来的正当性只是在自身与历史进程的关系上看法不同，这既是其共性也是差异所在。具体来说，贵族式保守主义指的是体现特定社会、特定阶级的利益，要么是王室的利益，要么是贵族的利益，要么是资产阶级的利益，抑或其他上层阶级的利益，或者确保欧洲各国的势力均衡体系的意识形态。自主式保守主义认为，每一个时代都有一个在思想意义上自成体系的保守主义理论。与前两者不同的是，情境式保守主义认为，保守主义只是对当下政治体制、秩序和价值观念所遭遇挑战的一种防御性回应，一种情境式的回应，是刺激与反应的产物。

---

〔1〕 Samuel P. Huntington, “Conservatism as an Ideology,” *American Political Science Review* 51, no. 2 (1957): 454-473.

因此，保守主义并不是超越任何历史阶段的，它所保守的只是当下政治体制和社会价值观念的正当性。所谓情境式的现实主义的保守主义的核心，就在于始终追问这样一个问题：保守主义保守的究竟是什么，就像自由主义实际上同样需要反思究竟是谁的自由，社会主义也要不断反思什么是好的社会一样。在亨廷顿看来，保守主义保守的实际上是当下，对于美国来说，作为一种意识形态的保守主义因此和自由主义建立了联系，在冷战背景下，保守主义所保守的政治体制和政治理想应该是什么，显然是自由主义，因为自由主义就是当下。这其实是一个非常有挑战性的判断，保守主义没有或者从不试图提出一个理想的乌托邦，保守主义也不认为存在一个理想的乌托邦，保守主义所保守的只是当下，无论这个当下是什么，贵族式的、资产阶级的抑或自由主义的，这些都只是需要保守的当下。

亨廷顿试图解释的正是美国当下的核心构件：美国信念，他借用并进一步阐发了路易斯·哈茨所发扬的这一概念，指出美国信念正是围绕自由主义而形成的一套政治原则，它是理解美国政治思想与政治制度间关系以及政治理想与政治现实之间巨大鸿沟的关键。美国的政治理想承诺了自由，美国人在现实中却始终面对巨大的经济、社会和政治上的各种不平等，自由主义的承诺并未实现，美国政体因此成为现代世界中典型的失衡政体，这也是亨廷顿《我们是谁》的基本判断。

“我们实践你们的原则”，[1]是《失衡的承诺》第一章第一节的标题，亨廷顿试图借此概括美国政治的代际裂痕。“我们”指的是年轻的新一代，“你们”则是指过去的老一代。对新一代来说，美国政治、美国宪法是由那些已经躺在坟墓里的老一代奠定的，既然如此，活着的人为什么遵从死去的人制定的宪法、建构的政治就成了一个问题，进而，就需要理解新一代对法律与秩序以及政府权威的挑战是否伤及美国政治的根基。

所谓“你们的原则”，是指美国的政治理论和政治信念是老一代确立的，体现在独立宣言和美国宪法等美国政治制度之中，来自欧洲的加尔文新教、霍布斯理论、洛克的自由主义等思想构成了美国信念的源头，美国信念就是一套自由主义的政治原则。

“我们实践你们的原则”，则是说“你们”已经背弃了“你们”的原则，但是“你们”所奠定的原则是“我们”这个体制正当性的根源，“我们”认为你们老一代人已经背弃了你们的原则，或者已经失去了落实政治理想的能力，“我们”要站出来挑战“你们”的权威，但这不是在挑战“我们”体制的权威，“我们”是要实现这个体制所蕴含的自由主义理想。

美国政治由此遭遇一个悖论，美国信念既是政治制度的活力根源，也是政治体制失衡的根源。这种失衡很

---

〔1〕《失衡的承诺》，第1—14页。

可能是普遍存在的，任何政体都可能发生这样的代际冲突并引发对既有政治秩序的挑战，这种冲突和挑战内在于现代政体乃至古今所有政体之中，关键在于如何理解进而处理失衡的利维坦困境，在亨廷顿看来，对美国政治范式的讨论正是为了回答这个问题。

2

针对美国政治结构范式的七种不同解释，都是对失衡的利维坦困境的思考，它们分别是进步主义范式、共识主义范式、多元主义范式、信念政治范式、世界政治范式、中枢政治范式和身份政治范式，彼此之间似乎呈现出某种流变循环之势。

“身份政治范式”是《我们是谁》关注的核心，[1]同时内含于《失衡的承诺》。身份政治很大程度上只是表象，比如性骚扰、同性恋、种族问题、少数族裔权利和正当性等文化权利诉求只是表象，掩盖了社会权力的分配、社会力量分布对政治制度运行的巨大影响。“身份政治”是1965年以来文化多元主义所开启的国族认同“去美国化”进程的产物，特朗普政府与拜登-哈里斯政府的国内政策主线都围绕身份政治展开，但这条路

〔1〕［美］塞缪尔·亨廷顿，《我们是谁：美国国家特性面临的挑战》，新华出版社，2005。

线在亨廷顿看来由来已久。特朗普政府和拜登–哈里斯政府希望在身份政治框架下解决的问题，恰恰是克林顿政府和奥巴马政府留给他们的，也可以说是五六十年代美国信念激情时代留给他们的。晚近50年来，身份政治范式对美国政治和美国人政治意识的影响乃至塑造愈加强烈。

“中枢政治范式”关注美国政治精英所秉持的自由主义和保守主义有没有共同的政治信念，[1] 亨廷顿对此的答案是肯定的，大家都信奉美国信念，这种意义上的“中枢政治”被融合于“共识主义范式”或“信念政治范式”之中。

“世界政治范式”侧重美国如何取代英国成为西方乃至世界的中心，美国及其对外政策如何推动世界格局的变化，亨廷顿的《文明的冲突与世界秩序的重建》和《我们是谁》主要处理这一问题。他就此指出，美国与世界的关系存在三种模式，分别是“世界主义的美国”，“帝国主义的美国”和“孤立主义的美国”。[2] 在内外关系视野下，再来看“我们实践你们的原则”，当然也可以说是“我们美国人”实践“你们英国人”的原则，或者“我们美国人”实践“你们欧洲人”的原则。这就不再是

---

〔1〕［美］小尤金·约瑟夫·迪昂：《为什么美国人恨政治》，赵晓力等译，上海人民出版社，2020。

〔2〕［美］塞缪尔·亨廷顿，《我们是谁：美国国家特性面临的挑战》，新华出版社，2005。

代际问题而是内外问题。在《失衡的承诺》中，“我们实践你们的原则”是美国国内的代际问题，在《我们是谁》和《文明的冲突与世界秩序的重建》中，这是“美国与世界”的内外关系问题。

亨廷顿着重讨论了四种范式。“进步主义范式”[1]认为经济利益而非理性主义目标在推动人们前进，美国历史是平民党与精英党围绕财富和权力的冲突与斗争史，冲突集团会改变，但斗争不变，进步主义者希望平民党获胜，但没有说明凭什么获胜、如何获胜以及何时获胜。“在胜利来临之前，美国历史始终是好人与坏人的斗争。”简言之，进步主义把美国历史解释为多数穷人和少数富人的斗争。联邦党人和联邦党人之间不仅仅是思想的斗争，也是美国式的阶级斗争，亨廷顿借用路易斯·哈茨的话说，每个汉密尔顿都有一个杰斐逊在与之斗争，他们分别代表不同的思想观念，不同的建国路线，以及不同的政治原则。路易斯·哈茨的“共识主义范式”受托克维尔《论美国的民主》的影响极大，19世纪末美国的爱国主义学者把这种共识表述为民族主义，在第二次世界大战后的20年，共识主义得到最精确的表述，法学、社会学、人类学尤其是政治学学者都由此出发去论证美国体制的正当性。

---

〔1〕《失衡的承诺》，第5—7页。

"共识主义范式"[1]的流行反映了1935年开始的美国新政的成功，也反映了30年代社会革命的失败和第二次世界大战后美国社会生活的普遍繁荣，因此成为冷战时代美国对外关系的核心特征。"共识主义范式"与现代化理论存在内在关联，"政治人"往往是指中产阶级而非抽象的公民，这种中产阶级化的政治人被视为现代民主政体稳定的决定要素。亨廷顿认为，这种共识主义是拿美国与欧洲相比，由此解释美国的政治范式。但美国与欧洲不同，这主要表现为美国既没有封建主义也没有社会主义，只有不同类型的自由主义之间的斗争，无主土地充裕同时长期缺乏劳动力，纵向和横向流动机会都很多，美国因此得以较早推行普选制。洛克式的自由、平等与个人主义精神得以普及，这是因为美国既缺少贵族集团，也缺少具有明确阶级意识的无产阶级，美国社会是中产阶级主导的社会，美国既有让克雷夫柯尔感动的"由衷的一致性"，也有让托克维尔印象深刻的社会平等和政治平等。在亨廷顿看来，"共识主义范式"其实是用马克思主义的分析方法得出了托克维尔式的结论，由于没有竞争性意识形态的压力，美国政治的整体图景是由自由主义绘就的，但也因此变得不系统、僵化甚至自相矛盾。亨廷顿认为美国信念和洛克式的自由主义的关联并不那么密切，后者只是提供了一套抽象的自由主义政治原则，

〔1〕《失衡的承诺》，第7—8页。

却忽略了这些政治原则的文化根源，也就是英国的新教革命。

“多元主义范式”看上去更现实主义。[1]多元主义范式把《联邦党人文集》的第10篇奉为经典，经20世纪初阿瑟·本特利（Arthur F. Bentley）的系统阐述，在第二次世界大战后成为政治学家解释美国政治的主流理论。美国政治由利益集团的竞争构成，不同之处在于是大量小利益集团还是少数大利益集团之间的竞争。过程理论认为，美国政治是大量小利益集团在自由的政治市场上的竞争，各方寻求大致接近的公共利益，各方进入政治的路径相同，所以美国的宪法结构与政府结构区别不大。组织理论则认为，美国政治及其政治过程、政治体系事实上是由少数大利益集团主导的，民主制所承诺的政治价值名存实亡，这一分析接近阶级斗争理论。因此，亨廷顿主张，多元主义在某种程度上与共识主义相容，因为各利益集团在特定问题上的冲突是在广泛认同的基本政治价值框架内展开的，两种范式互相依存，区别在于一种强调基本认同，一种强调在基本认同中还有引发斗争的特殊问题。

亨廷顿着重阐发的是“信念政治范式”。[2]美国信念意味着一整套抽象的现代政治原则，在不同时期内涵不

---

〔1〕《失衡的承诺》，第8—10页。

〔2〕《失衡的承诺》，第11—12页。

同，不同群体的接受程度也不同，但总体上反映的仍然是美国政治权力分配的变化，也反映了美国政治理想和政治现实之间的裂痕，亨廷顿认为正是这种裂痕导致美国历史上出现了几次重要的信念激情时代。他认为这一范式有进步主义、多元主义和共识主义所没有的优势，这三种范式都用社会结构解释政治，都认为决定美国政治的不是政治价值、政治制度、政治实践，也不是政治变化和发展过程，而是美国社会的性质，要么是一个共识，要么是两个阶级，抑或是一个集团。这三种解释都把塑造美国政治结构范式的关键因素界定为大致不变的社会结构，这或许能解释美国特定时期的政治如何运行，但对于美国社会和美国政治的过去、现在与未来的判断都比较接近，难以反映不同时期的变化，因此也就不能反映与时俱变的美国政治全景。此外，这三种范式都强调经济利益和物质利益，忽略了政治理念、理想主义、道义事业、信念激情在美国政治中的巨大作用，这就让美国政治失去了灵魂，把美国政治的整体图景变成了没有丹麦王子的《哈姆雷特》，没有应许之地的《申命记》。

对于亨廷顿而言，要理解美国政治的结构范式，就必须解释美国国家认同的核心为什么变成了一个悖论，即追求理想是美国政治经验的核心，理想未能实现也是美国政治经验的核心。政治理想与现实制度之间的裂痕造成了美国社会的内在失衡，理想承诺了平等，现实却是社会和政治的不平等，“美国政体因此成为现代失衡政体的典型”。[1]好的理论，应该能对这种失衡做出有说服力的解释和有力的回应。

美国政体的失衡表现在多个方面。[2]社会经济和政治不平等广泛存在又受到诸多限制；政治自由大为拓展，承诺平等和自由并反对等级制，但应然秩序和实然秩序差异同样巨大。所以，亨廷顿说传统印度比现代美国更不平等，现代美国又比传统印度更不平衡。亨廷顿认为，一个社会和政治体系的平衡既有赖于社会结构，也有赖于民众信念，政治制度和政治信念共同影响政治体系的稳定性。就此而言，亨廷顿主张美国信念是美国政治思想和美国文明的核心，象征着美国思想传统的连续性，美国信念的核心内容没有随历史演进而发生太大变化，只是在不同时代有一些新的补充。其核心内容就是自由、平等、个人主义、民主和基于宪法的法治，它有四个源头：首先是源于独立宣言及其背后的中世纪根本法所衍生的宪法制度；其次是17世纪的新教教义，包括道德主义、理想主义、末世主义和个人主义；再次是18世纪洛克自由主义和启蒙主义的核心主张，比如自然权利、自由、社会契约、有限政府、社会和政府的二分法；最后还有18世纪末美国革命时代的民主和革命所蕴含的

〔1〕《失衡的承诺》，第14页。

〔2〕《失衡的承诺》，第14页。

平等思想。[1]对亨廷顿来说，美国信念是“通四统”而非“通三统”的结果，美国政治思想的延续性由此得以建立起来。

亨廷顿认为美国信念有三个可能的替代品。[2]第一个是美国内部地缘政治方面，南方发展出来的一套解释奴隶制正当性的古典保守主义，这种反向启蒙的核心在于论证现代奴隶制比古代奴隶制更人道，拿工资的奴隶比不拿工资的奴隶生活得更好，但它最终失败了，内战消除了它死灰复燃的可能性。第二个是阶级意义上的替代品即社会主义，由于美国没有封建主义传统进而也没有产生社会主义的思想传统，社会主义始终处在边缘，最终被自由主义取代。第三个是种族意义上，南欧和东欧移民试图复兴的欧洲传统价值观，但也并未变成美国政治思想的主流。

因此，亨廷顿主张，美国的国家认同基于美国信念，美国信念是国家认同的核心，美国人的政治理念就是美国精神，美国不仅被视作一个国家，更是一个主义、一种意识形态，美国不是由民族而是由种族构成的，美国种族之间的不平等这一现实又被自由主义的政治承诺所掩盖。亨廷顿认为，1965年之前“美国化”的根基在于美国信念，其时，成为美国人有三种路径：一是移民被

---

〔1〕《失衡的承诺》，第17—19页。
〔2〕《失衡的承诺》，第21—24页。

盎格鲁-新教这一宗教文化同化，在心理上成为美国人；二是通过种族通婚和文化相互影响融入美国；三是接受并认同美国的社会、经济、政治、文化价值，这也是“美国化”的核心。美国信念既是美国国家认同的根本，更是美国立国的根本。但是，美国意识形态与民族主义的关系和欧洲不同。欧洲的自由主义、保守主义与社会主义三大意识形态都是超越民族国家的，很大程度上是因为资本主义本质上是超越民族国家的，而美国的种族文化与民族认同是共生共存的，后者植根于一套特定的民族认同与政治基础，也就是美国信念。

但是，大家都信仰自由主义，又都看到了现实的不平等。亨廷顿认为，[1]正是这种共识反倒成了不稳定的根源，导致美国人形成了一种反权力的道德观，反对政府，反对权力，认为政府是最危险的权力化身。美国政治思想中似乎没有欧洲意义上的国家概念与国家理论，美国人没有感觉到这种需求。美国政治模式存在一种独特的权力悖论，即，对于美国人来说，那些没有引起注意的权力才是最有效的权力，已经被观察到、被发现的权力反而是被贬损的权力。衍生出人民主权原则的乡镇自治恰恰是在上一级政府所设定的法律框架之下运行的，他们自然地接受了既定权威所设定的政治和法律规则。也就是说，美国已经有了一个强大的权威，制宪时代的殖

〔1〕《失衡的承诺》，第37—69页。

民地各邦继承了英国的政治框架和政治权威，这一权威过于强大才导致似乎在所有国家中美国人民非常敌视、反感政府的权力，美国之所以难以从邦联变成联邦，变成欧洲式的民族国家，恰是因为地方已经国家化，这可能是最符合现实的判断。

美国信念及其所包含的对政治权力的质疑，正是美国政治的理想与现实之间的巨大鸿沟所催生的。[1]不同社会群体理解和回应这个鸿沟的方式不同，有的希望用道德主义的改革来消除鸿沟，有的自欺欺人地否认存在鸿沟，有的采取犬儒主义忍受鸿沟之存在，有的则冷漠地忽视鸿沟。美国人所普遍存在的对政府的不满情绪，对权威等级专门化的广泛质疑，对理想与制度之间鸿沟的普遍愤怒，对政治信念的认真对待，以及公共讨论对于美国价值传统的重视，导致美国的政治认同呈现出明显的不安、狂热和动荡，其烈度甚至超过利益集团之间的冲突。因此，美国的核心政治议题可以被概括为“自由对抗权力”，反映了人们对权力的强烈敌视。美国的政治生活由此表现为人们在信念激情驱使之下不断努力揭露政治理想与现实制度之间的鸿沟，这推动了美国社会的进步主义改良和民权运动，比如女权主义、少数族裔权利、正当程序革命等等。

信念激情时代还扩大了新媒体的政治影响力，催生

〔1〕《失衡的承诺》，第74—85页。

了新形式、新渠道的政治参与。[1]人们的政治分歧开始超越经济和阶级的边界，中产阶层和工薪阶层联合起来推动改革，按自由主义的美国信念重塑美国，尤其是从根本上重组社会力量和政治制度的关系，包括但不限于政党重组。信念激情能够推动两种意义上的政治变革：一为改组，二为重组。亨廷顿认为重置美国政治体系靠的是信念激情，另一些学者则认为革命或者战争才是关键因素。政治体系的重组又可进一步分为两类，要么是政党重组，要么是更全面的政治重组。美国历史上有三次政党重组，分别发生在1801年、1860年和1942年，因此政党重组的周期大概为五十年到七十年。发生在1828年和1896年的两次政治重组，中间也间隔了五六十年。将政党重组和政治重组合并来看，其总体规律为每28年到36年出现一次周期循环，社会力量和政治制度的重构也在其中得以产生。第一次是自耕农战胜了代表商业利益的联邦党；第二次是北方工业党战胜了南方党；第三次是城市的工薪阶层开始取代商业基层，这一过程可以说总体上是进步的。1828年是大众政党时期，政党政治出现，1896年则属于进步运动时期，这与当时的其他政治进程存在关联，比如1860年是内战时期，1932年是大萧条时期，工薪阶层之所以能取代旧的商业集团也是因为大萧条使后者彻底丧失正当性，由此引

[1]《失衡的承诺》，第97—138页。

发了一次影响深远的社会力量重组。1968年的政治变革则首先是政党重组，反映的是美国社会结构的巨大变化。1968年可以说是美国政治地理学的重构之年，原来的南北政治格局颠倒，民主党和共和党的选票区倒置，黑人原本支持民主党，中下层白人也支持民主党，这一切都在1968年颠倒过来了。当多数中下层白人开始抛弃民主党，转而支持共和党时，美国就发生了影响深远的政治重组。

3

“信念政治范式”旨在解释美国政治经验中理想未能实现的根源。亨廷顿的方法论是文化解释路径，是政治文化或政治心理学的解释路径。他提醒人们注意美国政治背后的文化因素，把希望寄托在政治的“再宗教化”上，他略显极端地说美国几乎所有的现代政治制度都有宗教根源。美国国会大厦穹顶上的壁画把美国历任总统描绘成了先知和圣徒，把华盛顿放在上帝位置上，这种意象所凸显的正是美国政治的宗教根源。

信念是理想主义、道德主义的，而激情则充满非理性的消极特征。用信念修饰激情，仿佛是把激情从非理性的东西变成理性的。正是这种充满悖论的信念激情，推动了美国政治的理性化和现代化。在其他学者那里，信念激情本身就是一个坏东西，导致人们向下的自由堕落而非向上的自由升华，但在亨廷顿这里，信念激情好像变成了一个好东西，他认为信念激情推动了美国的政治进步以及社会和政治改革。信念政治不是新的，美国的国家认同也不是新的，但是信念政治和国家认同之间的关联是新的。亨廷顿把信念政治作为美国国家认同的根源，美国信念成为推动美国政治进步的动力，从而把美国信念在不同时代所引发的激情变成了完全正面的东西。一方面，自由主义被视为美国国家认同的根源，是立国之基；另一方面，反权威方所持的价值观也内在于美国信念。

信念激情时期主要是指独立民主时期、杰克逊大众时期、民主党进步时期和民权运动时期，美国正是在信念激情时期才真正实现了重大的、历史性的政治进步。[1] 有意思的是，亨廷顿把美国新政排除在了信念激情时期之外，他认为美国新政不属于信念激情，原因在于新政的主要目的是经济繁荣而非政治改革，重心是运用政府的权力，并用实用主义、机会主义而非道德主义、新教主义的方式和原则，推动重大经济政策与社会工程，这一时代的政治分歧仍然是沿着经济阶级分界线发生的，是水平的而非垂直的，导向是政府扩张。同时，亨廷顿认为信念政治与利益集团政治的精神气质也是不同的。前者是间歇性的，侧重于激情、理想、改革和是非判断，而后者是持续性的、实用主义的、物质性的，侧重于维

---

〔1〕《失衡的承诺》，第138—146页。

持现状和成本收益权衡。尽管信念政治与多元主义的利益集团政治参与者都有利己之心，但界定双方利益的语言并不相同，福山所说的“美国政治的衰败”是由后者所带来的。信念政治完全有可能取代利益集团政治，如果利益集团重新用美国信念来设定目标并采取普适话语来表达诉求，用道德、激情来追求对政治制度和实践的结构性改革，某种信念激情运动便可能应运而生。

那么，信念激情究竟缘何而来？亨廷顿认为美国信念激情的一般根源是追求缩小政治现实和政治理想之间的差距，客观根源则有三个方面：[1]一是对集权和滥权现象的客观变化做出理性的回应；二是社会、经济、人口、文化等外部事件引发的激烈大众政治行动，以及循环往复的政治变化过程中所存在的滚雪球效应，即某个事件的出现为下一事件的出现创造条件，具体到20世纪五六十年代就是，经济发展不但没有消除反而扩大了不平衡、不平等、不对称，20世纪60年代的美国遇到了发展中国家常常遭遇的问题；三是特定群体相对社会经济地位的变化，导致其普遍关注理想和政治制度之间的差异，尤其是年青一代试图用道德主义的行动推动政治改革。事实上，这些外部因素不仅引发了不同社会群体对权力滥用现象的愤怒，而且推动了美国政治的周期循环，后者又与美国公众意识的循环直接相关甚至同步。

〔1〕《失衡的承诺》，第148—159页。

相较于这些政治、经济与社会根源，亨廷顿认为，美国信念激情的最深层根源在于1629年至1640年的英国新教革命。[1]界定新教革命行动路线的不是经济和社会问题，而是政治意识形态和宗教问题。新教革命是指向主教、王室和王权的文化革命，新教徒们不接受任何现有的教条，他们在所有领域推动道德改良，认为自己有神圣的责任，并且狂热地承担一切责任。因此，英国一切旧的东西都受到颠覆、质疑和重估，一切旧的体制信念和价值都受到拷问，甚至新的价值乃至新教伦理本身也受到拷问。悲剧在于，新教革命被威廉二世所领导的天主教群体颠覆了，君主制成功复辟，国王、王权、贵族、王室、主教、圣公再次获得统治地位，新教革命被压制在边缘状态，新教徒成为特殊群体。

亨廷顿认为，新教革命在英国失败是因为它没有创造一个新教社会，但它反倒在美国造就了一个新教社会。尽管美国没有延续英国式的新教革命，但一个新教社会却由之产生。英国变成了一个稳定的分裂社会，美国则成了一个不稳定的共识社会。美国变成了一个政教混合、拥有教会灵魂的国家，新教主义成为美国信念的源头，甚至可以说美国就是一个巨大的教会。亨廷顿借用柏克的话说，美国新教是异见的异见，新教的新教。美国政治和新教信念具备类似的形式和社会基础，政治注重宗

〔1〕《失衡的承诺》，第159—165页。

教，宗教则为政治注入激情。[1]简言之，在亨廷顿看来，信念政治最独特的根源在于宗教，政治的“再宗教化”是美国政治最独特的特征。

4

信念激情所挑战的，是民主国家与政府的统治能力，而非民主本身的正当性，美国人因此似乎具有强烈的反政府、反权力的伦理观念，这种观念会投射到代际裂痕上。[2]第二次世界大战以来的美国同时具备正面和反面、消极和积极的双重因素，它既是一个更平等的社会，又酝酿着更大的不平等，同时，政府的权威和能力都下降了，公众也变得更为犬儒。因此，美国政治的结构特征就在于，20世纪五六十年代以来新一代和老一代之间、理想和现实之间的差距、反差、鸿沟，需要不断努力缩小。信念激情让人们在老一代人已经无力解决这些问题之际，用道德主义和理想主义的政治目标去推动社会和政治制度的改革乃至重组。

在《失衡的承诺》的结尾，亨廷顿用了一个巧妙的修辞，他说美国并不是一个谎言，人们并不能因为它的理想距离现实过于遥远而说它是一个谎言，尽管现实和

---

〔1〕《失衡的承诺》，第166—179页。

〔2〕《失衡的承诺》，第181—183页。

理想的确很遥远，但正是因为人们对它还有希望才会有失望。人们之所以产生犬儒主义或者冷漠自满，恰恰是因为人们还有道德主义的理想。美国政治制度的活力来自美国信念激情所催生的社会和政治的周期性改革或重组，这种周期性的改革或重组旨在解决自由主义的内在危机，赋予美国政治真正的活力。[1]亨廷顿在《第三波：20世纪后期民主化浪潮》中对“选举式民主”的程序正当性的论述与此一脉相承，程序正当性之所以重要，是因为它可以让转型国家的公民把矛头对准现任政府的统治能力，挑战现任政府的权威和能力而非民主制度的正当性。当然，这只是暂时的，从长远来看，任何政体都必须提高自己的统治能力，去回应和处理情境性的经济和社会困境、体制性的困境以及转型的困境，这考验的是统治能力。

因此，亨廷顿并不仅仅是政治上的自由主义者，他更是一个现实主义的保守主义者。他看到了美国政体失衡的现实，同时希望能够重新激起美国人的道德主义和理想主义，激起一种由美国信念凝聚起来的超越阶级、地区、种族、宗教和身份的政治激情。亨廷顿试图提出一个理解美国政治的整体图景的新范式，使之涵盖社会力量、政治理念（或理想）与政治制度之间的复杂互动关系，这不仅仅反映在代际裂痕上，也反映在内外关系

〔1〕《失衡的承诺》，第284页。

上。亨廷顿把道德主义和现实主义的反差界定为美国崛起之后内外政策的主要特征。美国人既要相信美国理想的普遍性，同时又要意识到它的适用范围是有限的。对美国人来说，美国理想在西方文化内部是有效的，但对非西方文化而言可能是无效的。因此，如果美国致力于在全世界范围内推动美国信念，就可能会伤害美国国内的政治理想和政治制度，甚至会扩大二者之间的鸿沟。

冷战结束之后，9·11事件以来，加之占领华尔街运动和特朗普执政，美国自由主义的政治理想和政治现实之间的巨大鸿沟越来越成为美国的核心政治议题。现实与理想之间的巨大反差在代际关系和内外关系上始终存在，正如亨廷顿所承认的，美国长期存在种族灭绝、种族主义和种族歧视现象，奴隶制、经济和社会长期的不平等，都是美国政治无法回避的东西。过去的理论往往倾注大量笔墨强调美国政治中的理想主义和自由主义，从而把美国政治史解释为一个民主、自由、人权、平等、宪法法制等理想政治目标不断扩展并得以实现的过程，但这种叙事无法解释政治理想在现实中往往无法得以实现的根源究竟是什么。亨廷顿所阐发的信念政治范式试图解释美国政治中同样值得人们重视，并尤其需要更好的理论去解释的裂痕、冲突和失衡。美国自由主义的意识形态是一种政治共识，但正是这个共识所蕴含的理想与现实之间的巨大鸿沟成为美国政治冲突的根源，让美国变成了一个失衡的利维坦。

这种国家的“再道德化”的思想路径，既是在追问美国体制是否就此丧失了正当性，也是在追问“美国与世界”还有没有未来。

后记　印象美国

日月如梭。上世纪80年代末，还在读初中的我假期在镇上的文化站图书室乱翻书，不经意间翻到了不知何方神圣捐来的美国历史学者保罗·肯尼迪的《大国的兴衰》，这本书宏大的比较历史视野让之前只能在村里淘换连环画小人书的我眼前一亮。尽管肯尼迪精心描绘了两极世界的沉浮，但他多半也没想到两极世界很快就只剩下美国一极，这本书给我留下深刻印象的，不是美国在工业时代的兴衰际遇，而是哈布斯堡家族在前工业时代的欧洲争霸。当时在不少人心目中的美国印象，约莫仍然来自山河破碎满目疮痍的上世纪30年代知识分子：万里大草原上，千百个大上海、小上海星罗棋布，这人类神工鬼斧所不易完成的巨业，恰似西天极乐世界。

斗转星移。十年后，美国在魔幻与现实之间迅疾切换，序曲还是好莱坞浓墨重彩的《泰坦尼克》1998，变奏却成了举国怒发冲冠的贝尔格莱德1999，末章则是纽约世贸的漫天大火2001。随着双子塔倒掉的，不仅仅是并世无匹的大都会典范，更是新泽西渡船上的文化下马威。随着双子塔倒掉而陷入困顿的，不仅仅是美国的皮肤、肌肉，更是美国的骨骼、精髓。随着双子塔倒掉而陷入困顿的印象美国，不仅仅是贫瘠世界的繁荣孤岛，更是狼奔豕突的穷兵极武。

20年来，物是人非。《24小时》（2001—2014）那打不死的杰克，取代拓荒创造的山姆成了反恐时代的美国代言人。住在内城却身处《火线》（2002—2008）的芸芸众生，身居城外却痛感尊严沦丧的《故土的陌生人》（2016），《纸牌屋》（2013—2018）里步步惊心的华府宫斗，《西部世界》（2016—2020）中邪恶至极的黑衣人，《黄石》（2018—2023）里杀伐决断的大家长一道成就了离经叛道却仍有可能卷土重来的政治素人。故事线在内外、古今、东西、南北、深浅、虚实之间参差错落，酝酿着新的印象美国。

不过，此书大抵只是我个人版的印象美国，如果给它一首主题曲，那便是：或许明日，夕阳西下，倦鸟已归时，你将已经踏上旧时的归途。

最后，我要感谢本书文字的引路人、砥砺者和助产士，你们是我生命中的光。